누구나 화학

누구나 화학

ⓒ 위르겐 블레커 , 2020

초판 1쇄 인쇄일 2020년 12월 1일
초판 1쇄 발행일 2020년 12월 10일

지은이 위르겐 블레커   옮긴이 정인회 · 전창림
감수 전창림   편집 김현주
펴낸이 김지영   펴낸곳 지브레인Gbrain
제작·관리 김동영   마케팅 조명구

출판등록 2001년 7월 3일 제2005-000022호
주소 04021 서울시 마포구 월드컵로7길 88 2층
전화 (02)2648-7224   팩스 (02)2654-7696

ISBN 978-89-5979-525-3 (04430)
      978-89-5979-528-4 (SET)

- 책값은 뒤표지에 있습니다.
- 잘못된 책은 교환해 드립니다.

생활 속에서 재미있게 배우는 화학 백과사전

누구나 화학

위르겐 블레커 지음 | 정인회·전창림 옮김 | 전창림 감수

지브레인

서문

《누구나 화학》에서 저자 위르겐 블레커는 화학의 기본지식을 간단명료하게 소개하고 있다. 저자는 일상에서 접할 수 있는 화학 현상에 초점을 맞추면서 화학의 초보자도 쉽게 이해할 수 있게 기본지식을 전달할 뿐만 아니라 우리가 잘못 알고 있는 지식도 교정해주고 있다. 일반 독자의 눈높이에 맞추어 설명하고 있기 때문에 화학에 관한 사전지식이 없는 독자들도 어렵지 않게 이해할 수 있어 일반 독자의 화학 입문서로 더할 나위 없이 적합하다. 또한 일상생활에서 화학이 우리 삶과 떼려야 뗄 수 없는 관계가 있음을 구체적인 예를 통해 실감하게 한다.

화학은 물질에 관한 학문이며 실험학문이기도 하다. 그중에서도 특히 생물학과 환경에서 일어나는 수많은 현상과 과정의 기초를 이룬다. 과학 교수법의 전문가인 저자는 이 책에서 자연과 일상에서 일어나는 과학 현상의 법칙성을 독자들이 간단한 실험을 통해 검토할 수 있도록 친절하게 설명한다.

　한편으로 이 책은 화학물질의 질서, 화학반응, 원자구조, 화학결합, 산과 염기 등 화학의 기본원리를 다루고, 다른 한편으로는 위험물질, 영양소, 환경문제, 화학의 발전 가능성 등과 같은 응용분야도 다루고 있다.

　설명은 일상생활의 구체적 예를 통해 쉽게 이해할 수 있고 매우 흥미진진하면서도 재미있다. 또한 화학의 기본지식이 친근하게 전달된다. 때문에 이 책이 독자들에게 화학에 관한 새로운 흥미를 느낄 수 있는 자극제와 촉매제가 되리라 확신한다.

　《누구나 화학》을 길잡이로 화학의 재미를 만끽하길 바란다!

옮긴이의 말

놀라운 책이다. 화학을, 그 지겹고 어려운 화학을 이렇게 재미있고 다채롭게 보여 줄 수 있는 책이 또 있을까? 사실 우리 주위에서 일상적으로 일어나는 수많은 현상들 속에는 화학을 거치지 않고는 그 속을 보이지 않는 경이로운 무지개가 얼마든지 있다. 재미난 이야기들과 이미지로 화학을 마치 해리포터의 모험으로 만든 이 책은 정말 놀랍다.

고마운 책이다. 거의 모든 쪽에 아름다운 그림과 사진과 다양한 자료를 모아, 화학을 전공하지 않은 사람이나 학생들이나 일반인들이 화학에 흥미를 갖도록 한 이 책은 같은 화학을 전공한 화학자들이나 교사들에게도 고마운 책이지만, 이 책을 읽고 화학에 대해 흥미를 갖게 될 독자들에게도 고마운 책이 되리라 믿는다.

유용한 책이다. 그 많은 그림과 사진 뒤에는 상당한 깊이로 화학의 핵심이 펼쳐지고 있어서 재미있게 읽다 보면 화학의 진수와 화학의 기쁨을 느낄 수 있다. 고등학교 화학 I과 II나 대학의 일반화학처럼 거의 모든 화학의 기초를 체계적으로 설명하고 있어서 교양서로서, 지식의 백과사전으로서, 화학의 입문서로서, 참고서나 수험서로서도 충분한 가치가 있다고 생각된다.

같은 과학이라도 물리, 생물, 수학은 교양서들이 매우 많이 출간된다. 그러나 어찌된 일인지 화학은 절대적으로 그 수가 얼마 되지 않고, 나와 있는 것들도 재미있거나 쉽게 쓴 책이 별로 없다. 과학 중에서 아마 화학이 흥미나 접근성이 가장 떨어지는 분야가 아닐까? 그런 점에서 이 책은 매우 특별하다. 아주 오래 전부터 화학을 좋아하고 일찍 발전시키며, 인류 최고의 약이라는 아스피린을 만들어 낸 독일이었기에 이런 책도 낼 수 있지 않았을까?

만만치 않은 분량이지만 읽기에 그리 큰 부담이 가지 않는다. 재미있기 때문이다. 그러나 이 책의 한국어판의 출간은 어려운 점도 많았다. 독일의 화학적 자부심을 절감할 수 있도록 곳곳에 숨어 있는 그들만의 화학적 표기, 개념, 전문성은 영어를 공용어로 하는 세계적 추세와 맞추기가 쉽지 않았고, 문장 또한 다분히 독일적이고 화학적이었다. 그러나 독자 여러분은 그러한 어려움을 별로 느끼지 못할 것이다. 표기는 되도록 한글 맞춤법과 대한화학회의 표준표기법을 따랐고, 직역으로 원본을 그대로 옮기기 보다는 독자가 이해하기 쉽게 하는데 초점을 맞추었다.

여기서 한 가지, 소금(NaCl)의 Na 원소는 나트륨이라고 하면 기억하기 쉬운데 이 책에서는 소듐이라고 이름하였다. 나트륨은 라틴어로서 그대로 독일명이 되었고, 우리도 나트륨이 더 익숙하나 영어로는 소듐이다. 국제회의에서는 소듐이라 해야 하고 우리는 나트륨이 더 익숙하여 대한화학회는 궁여지책으로 이 둘을 병행사용하기로 하였다. 그러나 이제는 우리끼리 사는 것이 아니라 세계와 함께해야 하는 글로벌 사회고, 철자가 달라서 쉽게 기억되지 않는 소듐에 익숙해져야 나중에 국제사회에서 학문이든 비즈니스든 적응이 쉬울 것이라고 생각하여 모두 소듐이라는 표기로 통일하였다. 같은 원칙으로 원소 K도 칼륨이라면 얼마나 좋겠느냐만 이 책에서는 포타슘이라는 영어명을 사용하였다.

역자들로서는 여러분들이 이 책으로 화학의 유용함과 경이로움, 더 많이는 재미와 흥미를 알게 되었으면 더한 기쁨이 없겠다. 화학은 상상력과 놀라움과 창의성을 가득 가지고 있으나 숨겨진 보물섬이다. 이제 여러분들이 화학의 보물섬을 해리포터의 안경을 쓰고 신이 나서 환호를 지르며 탐험할 수 있게 안내를 시작한다. 여기 그 보물섬을 찾기 쉽게 안내하는 내비게이션이 있다. 자, 떠―나자, 화학의 바다로.

전창림

CONTENTS

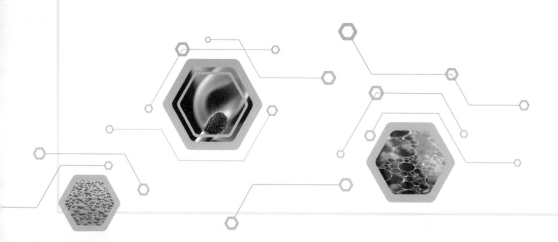

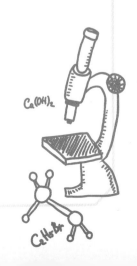

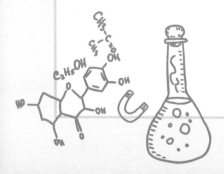

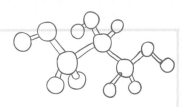

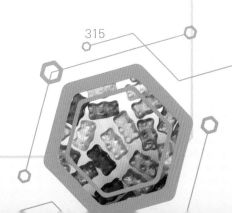

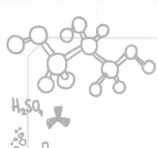

I

질서가 가장 중요하다

화학물질의 질서

물질의 개념에 대해 생각해보자. 물질이라는 말을 들으면 어떤 개념이 떠오르는가? 목록을 작성해야 할 정도로 많은 개념이 떠오를지도 모른다.

물질이라는 말−화학적인 의미로 사용될 때−은 매우 추상적이다. 이로써 우리는 화학에서 으뜸가는 가장 중요한 문제와 대면하게 되었다. 화학은 여러 가지 측면에서 매우 추상적이고 딱딱하다. 그래서 우리는 여러분에게 화학을 비교적 덜 추상적이고 생생하며 무엇보다 일상생활과 가깝게 설명하려 한다. 바로 그 때문에 이 책은 《누구나 화학》이라는 제목을 달고 있다!

화학은 물질을 다루는 학문이다

> 화학은 물질을 다루는 학문이며 물질의 성질과 구조를 설명한다. 또한 화학은 물질의 변화를 다루는 학문이기도 하다.

이러한 정의를 보거나 물질의 개념에 대해 생각해보도록 요구받았을 때 여러분의 피부 조직에 있는 물질을 떠올려본 적이 있는가? 하지만 이 책에서 다루는 것은 그러한 물질이 아니다(또한 여러분이 머리에 떠올리는 물질도 우리의 관심사는 아니다).

이해를 돕기 위해 물질을 가리키는 영어 단어를 소개하면 matter이다.

스펀지.

우리는 일상생활에서 어떤 물질을 접할까?

물질이라는 말을 좀 더 자세히 살펴보자. 물질의 개념을 알고 있는가? 물질이라는 말을 들으면 어떤 개념이 떠오르는가?

아마도 여러분은 다음과 같은 것들을 떠올렸을지도 모르겠다. 건축 자재, 소재, 땔감, 공구, 접착제, 연료, 색소, 스펀지, 완충재, 향신료, 폐기물, 플라스틱, 방향제, 물질대사 등. 경우에 따라서는 산소, 탄소, 수소, 질소 등과 같은 화학 원소를 떠올렸을 수도 있다. 이처럼 물질이라는 말을 들으면 머리에 떠올릴 수 있는 대상은 무궁무진하다.

(왼쪽부터) 건축 자재, 땔감, 접착제, 연료.

인터넷에서 물질에 대해 검색해보면 엄청나게 많은 대상이 등장한다. 천에 관한 것만 해도 셀 수 없을 정도로 많다.

여기에다 식품, 의약품, 비료, 세제, 생필품, 진통제 같은 물질도 추가할 수 있다.

각종 야채.

비료.

세제.

약품.

목록을 자세히 살펴보면 대부분 물질은 집합명사라는 것을 알 수 있다. 즉, 타는 연료, 향기를 내는 방향제, 붙이는 접착제, 먹는 식품, 고통을 줄여주는 진통제, 청소하는 세제 등.

만약 여러분이 집을 짓는다면 건축 자재를 취급하는 가게에서 필요한 것들을 모두 구할 수 있다. 건축 자재는 돌이나 목재 또는 철로 만들어진 매우 다양한 물질들이다.

천연가스.

목탄.

연료도 집합명사이다. 천연가스나 석유 이외에도 목탄, 석탄 등이 있다. 연료라는 개념으로 다양한 성질을 지닌 여러 화학적 물질을 총칭할 수 있다.

화학은 이러한 모든 물질을 다룬다. 즉, 화학은 다양하기 이를 데 없는 물질과 이들 물질의 성질을 다루는 학문이다.

석유.

물질의 다양성: 물질의 구분

인공물질인 플라스틱은 매우 다양한 성질을 지닌다. 냄비의 손잡이는 열을 전달하지 않고, 아침 식사 때 먹는 빵은 투명하고 부드러운 비닐봉지로 포장한다. 냉장고나 냉동고에 넣는 식품 저장 통은 온도의 영향을 받지 않는다. 각종 음료를 담는 통은 이전에 사용했던 유리병과 비교해볼 때 깨지지 않는 장점이 있다. 또한 플라스틱은 절연체로서 전선의 금속전도체를 감싸는 데 쓰인다.

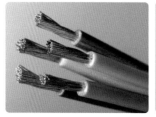

다양한 플라스틱 제품.

플라스틱은 다양한 인공물질로 만들어지기 때문에 여러 가지 성질을 지닌다. 그럼에도 화학자들은 이 물질을 간단히 '플라스틱'이라고 칭한다. 왜냐하면 이 물질은 화학적으로 매우 유사한 방식으로 만들어지기 때문이다. 화학자들은 '플라스틱의 물질등급'이라는 표현을 사용하기도 한다.

화학자들은 다양한 화학물질을 구분하기 위해 상대적으로 복잡한 명칭을 사용한다. 물론 우선적으로는 물질의 성질을 인지하는 감각이 기준으로 작용한다.

> 감각적으로 인지할 수 있는 물질의 성질은 색, 광택, 격자 형태, 냄새, 맛, 열전도성, 표면 상태, 소리, 변형성 등이다.
> 이러한 성질은 대개 물질의 형태나 크기와는 무관하다.

우리는 눈으로 색을 구분할 수 있고 물질이 광택을 내는지를 확인할 수 있다. 현미경으로 살펴보면 소금은 격자 형태를 띠고 있다. 또한 우리는 코로 냄새를 맡을 수 있고 혀로는 맛을 식별할 수 있다(일부 화학물질은 냄새를 맡거나 맛을 볼 때 특별히 주의해야 한다). 나무나 플라스틱으로 만든 프라이팬의 손잡이는 열을 전도하지 않지만, 금속으로 만든 프라이팬의 손잡이는 열을 전도한다. 이는 피부에 있는 온도 지각세포—경우에 따라서는 통증을 느낀다—로 확인할 수 있다. 우리의 피부는 물질이 거칠거나 매끄러운지 또는 딱딱하거나 유연한지를 접촉을 통해서도 확인할 수 있다. 여러분은 바닥에 떨어지는 냄비나 플라스틱 쟁반이 내는 소리를 경험적으로 이미 알고 있을 것이다.

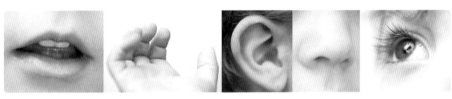

감각기관.

감각을 통해 화학물질의 일부 성질을 알 수 있기는 하지만, 크기나 부피는 명확하게 알 수 없다. 따라서 보조도구나 측정기구를 이용해 물질의 성질을 설명하기도 한다.

> 측정을 통해 알 수 있는 물질의 성질은 녹는점, 끓는점, 밀도, 용해도, 전도성, 자기성, 가연성, 강도 등이다. 이러한 성질은 보조도구나 기구를 이용해 측정한다.

모든 것이 하나의 리그에 속한다: 금속의 물질등급

금속의 물질등급은 어떻게 정할까? 금속의 대표적인 성질은 무엇일까? 감각적으로 인지할 수 있고 측정 가능한 금속의 성질을 요약해보자.

대부분 금속은 표면에 광택이 난다. 특히 철사나 금박은 상대적으로 변형성

열 전도성이 좋은 냄비.

이 뛰어나다. 일반적으로 냄비는 열 전도성이 큰 금속으로 만든다. 금속은 전기레인지의 발열 필라멘트의 열을 잘 흡수해 냄비 안의 물에 전달할 수 있으며, 전기 전도성이 커서 전선의 재료로도 이용된다.

금속의 전기 전도성은 금속의 화학적 구조와 연관성이 있다. 이에 대해서는 나중에 자세히 살펴볼 것이다.

우리는 보조도구인 자석을 이용해 금속을 구분할 수 있다. 자기성을 테스트하는 이유는 다른 금속을 끌어당기는

자석 위에 놓인 클립.

금속이 극히 드물기 때문이다. 이런 금속으로는 철, 코발트, 니켈 등이 있다.

가연성도 금속의 특징이 될 수 있다. 금속이 불에 탄다는 사실이 이상하게 생각될지도 모르지만, 과거에는 마그네슘 가루에 불을 붙여 사진을 찍을 때 플래시로 이용했다. 물론 연필깎이에도 마그네슘이 들어가며 이것도 불에 붙는다(높은 온도뿐만 아니라 불꽃도 눈에 위험하다).

마그네슘 플래시.

입도^{粒度}, granularity(입자^{粒子})의 크기와 분포를 나타내는 척도]도 금속이 지닌 중요한 특성이다. 금속은 입자가 조밀하게 분포되어 있을수록 산소와 반응할 수 있는 표면이 커진다(이로써 우리는 서서히 화학의 본토에 도달하고 있다). 이러한 특성은 폭죽의 경우에 잘 나타난다. 폭죽에는 쇳가루나

폭죽.

알루미늄 가루가 들어 있는데, 이 가루가 불에 타면서 사방으로 흩어진다.

알루미늄은 다른 금속에 비해 상대적으로 가벼워서 '**경금속**'이라고도 한다. 알루미늄을 사용하면 무게를 줄여주기 때문에 자동차나 비행기의 연료를 절감할 수 있다. 중금속과 경금속은 **밀도**로 구분하는데, 밀도에 대해서는 다음 장에서 살펴볼 것이다.

금속 중에는 자를 수 있을 정도로 부드러운 것도 많다. 화학원소인 소듐과 포타슘이 이에 해당한다. 여러분도 알다시피 납과 구리는 매우 부드러운 금속으로, **변형성**이 커서 지붕이나 난방장치를 만들 때 이용된다.

금속의 강도를 높이기 위해 다른 금속과 **합금**하기도 하는데, 예를 들어 바나듐과 철을 합금하면 공구의 내구성을 높일 수 있다.

밀도: 뇨키 Gnocchi 요리에서 얻을 수 있는 교훈

밀도가 $4.5g/cm^3$ 이하인 금속은 경금속에 속한다. 경금속으로는 앞에서 말한 알루미늄 이외에도 리튬, 포타슘, 소듐, 칼슘, 마그네슘, 타이타늄 등이 있으며 중금속으로는 철, 니켈, 구리, 은, 납, 금, 백금 등이 있다.

> 물질의 밀도는 물질의 질량을 부피로 나눈 값이다(밀도=질량/부피). 밀도는 고체에서는 cm^3 당 그램(g/cm^3)으로, 액체와 기체에서는 L당 킬로그램(kg/L)으로 나타낸다.

"1kg의 철과 1kg의 깃털 중에서 어떤 것이 더 무거울까?"

아마 여러분은 이 난센스 퀴즈를 알고 있을 것이다. 대부분의 사람이 망설이지 않고 철이 더 무겁다고 대답한다. 물론 이 둘의 질량은 1kg으로 같지만,

1kg의 깃털?
아니면 1kg의 철?

직접 측정해보기 위해서는 엄청난 부피의 깃털을 저울에 올려야 한다.

이와는 반대로 생각할 수도 있다. 앞에서 말한 질량이 각기 다른 금속들을 같은 부피만큼 준비해 저울을 이용하지 않고 직접 손으로 '무게를 잰다'. 그러면 알루미늄은 2.7g의 질량을 나타낼 것이고, 금은 19.32g이 될 것이다. 따라서 질량의 차이가 쉽게 감지된다!

이러한 밀도 값은 다른 물질들도 마찬가지로 나타난다. 물의 밀도는 1g/cm³이다. 이는 질량과 부피가 항상 같다는 것을 의미한다. 반대로 1,000g의 물은 부피가 1,000cm³이다. 1cm³는 1mL와 같으므로 물 1,000g은 1,000mL와 같다. 따라서 물 1,000mL는 1L와 같다.

잘 이해되지 않는가? 그렇다면 간단히 다음의 사실을 기억해두자. 요리할 때 물의 부피를 잴 계량컵이 없다면 그 대신 다른 물질의 부피를 재는 도구를 이용할 수도 있다. 단, 이는 물의 경우에만 해당한다!

어떤 물질이 물에 뜨거나 가라앉는 것은 밀도에 좌우된다. 밀도가 1g/cm³보다 크면(거의 모든 금속이 이에 해당한다. 경금속이라고 할지라도 마찬가지이다) 이 물질은 가라앉는다. 밀도가 1g/cm³보다 작은 물질(예를 들면 나무)은 물에 뜬다. 그런데 밀도가 이보다 큰데도 물에 뜨는 물질이 있다. 바늘이나 클립은 물이 가장자리까지 차 있는 잔의 표면에 놓으면 가라앉지 않고 뜬다. 이는 물의 표면장력과 관계가 있다(이에 대해서는 나중에 다시 다룰 것이다).

배는 강철로 만들어지지만 아무리 큰 배라도 물에 뜬다. 사실 강철의 밀도가 물보다 크기 때문에 배는 가라앉을 수 밖에 없다. 그러나 강철로 만든 배에는 공기가 담겨 있어서 물에 뜬다. 공기는 물보다 밀도가 훨씬 작다!

무겁고 큰 배도 물에 뜬다.

그런데 이 같은 설명이 뇨키^{Gnocchi} 요리와 무슨 상관이 있는 걸까? 뇨키는 익으면 물의 표면으로 떠오르기 때문에 익은 상태를 식별할 수 있다(누들은 한 가닥을 집어 먹어봐야 제대로 익었는지 알 수 있다). 이렇게 물의 표면으로 올라오는 것은 끓는 동안 변화하는 밀도와 관련이 있다. 처음에 뇨키의 밀도는 물의 밀도보다 크기 때문에 냄비의 바닥에 가라앉는다. 그러다가 물이 끓으면 뇨키의 외피가 뜨거워진다. 그러면 뇨키의 영양소들이 서로 뭉쳐 층을 이루고, 이 층은 내부와 외부를 차단하는 역할을 한다.

뇨키는 이탈리아의 별미이다.

따라서 반죽할 때 섞여든 공기가 더 이상 밖으로 빠져나갈 수 없게 되면서 열 때문에 팽창한다. 탄력성 있는 반죽이 함께 팽창해 뇨키의 부피도 커진다. 물론 끓는 동안 질량은 그대로 유지된다. 따라서 질량과 부피의 비율, 즉 밀도는 변화한다. 뇨키의 부피가 커지므로 밀도는 작아져 밀도가 1 이하로 떨어지면 뇨키는 물의 표면으로 올라간다!

대기 중에서도 반죽과 똑같은 원리가 적용된다! 공기보다 밀도가 작은 물질은 올라가고, 공기보다 밀도가 큰 물질은 가라앉는다. 헬륨 기체는 공기보다 밀도가 작아 기구에 넣는 기체로 이용한다. 반대로 기체 형태를 띤 이산화탄소는 공기보다 밀도가 커 지표에 깔린다. 발효 과정에서도 이산화탄소가 나오므로 옛날 포도주 제조업자들은 촛불을 들고 포도주를 저장하는 지하실에 갔다가 초가 꺼지면 이산화탄소의 양이 너무 많은 탓이므로 즉각 지하실을 빠져나왔다(개가 '이산화탄소의 탐색견'으로 이용되기도 했다. 지하실로 내려보낸 개가 휘파람 소리에도 다시 올라오지 않으면 포도주 제조업자는 지하실로 내려가지 않았다고 한다).

기름이 둥둥 떠 있다.

액체에서도 같은 원리가 적용된다. 이는 식용유가 물의 표면에 뜨는 이유이다. 하지만 이 때문에 (예를 들어 식초와 식용유로 샐러드 소스를 만들 때) 액체들이 서로 섞이지 않는 것은 아니다. 이에 대해서는 나중에 다시 설명하겠다.

여러분은 라테 마키아토가 3개의 층을 이루는 이유에 대해 궁금해한 적이 있을지도 모르겠다. 뜨거운 우유를 잔 전체의 약 3분의 2(2/3)가 되게 넣는다. 나머지 3분의 1은 우유 거품을 채운다. 그다음에는 뜨거운 에스프레소를－대개 숟가락의 뒷면에 대고－우유 거품 위에 붓는다. 그러면 지방을 함유한 우유는 뜨거운 에스프레소보다 밀도가 크므로 커피가 우유 위에 뜬다. 물론 시간이 흐르면 온도가 같아져서 위아래의 액체가 섞이기 시작한다. 이는 잔의 가장자리에서 쉽게 관찰할 수 있다.

라테 마키아토.

용질(녹는 물질): 용해도

> 물질의 **용해도**는 용매(녹이는 물질) 100g당 녹을 수 있는 물질의 질량(g)을 의미한다. 용매는 물처럼 다른 물질을 녹이는 액체이다.

소금이나 설탕 같은 물질은 물에 녹는다. 이는 누구나 아는 사실이며 국수나 뇨키를 요리할 때, 수프의 간을 맞출 때 관찰할 수 있고 직접 맛도 볼 수 있다. 소금은 녹아도 사라지지 않으며, 맛을 보면 알 수 있다.

여기서는 일단 용해도가 물질이 지닌 측정 가능한 성질이라는 점을 밝혀두고자 한다. 물질에는 무한정 많은 양이 녹을 수 있는 것은 아니다. 예를 들어 소금의 용해도는 용매인 물 100g(=100mL)당 36g이다.

따라서 100g의 물에 36g 이상의 소금을 넣으면 초과하는 소금은 더 이상 녹지 않고 용기 바닥에 가라앉아 앙금을 형성한다. 이러한 것을 '**포화용액**'이라고 한다.

대서양에는 100g의 바닷물에 약 3.5g의 소금이 함유되어 있다. 그런데 사해의 소금 함유량은 거의 30g에 달한다. 이는 mL당 1.2g의 밀도와 같다. 이러한 소금 용액은 보통의 물보다 밀도가 훨씬 크다. 따라서 물보다 밀도가 약간 큰 사람의 몸은 사해에서는 가라앉지 않는다. 보통의 물에서는 가라앉지 않기 위해 손발을 움직여 헤엄을 쳐야 한다. 반대로 사해에서 잠수하려면 몸무게를 늘리기 위해

사해에서는 누구나 뜰 수 있다.

무거운 물체를 가지고 물속으로 들어가야 한다.

물질의 용해도는 온도에 따라 달라진다. 따라서 용매를 가열하면 용해도가 높아지는 물질이 많다. 단, 소금에서는 이런 현상이 나타나지 않는다. 하지만 설탕에서는 이런 현상이 나타나는데, 설탕의 용해도는 20℃일 때 물 100g에서 200g을 초과한다. 그런데 물을 100℃로 가열하면 용해도는 400g 이상으로 높아졌다가 온도를 낮추면 설탕 일부는 다시 결정으로 변한다. 따라서 시럽을 만들려면 용액을 가열해야 한다. 젤리나 잼을 만들 때는 추가로 젤 형성제(증점제)가 필요하다. 과일에 포함된 물질과 젤 형성제에 들어 있는 물질을 결합하여 젤 형태의 물질을 만드는데, 이는 입에서 다시 녹는다(이에 대해서는 나중에 다시 설명할 것이다).

캐러멜 시럽이든……

녹은 설탕이 들어간 쨈은 달콤한 맛이 난다.

온도가 달라질 때의 상태 변화

냉동식품은 냉동고에 보관하지 않으면 녹아서 부패한다. 화학자들은 '언다'는 것을 '응고한다'라고도 말한다(물론 화학자들도 냉장고를 '응고장치'라고 표현하지는 않는다). 이와는 달리 '녹다'라는 표현은 사용되는데, 얼음결정이 녹는다는 것은 화학자가 아니라도 익숙한 개념이다.

고체와 액체 사이의 변화는 순수하게 물리학적 성격을 띤다는 점을 강조하고 싶다. 물질은 화학적인 의미에서 고유한 성질이 변하는 것은 아니다. 즉, 물은 얼음이 되어도 – 순수하게 화학적으로 볼 때 – 물이며, 단지 상태만 변화할 뿐이다.

물질의 **상태**는 고체, 액체, 기체로 나뉜다. 이 세 가지 상태 사이의 변화는 다음과 같이 나타낼 수 있다.

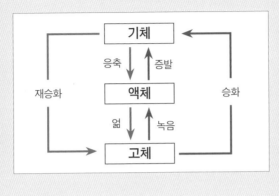

얼음 상태에서 물은 고체이다. 수도관에서 나오는 보통의 물은 액체이며, 물을 끓이거나 뜨거운 물로 샤워할 때 생기는 수증기는 기체이다.

물은 끓이면 증발한다. 물은 100℃에서 끓는점에 도달하는데, 이때 물은 액체에서 기체로 변한다. 수증기는 온도가 내려가면 응축한다.

물은 0℃에서 얼기 시작하여 온도가 더 내려가면 얼음으로 변한다. 음료수에 얼음을 넣으면 얼음이 녹는데, 이는 고체에서 액체로 변한 것이다.

물의 세 가지 상태:

고체.

액체.

기체.

마이크로세계로의 여행: 입자 모형으로 본 고체, 액체, 기체

앞에서 살펴보았듯이 설탕과 소금은 물에 녹아도 사라지지 않는다. 이들 물질은 눈에 보이지는 않지만 맛을 볼 수는 있다.

사람들은 아주 오래전부터 물질이 입자로 존재한다고 생각해왔다. 그런데 현미경으로만 파악할 수 있는 미세한 입자들의 화학적 분석에는 몇 가지 어려움이 따른다. 따라서 이해를 돕기 위해 먼저 고체, 액체, 기체의 상태에 대해 보충설명을 하겠다.

화학자들은 물의 세 가지 상태를 설명할 때, 모든 물체는 가장 작은 입자로 이루어져 있다는 가정에서 출발한다. 물질을 계속 쪼개다 보면 언젠가는 가장 작은 입자가 나타나는 시점에 도달한다. 이 입자를 단순하게 작은 구로 생각해보자.

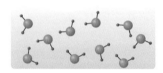

액체 상태의 물 입자.

세 가지 상태를 설명할 때는 입자의 배열, 입자 사이의 간격, 입자의 운동성, 입자 사이의 인력도 고려해야 한다.

자유롭게 움직이지 못하는 구슬.

고체 상태인 얼음에서는 입자 사이의 간격이 극도로 작고 배열은 매우 규칙적이다. 이는 상자에 들어 있는 구슬이나 공을 생각하면 쉽게 이해할 수 있다. 구슬이나 공, 즉 입자는 서로 강하게 끌어당기기 때문에 가깝게 붙어 있다(인력에 대해서는 나중에 다시 살펴볼 것이다). 입자 사이의 간격이 매우 가깝고 상호 간에 인력이 작용하기 때문에 입자는 거의 움직이지 못한다. 따라서 입자는 이동하기가 어렵고 압축되지 않는다.

얼음은 높은 온도를 가하면 녹는다. 이를 입자 모형에 적용하면 높은 온도가 지닌 에너지가 입자 상호 간에 작용하는 인력을 이겨낸다는 것을 의미한다. 이제 입자는 안정된 상태를 벗어나 운동하기 시작한다. 이 운동은 온도가 올라가면 더욱 활발해져서 입자가 서로 분리된다. 이전의 배열은 해체되고 입자 사이의 간격이 점점 커지면서 입자의 운동이 활발해진다. 액체 상태에서 입자는 자유롭게 이동할 수 있다.

물론 아직도 인력이 작용하기 때문에 입자의 배열은 완전히 해체되지는 않는다. 따라서 액체는 임의의 형태를 띨 수 있다.

물 입자 사이의 인력은 매우 커서 앞에서 말한 것과 같은 표면장력 현상이 나타날 수도 있다. 이 경우 콘크리트 벽처럼 단단한 것은 아니지만, 물에 잘못 들어갔

수영의 재미를 만끽하느냐 아니면 고통스러운 충돌인가?: 물은 재미를 안겨주지만 고통을 안겨줄 수도 있다.

다가는 큰코다칠 수 있다. 3미터 높이의 스프링보드에서 다이빙하다가 물에 잘못 뛰어들어 낭패를 당한 경험이 있다면 쉽게 이해가 갈 것이다.

물이 끓으면 입자 사이의 간격이 넓어지고 입자의 운동도 활발해진다. 이때는 입자의 배열이 완전히 해체되면서 인력이 소진된다. 수증기 입자는 액체를 떠나 주변의 공기에 섞여 자유롭게 운동하며 임의의 공간으로 이동할 수 있다.

녹는점과 끓는점

물질의 **녹는점**과 **끓는점**은 물질이 고체에서 액체로, 액체에서 고체로 변하는 온도이다.

물의 녹는점과 끓는점, 어는점은 물이 지닌 고유한 성질이며 측정이 가능하다. 물질마다 녹는점과 끓는점이 다르기 때문에, 가령 겨울철이면 부동액을 넣지 않아 와이퍼가 얼어버려 난처한 일을 겪기도 한다. 부동액으로는 글리콜, 글리세린, 에탄올 같은 알코올을 사용한다. 이들 물질

이 상태에서는 와이퍼가 작동하지 않는다.

은 모두 어는점이 물보다 매우 낮은데, 심지어 $-10℃$ 이하에서도 액체 상태를 유지한다.

입자 모형으로 설명할 수 있는 범위는 여기까지로 입자 모형으로는 알코올의 응고 온도가 낮은 이유를 설명할 수 없다. 그 이유를 알려면 입자 자체에 대한 지식이 있어야 한다. 하지만 지금까지의 설명으로 모든 물질은 서로 다른 입자로 이루어져 있고, 그 다양한 입자로 인해 물질의 성질이 달라진다는 사실이 명확해졌다. 입자의 구조에 대해서는 나중에 자세히 다룰 것이며, 여러 가지 입자 모형도 소개할 예정이다.

이제 **승화**와 **재승화**에 대해 살펴보자. 요즘은 옷을 말리기 위해 빨랫줄에 옷을 넣어놓는 일은 드물다. 특히 겨울철에는 더욱 그렇다. 그런데 승화 현상은 겨울철의 빨랫줄에서 쉽게 관찰할 수 있다. 물기가 있는 옷은 0℃ 이하의 온도에서 빨랫줄에 널면 빳빳하게 언다. 그러다가 햇빛을 받으면 얼음은 액체 상태를 거치지 않고 곧바로 수증기로 변해 옷은 축축한 상태를 거치지 않고 마른다.

요즘에는 물의 재승화 현상을 보기가 점점 어려워지고 있다. 단열처리를 한 유리를 이용하고 있어 유리창에는 얼음꽃이 형성되지 않는다. 물론 이는 좋은 일이다!

차가운 유리에 바로 응축된 수증기는 대개 온실이나 자동차에서 관찰할 수

있을 뿐 어디서나 아름다운 얼음꽃을 볼 수 있는 시절은 지나갔다(얼음꽃의 구조에 대해서는 나중에 설명할 것이다). 흔히 우리가 모르고 지나치는 재승화 현상은 추운 겨울 아침, 흩뿌린 설탕가루와 같이 나뭇가지에 얼어붙는 수빙樹氷, soft rime이다.

얼음꽃.

혼합물

혼합물은 두 가지 이상의 **순물질**로 이루어진 물질이다.

냉장고에 있는 음료수를 살펴보라. 사과주스는 **용액**이고, 과립이 든 오렌지주스는 **현탁액**suspension, 우유는 **유화액**emulsion이다. 이러한 구분은 음료수를 마실 때는 큰 의미가 없지만, 화학적인 눈으로 볼 때는 흥미롭다.

사과주스와 오렌지주스.

사과주스는 색은 있지만 투명하다. 색은 용액 전체에 걸쳐 균일한데 이처럼 각 부분의 성질이 모두 같은 화합물을 화학에서는 '**균일 혼합물**'이라고 하며, '용액'이라고도 한다. 용액의 예로는 소금물이나 설탕물을 들 수 있다.

오렌지주스도 색이 있기는 하지만, 오렌지주스 병을 가만히 두면 과립이 병 바닥에 가라앉는 것을 볼 수 있다. 이는 과립이 액체로부터 분리되기 때문이다. 병을 흔들어도 과립은 녹지 않고, 일정 시간이 지나면 다시 바닥에 가라앉는다. 이처럼 과립은 액체에 불균일하게 섞여 있다. 화학에서는 이를 '**불균일 혼합물**'이라고 한다.

현탁액의 예로는 바이스비어[밀의 엿기름으로 만드는 맥주로, 일반적인 맥주보다 밝은 색을 띠어 바이스비어(흰 맥주)라고 불린다─옮긴이]와 페인트를 들 수 있다.

현탁액은 '침전액'이라고도 한다. 우리가 어린 시절에 가지고 놀던 진흙도 현탁액의 일종으로 볼 수 있다. 흙이나 모래의 성분은 물에 녹지 않고 액체에 섞여 있어 모래와 물 또는 흙과 물의 혼합물인 진흙도 현탁액과 같은 성질을 나타낸다.

유화액인 우유.

우유는 육안으로 보면 입자가 균일하고 흰색을 띠고 있지만 우유팩을 보면 지방이─우유의 종류에 따라 차이가 있긴 하지만─상당량 포함된 것을 알 수 있다. 게다가 우유는 대체로 균질화되어 있다. 균질화란 우유를 고압에서 작은 구멍에 통과시키는 방법으로, 생우유에 함유된 지방 알갱이를 잘게 부수는 것을 말한다.

균질화된 우유에서 지방 알갱이는 더 이상 서로 결합할 수 없게 된다. 하지만 비교적 큰 지방 알갱이는 수프의 지방질과 마찬가지로 서로 결합하기도 한다. 이로써 우유의 진면목이 드러난 셈이다. 우유는─화학적으로 말하면─유화액이다.

또 다른 예로 들 수 있는 것은 식초와 식용유를 섞어서 만드는 샐러드 소스이다. 샐러드 소스를 아무리 세게 저어도 지방 알갱이는 분리할 수 없다. 프랑스 특유의 비네그레트^{Vinaigrette} 소스는 식용유, 디종 머

식용유와 식초는 혼합되지 않는다.

스터드(겨자), 식초, 소금, 후추 등으로 만드는데, 용액과 현탁액 그리고 유화액으로 이루어진 혼합물이다.

혼합물의 명칭은 물질이 균일한지, 섞인 물질이 어떤 상태를 띠고 있는지에 따라 결정된다. 용액은 균일하고 고체와 액체가 섞여 있는데 반해 현탁액은 고체와 액체가 섞여 있다는 점에서는 용액과 같지만, 불균일 혼합물이다.

기체 형태의 물질도 혼합될 수 있다. 수증기 알갱이가 대기 중에 섞여 있는 것을 '**안개**'라고 하며, 그을음과 같은 고체가 대기 중에 있는 것은 '**연기**'라고 한다. 이 둘은 불균일하다. 안개는 액체 물질이 기체 형태의 물질 속에 있는 것을 말하고, 연기는 고체 물질이 기체 형태의 물질 속에 있는 것을 말한다.

아침 안개.

연기.

2개의 고체가 섞여 있는 것도 '**혼합물**'인데 이런 고체혼합물은 불균일 혼합물이다. 고체혼합물의 예로는 흙이나 모래를 들 수 있다. 흙에는 흙 부스러기와 조그마한 돌맹이 이외에도 여러 가지 식물 일부가 포함되어 있어서 불균일한 혼합물이라는 것을 쉽게 알 수 있다. 모래도 마찬가지이다. 모래는 현미경으로 보

흙.

모래.

면 다양하기 이를 데 없는 형태와 색을 띤 미세한 돌로 이루어져 있다.

앞에서 우리는 혼합물을 두 가지 이상의 순물질로 이루어진 물질이라고 정의했다. 그런데 '순물질'이란 무엇을 의미할까? 다시 입자의 세계로 돌아가 보자. 순물질은 물질의 입자가 모두 같으며, 단 한 가지 입자로 이루어져 있다. 따라서 혼합물에는 두 가지 이상의 입자들이 섞이게 된다.

혼합물을 분리하기 위해서는 **물리학적 분리방법**을 이용한다(이에 대해서는 나중에 다시 설명할 것이다). 이러한 분리방법으로도 더 이상 분리되지 않는 것이 순물질이다(물론 순물질은 원소들의 결합체일 수 있다. 화학적인 분리방법을 이용하면 결합체인 순물질도 해체할 수 있다).

혼합된 것은 다시 분리할 수 있다!

> 물리학적 분리방법으로는 증류, 여과, 디캔팅[병에 있는 와인을 마시기 전에 침전물을 없애기 위해 다른 깨끗한 용기(디캔터, decanter)에 옮겨 따르는 것], 분별, 침전, 추출 등이 있다.
> 이러한 분리방법들은 혼합물 성분의 다양한 성질을 이용한다.

아이들의 방에 어지럽게 널려 있는 장난감을 치울 때나 집수리를 하면서 사용한 나사들을 정리할 때도 분리방법을 이용한다. 이때는 간단하면서도 효과적인 분리방법을 찾게 된다.

뒤섞여 있는 잡동사니를 **분류**할 때는 특히 감각적으로 인지할 수 있는 물질의 성질을 이용한다. 잡동사니의 형태나 색이 분류에 도움이 된다. 또한 집수리 때 사용한 나사나 못의 금속광택도 유용한 분별 수단이 될 수 있다. 자석을 이용한 분리방법도 있다. 나사나 못이 자석에 붙는 성질을 이용하는 것이다.

체를 이용할 수도 있는데, 이때는 물질의 크기가 결정적인 역할을 한다. 통과할 수 없는 큰 물질은 체에 걸리게 되고, 작은 물질은 통과한다. 정원에서 흙을 고를 때, 삽으로 흙을 떠서 격자모양의 체에 넣고 흔들면 비교적 큰 돌과 일부 식물은 격자에 걸리고 미세한 흙은 바닥으로 떨어진다.

국수 중에는 거품을 떠내는 국자로 건져낼 수 있는 것도 있다.

혼성물뿐만 아니라 현탁액도 이런 방식으로 분리할 수 있다. 끓는 물에 삶은 국수를 건져낼 때는 체를 이용해 흔들면 된다. 이런 방식을 이용하면 액체 상태의 물질도 분리할 수 있다. 가령 소금 용액은 국수를 거르는 체를 통과하는데, 이런 용액은 우리가 다루고 있는 분리방법과는 관계가 없어 여기서는 다루지 않는다.

가정에서 볼 수 있는 현탁액도 있다. 커피를 끓일 때 생기는 것으로, 커피 현탁액에서 용액이 차지하는 몫은 분리방법과 관련해 중요한 의미가 있다.

뜨거운 물이 커피가루에 닿으면 현탁액이 만들어진다. 즉, 커피가루 일부가 녹지 않은 채로 남게 된다. 그래서 필터가 발명되기 전에는 커피 앙금이 잔에 그대로 남았다.

커피가루 중 일부는 뜨거운 물에 녹는다. 일반적으로 우리는 이 용액을 '커피'라고 한다. 커피는 녹지 않는 부분을 종이 필터로 걸러낸 액체이다. 화학자들은 (뜨거운 물이 물에 녹는 성분을 뽑아내는) **'추출'**과 (물에 녹지 않는 커피가루를 커피 용액에서 분리하는) **'여과'**라는 두 가지 분리과정으로 구분한다. 여기서 커피 필터는 체와 같은 기능을 해 **필터**의 섬세한 망이 녹지 않는 커피가루는 걸러내고 커피 용액만을 통과시킨다.

하지만 현탁액의 경우, 적당한 필터가 없을 때는 다른 분리방법을 쓸 수도 있다. 과립이 든 오렌지주스가 싫다면 ─ 주스는 마시는 것이지 먹는 것이 아니다 ─ 주스 병을 얼마 동안 가만히 놓아둔다. 앞에서 말했듯이 이렇게 두면 과립은 병 바닥에 가라앉는다. 화학자들은 이와 같이 가라앉혀서 분리하는 것을 **'침전'**이라고 한다. 이렇게 하면 과립 위의 액체는 병을 기울여 분리할 수 있는데 와인의 경우 **'디캔팅'**이라고 한다.

와인을 마실 때 이러한 분리방법을 본 적이 있을 것이다. 적포도주는 마시기 전 침전물을 없애기 위해 다른 깨끗한 용기(디캔터^{decanter})에 옮겨 따른다. 와인의 침전물은 녹지 않는 물질로, 이러한 침전물이 있다고 해서 와인의 질이 떨어지는 것은 아니다.

증류는 가정에서 쓸 수 있는 분리방법은 아니다. 원칙적으로 증류는 여러 가지 액체혼합물이나 액체와 고체의 혼합물에서 특정한 액체를 분리하

와인의 디캔팅.

는 방법으로 보통 용매를 증발시키기 위해 햇빛이나 불을 이용한다. 지중해 연안에서는 바닷물에서 물을 증발시켜 천일염을 만들기 위해 햇볕을 이용한다. 소금 생산자들은 증발하는 물이 아니라 소금만 필요하기 때문에 이 방법을 쓸 수 있다.

그런데 두 가지 액체로 이루어진 용액에서는 가열할 때 먼저 증발하는 액체가 관건이 된다. 예를 들어 소주를 증류할 때는 끓는점이 낮은 알코올이 먼저

증류된다. 이 경우는 기체 상태의 알코올을 응축시키기 위해 밀폐된 장치를 이용해야 한다.

소금을 생산하는 염전.

Ⅱ

단순한 화학반응 1

화학의 기초를 배우기 전에 화학공부를 통해 얻을 수 있는 이점이 무엇인지 간단히 설명하겠다. 우선 일상생활에서 나타나는 단순한 화학반응을 살펴보자. 우리 주변에서 흔히 접할 수 있는 단순한 화학반응을 알게 되면 화학에 대한 새로운 안목과 호기심이 생길 것이다.

불이 켜지는 원리

성냥에 불을 붙여보자. 성냥은 어떤 조건에서 불에 탈까? 복잡하게 생각할 것도 없이 성냥개비를 성냥갑의 마찰 면에 대고 그으면 된다. 성냥개비는 저절로 불이 붙지는 않는다. 하지만 사실, 오늘날과 같이 안전한 성냥이 나오기 전에는 저절로 불이 붙는 일이 흔했다. 성냥의 변천사에 대해서는 나중에 다시 다루기로 한다. 성냥에 불을 붙이는 것과 성냥이 타는 것은 과정이 서로 다르다. 이 두 과정에 대해서 화학적으로 자세히 살펴보기로 하자.

성냥의 일생.

불에 탄 성냥을 관찰하는 것도 화학적으로 관심거리가 될 수 있다. 아직 타지 않은 성냥개비와 불에 탄 성냥개비를 비교해보라. 우리는 앞에서 화학을 다음과 같이 정의했다.

"화학은 물질을 다루는 학문이며 물질의 성질과 구조를 설명한다. 또한 화학은 물질의 변화를 다루는 학문이기도 하다."

자, 이제 드디어 물질의 변화를 다루는 학문을 살펴보게 되었다! 물질의 변화는 성냥의 예에서 충분히 관찰할 수 있다. 성냥은 감각적으로 인지할 수 있는 물질의 변화를 다양하게 보여준다. 성냥의 색은 대개 빨간색이나 파란색(또는 완전히 다른 색을 띨 수도 있다)에서 검은색으로 바뀐다. 불에 탄 나무의 냄새를 맡을 수 있으며 이미 불에 탄 성냥개비의 머리에는 다시 불을 붙일 수 없다.

이미 불에 탄 성냥개비에는 다시 불을 붙일 수 없다.

하지만 화학적인 성질은 완전히 달라진다. 불에 탄 성냥개비의 머리를 마찰 면에 그어 불을 붙여보자. 그러면 마찰 면에는 성냥개비의 머리가 남긴 검은 선만이 나타난다.

이러한 변화를 유발한 것은 불꽃이다. 불꽃은

이미 마련되어 있던 화학적 전제들 때문에 생긴다.

지속성이 있는 변화에는 산소가 필요하다: 연소

연소는 물질이 산소와 반응하는 화학반응이다.

연소할 때 산소가 결정적인 역할을 한다는 것은 그릴을 사용해본 사람이라면 누구나 알고 있을 것이다. 숯이 잘 타기 위해서는 공기가 충분히 공급되어야 한다. 공기를 공급하는 방법은 매우 다양하며 그때그때 여건에 맞는 방법을 선택하면 된다. 부채질하거나 팬으로 공기를 주입하거나 입으로 바람을 불어넣을 수도 있다.

그릴용 숯은 빠르게 달아오른다.

초를 넣은 등은 공기가 잘 통해야 한다.

공기는 여러 기체의 혼합물이다. 공기의 성분 중에는 산소가 약 21%, 질소가 78%를 차지하고, 나머지는 **비활성기체**(네온, 헬륨, 아르곤, 크립톤, 크세논, 라돈)와 이산화탄소로 구성되어 있다.

성냥을 켜서 초에 불을 붙여보자. 초는 공기가 충분해야 탄다는 것은 누구나 아는 상식이다. 그래서 초를 등잔에 넣을 때는 등잔의 바닥이나 옆벽에 구멍이나 틈새를 만들어 공기가 충분히 공급되도록 해야 한다.

공기(물론 공기 중의 산소를 의미한다)가 충분하지 않으면 초의 불꽃은 작아지다가 결국 꺼진다.

산소는 어떤 역할을 할까? 산소는 왜 연소뿐만 아니라 다른 화학반응에서도 중요한 역할을 할까? 이에 대해서는 나중에 자세히 설명할 것이다.

일을 하면 에너지가 발생한다

에너지가 발생할 때는 두 가지 유형의 화학반응이 일어난다.

발열반응은 자발적으로 진행되는 반응이다. 반응이 진행되면서 에너지(열 또는 빛의 형태를 띤 에너지)가 방출된다.

흡열반응이 일어나기 위해서는 지속적으로 에너지가 유입되어야 한다.

산비탈에서 썰매나 스노보드를 탄다고 가정해보자. 산 중턱에서 썰매를 타고 내려가기 위해서는 썰매를 밀치는 힘이 필요하다. 힘을 가하고 나면 그다음은 저절로 썰매를 타고 내려갈 수 있다.

화학반응도 이와 똑같이 진행된다. 일단 반응이 일어나게 하면 그다음은 저절로 진행된다. 성냥개비에 불을 붙일 때도 마찬가지이다. 이 경우에 가하는 힘은 성냥개비를 마찰 면에 대고 긋는 것이다. 그다음에는 저절로 불이 붙는다.

출발하기 위해서는 밀치는 힘이 필요하다.

썰매를 타고 내려온 뒤에는 다시 산 중턱으로 썰매를 끌고 올라가야 한다. 위로 올라갈 때 썰매에 연결한 밧줄을 놓으면 썰매는 경사면을 따라 아래로 쏜살같이 내려간다. 이와 유사한 것이 흡열반응이다. 지속적인 에너지(열 형태의 에너지)의 유입이 없으면 아무 일도 일어나지 않는다.

흡열반응의 예로는 휴대전화나 노트북의 배터리 충전을 들 수 있다. 이때는 열에너지가 아니라 전기에너지가 충전된다. 충전기를 콘센트에서 빼서 충전을 중단하면 배터리는 더 이상 충전되지 않는다. 충전 중이나 충전 직후에 만져보면 배

오늘날 사용되는 전자 기구들은 전지로 작동된다.

터리가 따뜻해진 것을 알 수 있는데, 이는 전기에너지가 화학에너지와 열로 전환되기 때문이다. 반대로 배터리를 사용할 때, 다시 말해 방전 과정에서는 축적된 화학에너지가 다시 전기에너지로 전환된다. 때문에 배터리를 충전하거나 방전할 때 전류가 흐른다(전류가 흐른다는 것과 전자가 흐른다는 것은 같은 말이다).

성냥을 켜는 것, 초에 불을 붙이거나 태우는 것, 전지를 충전하거나 방전하는 것 등은 기본적으로 일상에서 관찰할 수 있는 화학 현상이다.

이제 여러분은 이 책의 결론 단계에 도달했다. 순수하게 현상적인 관찰에 머물고 말 것인가, 아니면 '물질 속으로' 깊숙이 파고들 것인가?

현상을 화학적인 시각에서 살펴보기 위해서는 다음 장에서 설명하는 화학의 기본법칙을 알아야 한다. 만약 이러한 법칙을 이미 알고 있는 사람은 다음 장을 건너뛰어 Ⅳ장으로 넘어가도 된다.

III

쪼갤 수 없는 것들

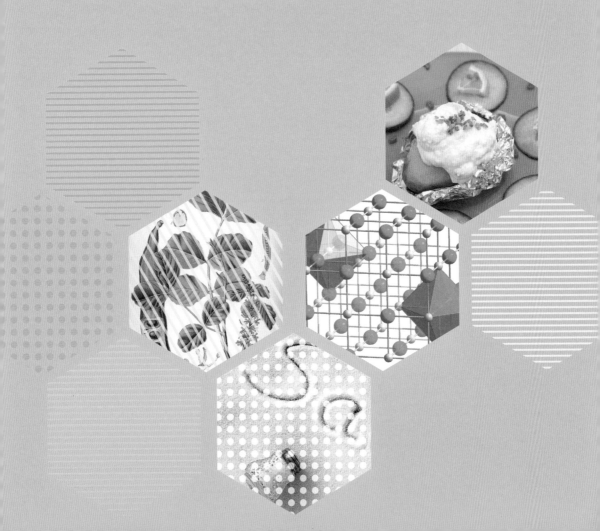

우리 주변에서 볼 수 있는 물질의 성분들은 어떻게 결합할까? 또 이 성분들은 더 큰 성분으로 어떻게 결합할까? 물질의 결합, 물질의 성질 그리고 물질의 변화를 일으키는 화학반응은 일정한 법칙을 따른다. 화학반응에서 물질이 어떻게 결합하는지는 주기율표로 추론할 수 있다. 우리의 물질관이 어떤 변천과정을 겪어왔는지를 설명하기 전에 과학사를 잠깐 살펴보기로 하겠다.

입자 모형에서 원자 개념으로

고대 그리스인들, 좀 더 정확하게 말하면 고대 그리스의 자연철학자들은 아주 오래전부터 주변의 물질들이 어떻게 구성되어 있는지에 관해 고민해왔다. 이들 가운데서도 특히 데모크리토스[B.C. 460~B.C. 371]에게 주목하자. 원자라는 명칭을 맨 처음 사용한 사람도 데모크리토스이다. 데모크리토스는 어떠한 측정 기구도 없이 오직 감각적 지각과 사유를 통해 모든 물질은 더 이상 쪼개지지 않는 입자로 구성되어 있다는 결론에 도달했다. 어떤 물질이든 계속 쪼개다 보면 언젠가는 더 이상 쪼갤 수 없는 입자가 된다는 것이다. 데모크리토스는 이 입자를 그리스어로 atomos, 즉 '더 이상 쪼갤 수 없는 것'이라고 이름 지었다.

데모크리토스.

> **원자**라는 명칭은 고대 그리스의 자연철학에서 유래한다. 원자는 '더 이상 쪼갤 수 없는 것'을 뜻한다.

이와 같은 입자설로 물질의 상태를 고체, 액체, 기체로 나눌 수 있고 이 세 가지 상태의 변화도 설명할 수 있게 되었다. 하지만 이러한 입자 모형만으로는 입자들이 서로 결합하는 것이나 서로 끌어당기는 성질이 생기는 이유에 대해서는 알 수 없었다.

오늘날의 원자설은 고대 그리스 시대와는 크게 다를 뿐만 아니라 훨씬 정교해졌다. 이렇게 된 데는 무엇보다 18세기에서 19세기로 넘어가는 과도기에

존 돌턴.

영국의 과학자 존 돌턴[1766~1844]이 제안한 입자설이 큰 영향을 미쳤다. 돌턴은 고대 그리스의 자연철학자들이 주장한 입자설을 2천 년이 더 지나서야 다시 받아들여 당시까지 알려졌던 원소와 원소들이 지닌 성질에 적용했다.

입자는 작은 구이다: 돌턴의 원자 가설

돌턴은 원자를 작은 구 모양으로 묘사했으며, 여러 원소의 가장 작은 입자들을 각기 서로 다른 질량을 가진 구로 특징지었다. 돌턴에 따르면 같은 종류의 원자는 질량이 같고, 다른 종류의 원자는 질량이 다르다.

> 돌턴은 원자를 구 모양으로 묘사했다. 그리고 수소 원소의 질량이 가장 작다고 판단했기 때문에 수소 원소의 구를 기준으로 삼았다.
>
> 같은 원소의 원자는 질량이 같다. 원자의 질량 단위는 영어 unit(단위)의 첫 글자를 따서 u로 표시한다.

돌턴은 질량비를 통해 각 원소가 서로 다른 화합물을 형성할 때 나타나는 질량의 차이를 조사했으며, 수소 원소의 원자가 가장 작은 질량을 가진다는 사실을 밝혀냈다. 당시에는 원자의 질량을 저울로 잴 수 없었기 때문에(오늘날에도 이런 방법으로는 원자의 질량을 잴 수 없다!) 돌턴은 수소 원자를 기준으로 삼았다.

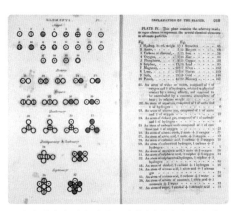

돌턴이 자신의 원자 가설을 설명한 《화학의 신체계》.

따라서 다른 모든 원소의 원자들은 수소 원자에 대한 질량비로 질량을 표시한다.

오늘날에는 주로 이와 같은 기준 단위를 사용한다. 예를 들어 온도 단위인 섭씨(℃)는 스웨덴의 물리학자이자 천문학자인 안데르스 셀시우스[1701~1744]가

안데르스 셀시우스.

만든 것으로 물의 어는점을 0, 끓는 점을 100으로 정한 값이다. 이렇게 물을 기준으로 한 측정 시스템은 100 등분된 온도 눈금으로 표시된다.

또 다른 예는 다이아몬드의 질량을 재는 기준 단위로 구주콩나무의 씨를 이용하는 것이다. 다이아몬드의 무게 단위인 캐럿^{carat}은 구주콩나무의 씨를 뜻하는 그리스어 Keràtion(영어로 구주콩나무는 carob이다)에서 유래한 말이다.

구주콩나무의 씨, 잎, 꽃, 열매.

돌턴은 수소 원자를 기준점으로 하여 다른 원자들의 질량은 수소 원자에 대한 질량비로 표시했다. 이러한 질량을 '상대 원자 질량'이라고 한다. 돌턴은 수소 원자의 절대 질량이 상상할 수 없을 정도로 작기(1.661×10^{-24}g) 때문에 질량 단위를 u(단위를 뜻하는 영어 unit에서 유래한다)로 정했다.

돌턴은 원자를 더 이상 쪼갤 수 없는 것으로 생각한 고대 그리스 자연철학자들의 원자설을 고수했다. 하지만 이러한 원자설은 방사능의 발견으로 타당성을 잃게 되었다. 그리고 얇은 금속판에 라듐을 쪼인 실험으로 새로운 원자설이 등장했다.

어니스트 러더퍼드: 비어 있지만 텅 비어 있는 것은 아니다

영국의 물리학자 어니스트 러더퍼드$^{1871~1937}$는 납으로 된 용기에 라듐을 넣었다. 그러자 라듐에서 나온 알파(α)입자(알파선)가 납 용기에 뚫어놓은 구멍을 통과하여 굴절했다. 러더퍼드는 이 실험을 하기 직전에 이러한 종류의 방사선을 발견했다.

그는 이 방사선을 약 2,000개의 금 원자가 밀집된 아주 얇은 금박을 향해 발사했는데, 금박 뒤에는 알파입자의 궤도를 식별하기 위해 형광 스크린을 설치했다. 돌턴의 원자설이 맞는다면 구 모양의 원자들은 금박을 통과할 수 없기 때문에 이 알파입자는 금박에 부딪혔을 때 튕겨 나와야 했다. 하지만 형광 스크린에 비친 모습은 거의 모든 방사선이 금박을 통과했고, 소수만이 굴절하는 정반대의 결과를 나타냈다.

러더퍼드의 초상화가 들어간 뉴질랜드의 100달러 지폐.

알파입자가 (+)전하를 띤다는 것은 이미 알려져 있었다. 그래서 러더퍼드는 튕겨 나온 알파입자는 같은 전하를 띤 입자에 부딪힌 것임이 틀림없다고 생각했다. 게다가 이 입자는 극히 소수에 불과했지만 금 원자의 거의 전체 질량을 갖고 있었다.

원자의 거의 전체 질량이 집중되어 있으며 (+)전하를 띠는 이 작은 입자는 '**원자핵**'으로, 원자핵은 원자의 중심에 있다. 원자는 전하를 띠지 않으며 전기적으로 중성을 나타낸다(+)전하를 상쇄하는 것은 (−)전하를 띠는 전자이며, 이 전자는 정전기적인 실험에 의해 운동하는 전도체로 알려졌다.

러더퍼드의 산란실험을 통해 전자는 원자핵 주위를 돌아다닌다는 것이 입증되었다. 구 형태를 이루고 있는 원자핵 주위의 공간은 '**전자껍질**'로 불렸다. 질량이 거의 없는 전자는 전자껍질에서 빠르게 운동해야 한다. 그렇지 않으면 전자는 핵과 껍질 사이의 인력에 의해 핵 속으로 빨려 들어가고 말 것이다. 따라서 원자에서는 정전기적인 인력과 전자의 원심력이 핵 주위를 도는 전자의 운동에서 균형을 유지하는 역할을 한다.

러더퍼드의 산란실험으로 원자에 관한 새로운 사실이 밝혀졌다. 원자는 이제 단순히 구 모양을 이루고 있는 것이 아니라 원자핵과 전자껍질로 세분되었다.

원자의 구조는 상상하기가 쉽지 않다. 원자의 구조를 구체화하기 위해서는 일반적으로 크기를 비교한다. 원자핵의 주위를 둘러싸고 있는 전자껍질은 원자핵보다 1만 배 이상 크다. 원자핵을 탁구공(지름은 3cm) 크기라고 가정하면 전자껍질은 지름이 300m에 달할 것이다! 이 비교를 러더퍼드의 산란실험에 적용하면 원자는 99.9% 이상 '비어' 있다. 따라서 알파입자들이 금박에 충돌했을 때 튕겨 나오지 않은 것은 절대 이상한 일이 아니다. 하지만 이 알파입자들은 원자핵에 충돌하기도 했기 때문에 원자가 '텅 비어' 있는 것은 아니라는 사실을 알 수 있다.

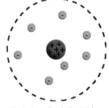

러더퍼드의 원자 모형.

쪼갤 수 없는 것이 더욱 세분되다: 소립자

소립자에는 세 가지 종류가 있다.

1. 전자electron: (−)전하를 띠고 전자껍질에 있으며, 질량이 매우 작다.
2. 양성자proton: (+)전하를 띠고 원자핵에 있으며, 질량은 $1u$이다.
3. 중성자neutron: 전하를 띠지 않고 양성자와 마찬가지로 원자핵에 있으며, 질량은 $1u$이다.

양성자와 중성자는 원자핵에 있기 때문에 '핵자nucleon'라고도 한다.

전자는 (−)전하를 띤 소립자로 가장 먼저 확인되었다. 마찬가지로 원자핵에서 (+)전하를 띤 소립자도 확인되었다. 가장 단순한 원소인 수소의 원자핵은 '양성자'(그리스어 proton은 '으뜸' 또는 '첫째'를 뜻한다)로 불렸다. **양성자**는 (+)전하를 띠고 있다. 원자의 질량은 원자핵에 집중되어 있으며, 원소마다 원자의 질량이 서로 다른 것은 양성자의 수가 서로 다르기 때문이다. 따라서 양성자의 수가 많을수록 일반적으로 원소의 원자 질량도 커진다. 이는 두께가 다른 여러 원소의 금속 박막을 이용한 러더퍼드의 산란실험에서 입증되었다.

　　양성자의 수가 많아지면 (+)전하가 커지게 되어 서로 배척하는 힘도 커질 것이다. 이와 관련해 또 다른 소립자가 주목을 받게 되었다. 바로 전기적으로 중성인 **중성자**이다. 중성자는 서로 배척하는 양성자들 사이에서 균형을 잡는 역할을 한다.

　　소립자들은 질량이 서로 다르다. 중성자와 양성자는 질량이 각각 $1u$로 거의 같지만, 전자보다는 2,000배 크다. 원자의 질량은 양성자 수와 중성자 수의 합으로 나타낸다. 이미 말한 대로 원자의 전체 질량은 거의 원자핵에 집중되어 있고, 중성자와 양성자는 원자핵에 있으므로 이 두 소립자를 '**핵자**'라고도 한다.

원자는 소립자로 구성되어 있다. 전자껍질에는 (−)전하를 띠고 질량이 거의 없는 전자가 있다. 원자핵은 (+)전하를 띠는 양성자와 전기적으로 중성인 중성자로 이루어져 있다.

원소 배열: 주기율표

러시아의 화학자 드미트리 멘델레예프[1834~1907]와 독일
의 화학자 로타 마이어[1830~1895]는 19세기 중반부터 후반에

드미트리 멘델레예프.

걸쳐 당시에 이미 알려진 원소들을 화
학적으로 유사한 성질에 따라 분류했
다. 이 과정에서 원소들을 원자 질량
의 순서대로 배열할 수 있다는 사실도

로타 마이어.

알게 되었다. 오늘날 **주기율표**에는 100개 이상의 원소들
이 있다.

주기율표에서 세로줄은 **족**(주기율표에서 족을 표시하는 방법은 두 가지가 있다. 옛
날에는 전형원소는 1A~8A로 분류하고, 전이원소는 1B~8B로 분류했다. 현대에는 주기율
표의 왼쪽부터 오른쪽까지 1에서 18까지 일련번호를 붙인다.-옮긴이), 가로줄은 **주기**
(1~7주기까지 있고, 원소를 배열했을 때 비슷한 성질을 가지는 원소가 규칙적으로 나타
나는 것을 말한다)를 나타낸다. 이러한 분류는 우선적으로 화학적 유사성에 따
르며, 그다음으로는 원자 질량에 따른다. 그 결과 원소들의 순서가 정해지며, 화
학적으로 비슷한 성질이 규칙적으로 반복된다. 이러한 방식으로 주기율표에는
18족(로마 숫자로 표시된다)과 각기 8개의 원소로 구성된 7주기(아라비아 숫자로 표
시된다)로 분류된다. 예외적으로 1주기에는 2개의 원소(수소와 헬륨)뿐이다.

족은 화학적 유사성에 바탕을 둔 족명을 갖는다. 즉, 18족은 **비활성기체**(불
활성기체), 17족은 **할로겐원소**, 2족은 **알칼리토금속**, 1족은 **알칼리금속**이라
고 한다. 중간에 있는 13~16족은 각각 이 족에 속한 첫 번째 원소의 이름에서
유래한다. 따라서 13족은 **붕소족**, 14족은 **탄소족**, 15족은 **질소족**, 16족은 **산
소족**이라고 한다.

1족과 2족의 원소들은 모두 금속이고, 17족의 원소들은 비금속이라고 할 수 있으며, 18족은 기체들이다. 3~12족의 원소들은 '**전이원소**'(전이금속), 나머지 원소들은 '**전형원소**'라고 부르는데, 전형원소들은 다음과 같이 배열할 수 있다.

주기 \ 족	1	2	13	14	15	16	17	18
1	1.00797 H 1							4.0026 He 2
2	6.939 Li 3	9.0122 Be 4	10.811 B 5	12.011 C 6	14.007 N 7	15.999 O 8	18.998 F 9	20.183 Ne 10
3	22.990 Na 11	24.312 Mg 12	28.982 Al 13	28.086 Si 14	30.974 P 15	32.064 S 16	35.453 Cl 17	39.948 Ar 18
4	39.102 K 19	40.08 Ca 20	69.72 Ga 31	72.59 Ge 32	74.922 As 33	78.96 Se 34	79.909 Br 35	83.80 Kr 36
5	85.47 Rb 37	87.62 Sr 38	114.82 In 49	118.69 Sn 50	121.75 Sb 51	127.60 Te 52	126.90 I 53	131.30 Xe 54
6	132.90 Cs 55	137.34 Ba 56	204.37 Tl 81	207.19 Pb 82	208.98 Bi 83	(209) *Po 84	(210) *At 85	(222) *Rn 86
7	(223) *Fr 87	(226) *Ra 88						

이 족들에 속한 원자들의 구조는 주기율표에서 추론할 수 있다.

주기율표에서 왼쪽 위(붕소 원소)에서 오른쪽 아래(아스타틴 원소)까지 대각선을 그으면 대각선의 왼쪽에는 금속, 오른쪽에는 비금속이 위치한다. 대각선상과 그 근처에 있는 원소는 **반금속**(metalloid 또는 semimetal)이다. 반금속은 붕소, 규소, 저마늄, 안티몬 등과 같은 원소를 가리키며 단독 또는 화합물로서 반도체 재료로 사용된다. 반금속은 금속과 비금속의 중간적 성질을 가진다.

> 주기율표에서 대각선을 그으면 원소들은 금속과 비금속의 두 그룹으로 나누어진다.

네가 어디에 있는지, 또 네가 어떤 구조로 되어 있는지를 말해. 그러면 난 네가 어떤 반응을 보일지를 말할 수 있어!

이제부터 다룰 화학반응에서 가장 중요한 것은 각 원소의 원자 구조를 파악하는 일이다. 여러 가지 화학반응이 있지만, 여기에서는 일상생활에서 쉽게 접할 수 있는 화학반응에 초점을 맞춘다.

마법의 수

원자와 원자의 화학적 성질이 가진 특징은 1. 주기율표에서의 위치(족과 주기의 번호), 2. 원자 번호와 원자 질량수에 따라 구별된다.

주기율표에서 원소의 위치는 족 번호(주기율표의 '세로줄 번호')와 주기 번호(주기율표의 '가로줄 번호')에 따라 결정된다.
예를 들어 알루미늄 원소는 13족, 3주기에 속한다.

음료수 캔과 포일에 싼 감자.

알루미늄에 대해 좀 더 자세히 알아보자. 알루미늄은 일상생활에서 포일과 음료수 캔의 형태로 사용된다. 이러한 용도의 알루미늄은 순수한 형태이지만, 화합물의 형태로 이용되기도 한다.

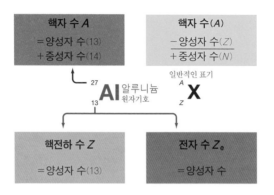

알루미늄이 화합물에서 어떤 역할을 하는지는 알루미늄의 소립자가 어떻게 배치되는지에 달렸다. 알루미늄의 원자핵에는 원자 번호와 같은 수의 양성자가 들어 있다. 즉, 알루미늄의 양성자 수는 13이다.

원자의 전자 수도 양성자 수와 같다. 왜냐하면 원자는 순수한 형태에서는 전기적으로 중성을 띠기 때문이다.

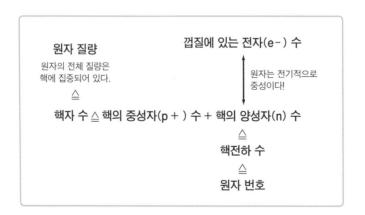

알루미늄의 전자는 3개의 껍질에 분산되어 있다. 따라서 알루미늄은 3주기에 속한다. 전자는 에너지의 관점에 따라 분포된다. 가장 안쪽 껍질에는 최대 2개의 전자, 안쪽에서 두 번째 껍질에는 최대 8개의 전자가 있다. 안쪽에서 세 번째 껍질에는 3개 이상의 전자가 분포한다. 하지만 알루미늄은 모두 13개의 전자만 있으므로 이 세 번째 껍질에는 3개의 전자만 분포한다. 이 세 번째 껍질의 전자는 독특한 이름을 지니는데 가장 바깥쪽 껍질을 채우고 있으므로 '**최외각전자**'라고 한다.

> 원자의 껍질을 채우는 방식은 공식 $2n^2$에 따른다. 여기서 n은 껍질의 순번을 의미한다.
>
> 가장 안쪽 껍질($n=1$)에는 $2 \times 1^2 = 2$개의 전자가 있다.
>
> 안쪽에서 두 번째 껍질($n=2$)에는 $2 \times 2^2 = 8$개의 전자가 있다.
>
> 안쪽에서 세 번째 껍질($n=3$)에는 $2 \times 3^2 = 18$개의 전자가 있다.
>
> 원자핵을 둘러싸고 있는 껍질이 몇 개인지는 원소의 주기에 따라 결정된다.
>
> 껍질에 전자가 채워지는 것은 항상 안쪽(에너지가 가장 낮은 껍질)에서 바깥쪽으로 진행된다.

모든 족에서 껍질에 전자가 채워지는 과정을 살펴보면 최외각전자의 수는 족의 번호에 따라 증가한다는 것을 알 수 있다. 즉, 13~18족의 전형원소에서 최외각전자의 수는 족의 번호에서 10을 뺀 수와 같다.

1족의 원소들에는 최외각전자가 1개 있고, 2족의 원소들에는 최외각전자가 2개, 13족의 원소들에는 최외각전자가 3개, ……, 18족의 원소들에는 8개의 최외각전자가 있다. 따라서 18족의 모든 비활성기체에는 8개의 최외각전자가 있다. 그렇다면 비활성기체는 모두 8개의 최외각전자를 가질까? 반드시 그런

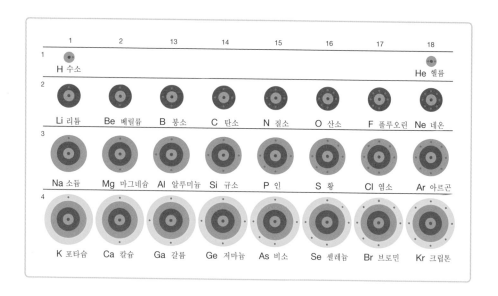

	1	2	13	14	15	16	17	18
1	H 수소							He 헬륨
2	Li 리튬	Be 베릴륨	B 붕소	C 탄소	N 질소	O 산소	F 플루오린	Ne 네온
3	Na 소듐	Mg 마그네슘	Al 알루미늄	Si 규소	P 인	S 황	Cl 염소	Ar 아르곤
4	K 포타슘	Ca 칼슘	Ga 갈륨	Ge 저마늄	As 비소	Se 셀레늄	Br 브로민	Kr 크립톤

것은 아니다. 주의 깊은 독자라면 단번에 의문이 생겼을 것이다. 헬륨의 경우는 예외로 1주기에 속한다. 1주기에 속하는 원소들의 경우, 원자핵을 둘러싸고 있는 껍질은 하나뿐이다. 또한 이 껍질에는 최대 2개의 전자만 존재한다.

최외각전자 수와 관련해서는 비활성기체가 결정적인 역할을 한다. 앞으로 알게 되겠지만, 모든 원소는 화학결합을 통해 비활성기체가 지닌 것과 같은 수의 최외각전자 수를 가지려고 한다. 비활성기체는 최외각전자가 8개로, 가장 안정된 상태를 유지하고 있기 때문이다.

끊임없이 지속되는 주고받기

천연에서 순수한 원소 형태로 얻을 수 있는 금속들이 있다. 금을 예로 들 수 있는데, 금은 오늘날에도 채굴된다. 하지만 대부분 금속은 순수한 형태를 띠는 것이 아니라 다른 원소들과 결합한 형태를 띤

금덩어리.

다. 앞에서 나온 알루미늄도 천연에서는 산화알루미늄의 형태로 존재한다.

알루미늄은 산소와 염기성 결합을 한다. 이러한 결합의 화학식은 Al_2O_3 왜 AlO나 Al_2O 또는 AlO_2가 아니고 Al_2O_3일까?

알루미늄 원소도 – 주기율표의 다른 원소들과 마찬가지로 – 비활성기체의 최외각전자 수를 가지려고 한다.

8개의 다리를 가진 문어.

다른 원소들이 비활성기체의 전자 배열에 도달하려는 것은 최외각전자 수와 관련이 있다. 비활성기체의 가장 바깥쪽 껍질에 있는 전자 배열을 살펴보면 헬륨을 제외하고는 모두 8개의 최외각전자를 갖는다. 화학자들은 이를 **'8전자설**(전자 옥텟)**'**이라고 한다(옥텟^{octet}은 숫자 8을 뜻하며 문어는 8개의 다리를 가지고 있어 옥토퍼스^{octopus}라고 한다. 참고로 8개의 정삼각형 면으로 이루어진 정팔면체는 옥타헤드런^{octahedron}이라고 한다).

그런데 헬륨은 예외이다. 헬륨은 전자 옥텟이 아니라 **전자 듀엣**을 이룬다(듀엣^{duet}은 숫자 2를 뜻한다. 음악에서 이중주 또는 이중창을 듀엣이라고 한다). 하지만 헬륨에서 나타나는 예외는 정도가 크지 않다. 왜냐하면 2개의 최외각전자는 비록 숫자는 작지만 다른 비활성기체의 최외각전자 8개와 마찬가지로 전자껍질을 꽉 채우고 있어 안정된 상태를 이루기 때문이다.

어떤 원소의 전자 배열이 비활성기체의 전자 배열과 같을 때, 이러한 전자 배열을 '**비활성기체 상태**'라고 한다.
헬륨의 전자 듀엣과 다른 비활성기체의 전자 옥텟은 모든 원소가 원하는 에너지 상태이다.

예를 들어 소듐 원소의 전자 배열에서는 최외각전자가 1개뿐이다(가장 안쪽의 전자껍질에는 2개의 전자, 그다음 전자껍질에는 8개의 전자 그리고 세 번째이자 최외각에 있는 전자껍질에는 1개의 전자가 존재한다). 이 1개의 최외각전자로 인해 소듐은 1족에 속한다.

전자의 배열에 초점을 맞추어 생각한다면, 예를 들어 소듐 원자가 네온 원자와 같은 전자 배열을 이루기 위해서는 어떻게 해야 할까? 이 경우는 세 번째 껍질의 최외각전자가 제거되어야 할 것이다.

염소 원소는 최외각전자가 7개 있다(이 때문에 염소는 17족에 속한다). 염소 원소의 전자 수는 총 17개로, 가장 안쪽 전자껍질에는 2개의 전자가 있고, 그다음 전자껍질에는 8개의 전자가 있다. 그렇다면 염소 원자가 비활성기체 전자 배열을 이루기 위해서는 어떻게 해야 할까? 이 경우는 최외각전자 껍질에 전자 1개를 더 채우면 될 것이다.

소금.

소듐 원소와 염소 원소가 '비활성기체 상태'에 도달하기 위해 화학반응을 한다면 어떤 일이 생길까? 이러한 상호관계의 산물로는 부엌에서 사용하는 식용 소금이 잘 알려져 있다. 화학자들은 이를 '염화소듐^{NaCl}'이라고 한다. 염화소듐은 염소와 소듐의 화합물이다. 하지만 염화소듐은 소듐과 염소 각각의 원소와는 그 성질이 다르다. 앞에서 성냥을 예로 들어 화학반응을 하면 원래 원소의 화학적인 성질이 완전히 달라진다는 것을 배웠다.

염화소듐은 소듐을 염소가 담긴 용기에 넣을 때 만들어진다. 비교적 짧은 시간에 염화소듐 결정이 생성되는데 이 반응은 열을 가하면 시간이 크게 단축될 수 있다. 이러한 사실에서 열이 기폭제 역할을 한다는 것을 알 수 있으며, 열 공급을 중단해도 반응은 계속 진행된다.

이 반응은 뜨겁게 달아오르기 때문에 발열반응으로 볼 수 있다. 이 반응에서 강한 열이 발생하는 이유는 두 원소가 반응을 통해 안정된 '비활성기체 상태'에 도달하기 때문이다. 즉, 한쪽 원소에는 더 이상 필요 없는 전자가 다른 원소에 전달되면 꼭 필요한 전자가 된다.

소금을 만드는 반응(소듐과 염소의 반응)에서 금속은 전자를 내준다. 이 때문에 금속은 **전자주개**electron dono이다. 이에 반해 비금속은 전자를 받는다. 이 때문에 비금속은 **전자받개**electron acceptor이다.
소금을 만드는 반응은 전자전달반응이다.

이처럼 전자를 주고받는 원칙이 바로 화학의 원동력이다.

금속과 비금속 양쪽 모두에게 유리한 윈윈win-win 상황: 이온결합

원자가 최외각전자를 주었을 때 어떤 일이 일어날까? 변화는 전자껍질에서만 생기며 원자핵의 구조는 아무런 영향을 받지 않는다. 다만, 소금을 만드는 반응에서 금속과 비금속의 화학반응이 일어난 후에는 원자는 더 이상 전기적으로 중성을 띠지 않는다. 소립자의 전하는 금속의 경우 양성자에게 유리하게 전이되며, 비금속의 경우는 전하가 전자에게 유리하게 전이된다.

소금을 만드는 반응에서 금속의 경우는 전자를 내줌으로써 (+)전하를 띠는 원자가 만들어진다. 이처럼 (+)전하를 띠는 이온ion(원자가 전자를 잃거나 얻어서 전하를 띠게 된 것을 말한다)을 '양이온cation'이라고 한다. 비금속의 경우는 전자를 얻음으로써 (−)전하를 띤 원자가 만들어진다(−)전하를 띠는 이온은 '음이온anion'이라고 한다.

소듐 원소와 염소 원소에서 염화소듐이 만들어지는 과정을 통해 전자전달을 자세히 살펴보자. 중성자 수를 제외하면 소듐은 반응 전에 11개의 양성자와 11개의 전자를, 염소는 반응 전에 17개의 양성자와 17개의 전자를 가지고 있다. 두 원소는 소듐 원자의 최외각전자가 염소 원자에게 전이됨으로써 '비활성기체 상태'에 도달한다. 이때 소듐은 정확하게 네온 원자의 전자 배열을, 염소는 아르곤 원자의 전자 배열을 나타낸다. 하지만 소듐 원소와 염소 원소는 반응을 통해 비활성기체의 원자가 된 것이 아니다. 왜냐하면 양성사의 배열은 달라시지 않았기 때문이다.

자, 기억을 되살려보자. 양성자 수는 원자 번호와 일치한다. 원자 번호는 주기율표에서 원소의 위치를 결정한다. 따라서 양성자 수가 달라진다는 말은 다른 화학 원소가 된다는 것을 의미한다! 앞에서 러더퍼드의 산란실험을 설명할 때 말했듯이 이러한 일은 방사능 원소의 경우에는 가능하다. 라듐에서 나오는 알파입자는 중성자와 더불어 양성자도 포함하고 있다. 따라서 원자 질량과 원자 번호도 달라진다. 방사능 원소들은 연쇄반응을 거치며 다른 원소로 변화되다가 연쇄반응의 끝에 가서 납과 같은 안정된 원소가 된다. 이는 **핵화학** 분야에 속한다. 원자력이나 핵에너지라는 용어를 들어본 적이 있을 것이다. 하지만 이 분야를 파고드는 것은 이 책의 범위를 넘어서는 일이므로 핵화학이라는 분야가 있다는 것만 언급하고 넘어가기로 한다. 여기서 중요한 것은 원자 껍질이다. 굳이 핵화학과 구분할 수 있는 개념을 찾자면 **껍질화학** 또는 **전자화학**이 될 것이다.

소듐 원자에서 염소 원자로 전자가 전이됨으로써 염화소듐의 소듐 원자는 10개의 전자만 지니며, 양성자 수는 11개로 유지된다. 따라서 소듐 원자는 (+)전하를 띠고 소듐 양이온이 생긴다.

염소 원자의 핵은 양성자보다 전자가 1개 더 많다(18개의 전자와 7개의 양성자가 있다). 따라서 염소 원자는 (−)전하를 띠고 염소 음이온이 생긴다.

소금을 만드는 반응과정에서 나타난 전자전달과 이온 형성은 모든 금속과 비금속에 적용할 수 있다. 즉, 금속에서는 최외각전자를 줌으로써 원자핵에서 양성자가 전자보다 많아져 (+)전하를 띤 금속 양이온이 형성되고, 비금속에서는 최외각 껍질에서 전자를 받아 비금속 음이온이 형성된다.

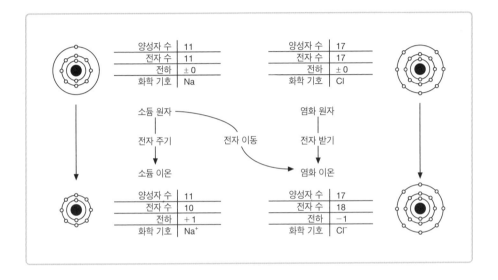

참고 사항: **양이온**과 **음이온**은 전하를 띠며 전하를 띤 원자는 일반적으로 '이온'이라고 한다.

비금속 음이온은 원래의 중성 원자와 구분하기 위해 원소 이름 뒤에 '−화⁻ide'를 붙여 부른다.
원소 이름이 '소'로 끝나면 '소'를 빼고 '−화 이온'으로 부르는데, 예외적으로 질소는 '소'를 빼지 않고 질소화 이온으로 부른다.
이온은 (+)전하나 (−)전하의 수가 1개 또는 여러 개일 수 있다. 전하의 수는 얼마나 많은 전자를 주고받는지에 따라 달라진다.

이온이라는 개념은 그리스어 ionos(가다)에서 유래한다. 소금은 대개 물에 잘 녹는다. 따라서 운동하는 전도체가 생기는데, 수용액에 전극을 연결해 전류를 흐르게 하면 이 전도체는 전기장에서 이동한다.

염소의 음이온을 '염화 이온'이라고 하며 이처럼 '－화 이온'으로 부르는 것은 할로겐 원소들의 모든 (음)이온(플루오르화 이온, 염화 이온, 브로민화 이온, 아이오딘화 이온)과 일부 비금속 원자들의 모든 이온도 마찬가지이다. 즉, 산소 이온은 산화 이온, 황 이온은 황화 이온, 질소 이온은 질(소)화 이온이라고 한다.

할로겐 원소들은 17족에 속하고 할로겐 이온이 되기 위해서는 전자 1개를 얻어야 한다. 따라서 모든 할로겐 이온들은 －1가의 전하를 띤다. 산소와 황의 음이온은 산화 이온과 황화 이온으로서 －2가의 전하를 띤다. 이는 16족의 성질과 관련이 있다. 16족의 원소들은 '비활성기체 상태'에 도달하기 위해 2개의 전자를 얻어야 한다. 질소와 인 같은 5족의 비금속 원소들은 3개의 전자를 얻어야 한다. 따라서 －3가의 전하를 띤 질소화 이온과 인화 이온이 생긴다.

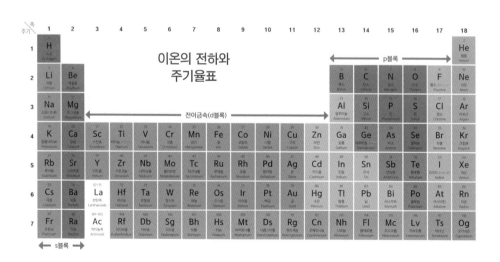

앞에서 주기율표의 왼쪽 위(붕소
원소)에서 오른쪽 아래(아스타틴 원
소)로 대각선을 그어 금속과 비금속
을 나누었다. 이제 이러한 구분이
얼마나 유용한지를 알 수 있을 것이
다. 족에서 전자주개(금속)와 전자
받개(비금속)를 구분해야 할 때 이렇
게 대각선을 그어 나누면 아주 편리
하다.

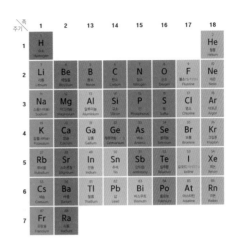

전형원소 주기율표

1족과 2족의 경우는 특징이 한눈
에 들어온다. 이들은 모두 금속이다. 1족의 알칼리금속은 +1가의 양이온을, 2
족의 알칼리토금속은 +2가의 양이온을 형성한다. 또한 13족에서 알루미늄은
+3가의 양이온을 형성하는 것을 알 수 있다.

이 방법을 이용하면 화학적 장치나 화학물질이 없어도 '주기율표상으로' 염
화소듐, 플루오르화소듐, 아이오딘화소듐, 산화칼슘, 황화바륨, 염화알루미늄,
산화알루미늄, 황화마그네슘 등과 같은 몇 가지 염을 만들 수 있다. 이런 종류
의 화합물은 얼마든지 만들 수 있고 모두 같은 유형의 반응으로 형성된다. 즉,
전자주개인 금속이 전자받개인 비금속에 최외각전자를 준다. 금속과 비금속
양쪽 모두에게 유리한 윈윈$^{win-win}$ 상황이 벌어지는 것이다. 이 둘은 전자전달
반응을 통해 에너지적으로 안정된 '비활성기체 상태'가 된다.

실험식 유형

이온의 비율	일반식 (전하가)	예		M = 금속 N = 비금속
1:1	$M^I N^I$	M = 알칼리금속 N = 할로겐원소		$NaCl$(염화소듐) KI(아이오딘화포타슘) $LiBr$(브로민화리튬)
	$M^{II} N^{II}$	M = 알칼리토금속 N = 16족 원소		CaO(산화칼슘) BaS(황화바륨) MgO(산화마그네슘)
	$M^{III} N^{III}$	M = 13족 원소 N = 15족 원소		AlN(질화알루미늄) GaP(인화갈륨)
1:2	$M^{II} N_2^I$	M = 알칼리토금속 N = 할로겐원소		$SrCl_2$(염화스트론튬) BeF_2(플루오르화베릴륨) $CaBr_2$(브로민화칼슘)
	$M^{IV} N_2^{II}$	M = 납, 주석, (타이타늄) N = 16족 원소		PbS_2[황화납(Ⅳ)] SnO_2[산화주석(Ⅳ)]

주의: 2가(또는 그 이상의) 전하를 띠는 금속 양이온(예: 납, 주석, 구리, 철, 수은)은 화학식의 이름을 쓸 때 이온의 전하 수(가)를 괄호 안의 로마숫자[예: (Ⅳ)]로 금속 뒤에 표시해야 한다!

이온의 비율	일반식	예		
2:1	$M_2^I N^{II}$	M = 알칼리금속 N = 16족 원소		Na_2O(산화소듐) Li_2Se(셀레늄화리튬) K_2S(황화포타슘) Cs_2Te(텔루륨화세슘)
3:1	$M_3^I N^{III}$	M = 알칼리금속 M = 15족 원소		K_3N(질화포타슘) Na_3P(인화소듐)
1:3	$M^{III} N_3^I$	M = 13족 원소 N = 할로겐원소		$AlCl_3$(염화알루미늄) GaI_3(아이오딘화갈륨)
1:4	$M^{IV} N_4^I$	M = 납, 주석, (타이타늄) N = 할로겐원소		$PbBr_4$[브로민화납(Ⅳ)] SnF_4[플루오르화주석(Ⅳ)]
2:3	$M_2^{III} N_3^{II}$	M = 13족 원소 N = 16족 원소		Al_2O_3(산화알루미늄) Ga_2S_3(황화갈륨)

반대 전하는 서로 끌어당긴다: 염의 구조

염은 고체로 쪼개지기 쉬운 성질을 갖고 있으며, 결정 구조를 이루고 있다. 결정의 형태는 결정을 형성하는 이온의 크기와 전하에 의해 정해진다. 이온은 서로 끌어당기는 힘에 의해 '이온 격자'라는 격자 구조를 형성한다. 또 서로 끌어당기는 힘에 의해 형성되는 결합의 형태를 '이온결합'이라고 한다. 대부분 염은 끓는 온도와 녹는 온도가 높으며 습기가 없는 상태에서는 전류가 흐르지 않는다. 염은 성질이 유사하기 때문에 공통된 화학물질에 속하며, 염의 화합물은 실험식으로 표현된다.

반대 전하는 서로 끌어당긴다. 이러한 성질은 앞에서 전자와 양성자를 다룰 때 이미 배웠다.(+)전하를 띤 양이온과 (−)전하를 띤 음이온도 반대 전하를 띠고 있으므로 서로 끌어당긴다. 소립자의 경우와 마찬가지로 여기서도 정전기력이 작용하는데 정전기력은 세 방향으로 작용하므로 양이온은 여러 음이온에, 음이온은 여러 양이온에 둘러싸인다. 이온들 상호 간에 작용하는 인력은 매우 커서 이온을 분리할 때는 큰 에너지가 필요하다. 이 때문에 염은 대개 녹는 온도와 끓는 온도가 매우 높다.

염화소듐(소금)의 이온 배치는 **이온 격자**를 이루고 있다. 이 때문에 소금은 결정 형태를 이루고 쪼개지기 쉬운 성질을 지니며, 큰 결정은 망치로 깨뜨릴 수 있다. 이보다 크기가 작은 결정도 겉모습은 큰

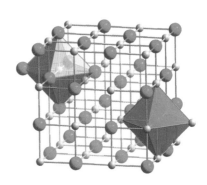

염화소듐 이온의 격자.

결정과 같다. 망치로 때리면 소금 결정이
층을 이루며 쪼개지는 것은 이온의 층이
이동하여 같은 전하를 띠는 이온들이 인
접하게 되기 때문이다. 같은 전하를 띠는
이온들 사이에는 서로 밀어내는 힘이 작
용하여 결정이 쪼개진다.

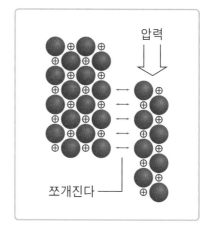

　소금이 최소 단위에 이르기까지 쪼개진
다면 소금의 **기본 그룹**에 도달하게 된다.
기본 그룹에서는 양이온과 음이온의 수가 같아져 (＋)전하와 (－)전하의 균형
이 이루어진다. 따라서 소금은 전기적으로 중성을 띠게 되어 소금 가루를 만
져도 전기 충격을 받지 않게 된다.

　식용소금의 경우 ＋1가를 띤 소듐 이온과 －1가를 띤 염화 이온이 기본 그
룹을 형성한다. 따라서 비율은 1：1이 된다.

비율의 균형 추구: 실험식

> 염의 실험식에서는 염을 형성하는 양이온과 음이온의 비율이 표시된다. 염
> 의 최소 단위인 기본 그룹에서는 양이온과 음이온 사이에 전하의 균형이 이
> 루어진다.

　염에서 양이온과 음이온의 비율은 실험식으로 표시된다. 앞에서 설명했듯
식용소금의 경우 소듐 양이온과 염화 음이온의 비율은 1：1이다. 이는 염화소
듐의 실험식 NaCl로 표시된다. 소듐이 산소와 반응하면 산화소듐이 생긴다.

산화소듐의 기본 그룹에서 $+1$가의 소듐 이온과 -2가의 산화 이온 사이에 전하의 균형이 이루어지는 것은 -2가의 산화 이온에 $+1$가의 소듐 이온이 2개씩 대응하기 때문이다. 염의 기본 그룹에서 전하의 균형을 이루기 위해 2개의 소듐 이온이 필요한 것은 실험식 Na_2O로 표시된다.

2족에 속한 칼슘이 염소와 반응해 염화칼슘이 만들어지면 칼슘 양이온 $+2$가의 전하는 -1가의 염화 이온 2개에 의해 균형을 이루어 $CaCl_2$로 표시된다.

앞에서 다룬 '끊임없이 지속되는 주고받기'로 되돌아 가보자. 산화알루미늄의 실험식은 왜 Al_2O_3로 표시될까?

잠깐 생각해보자. 알루미늄 원자는 어떤 양이온을 만들까? 그렇다. Al^{+3}이온이다. 산소는 -2가의 산화 이온을 만든다. 이 기본 그룹에서는 2개의 알루미늄 양이온이 -2가의 산화 이온 3개와 대응함으로써 전하의 균형이 이루어진다. 따라서 산화알루미늄은 Al_2O_3으로 표시되는 것이다.

참고: 역사적으로 살펴보면 염의 질적인 성분을 알게 된 것은 양적인 실험식을 알게 된 것보다 훨씬 오래되었다. 따라서 실험식을 처음으로 알게 된 계기는 원자 구조가 아니라 염을 형성하는 원소들의 질량비이다. 원소들의 질량비를 통해 염의 실험식을 만든 사람은 돌턴이다.

주고받기: 산화와 환원

전자를 주는 것은 '**산화**'라고 하고, 전자를 받는 것은 '**환원**'이라고 한다.

역사적으로 보면 산화라는 개념이 생기게 된 원인은 연소 때문이다. 산소는 이 개념의 원인 제공자인 셈이다. 즉, 물질이 산소와 반응하는 것을 '산화'라고 하며, 산화로 발생한 화합물을 **'산화물'**[Oxide]이라고 한다.

하지만 산화라는 개념만으로 모든 화학반응을 설명할 수는 없다. 산소와 결합하는 화학반응만 있는 것은 아니기 때문이다. 앞에서 핵화학과 구분하기 위해 껍질화학과 전자화학에 대해 언급한 바 있다. 원자 구조를 알게 되면서 산화 개념도 산소와는 독립적으로 생각하기 시작했고, 전자로 범위를 넓히게 되었다.

참고: 산화 개념을 전자전달과 연관시키게 되면 양이온과 음이온의 전하와 혼동할 우려가 있다.

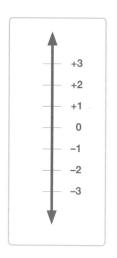

그림과 같은 수직선의 점 0에서 위로는 +1에서 +3까지, 아래로는 −1에서 −3까지 숫자를 써넣어보자.

소듐이나 염소와 같이 전기적으로 중성을 띠는 원자들은 점 0에 배열한다. 그런 다음 원소에서 생기는 이온들을 수직선의 각 값(예를 들어 +1가인 소듐 이온은 +1에, −1가인 염화 이온은 −1)에 배열한다. 이제 소듐의 이온화 과정을 추적해보자. 소듐은 수직선에서 위로 올라갔다.

이를 일반화시켜보자. 염기를 형성하는 화학반응에서 금속은− 수직선상에서−점 0에서 + 영역으로, 다시 말해 '위로' 이동한다. 이는 전자를 주는 것과 일치하며(금속은 전자주개이다!) 산화반응이다.

비금속은 전자받개의 역할을 해 전자 받기, 즉 환원을 통해 수직선의 점 0에서 '아래로' 이동한다.

염기를 형성하는 반응에서는 다음의 관계가 성립한다.

금속＝전자주개＝전자 주기＝산화

비금속＝전자받개＝전자 받기＝환원

이러한 결합에서 전자 주기는 전자 받기가 없다면 일어날 수 없다는 사실을 확인할 수 있다. 즉, 전자전달을 지원하는 반응 파트너가 있어야 한다. 따라서 산화가 없다면 환원도 일어날 수 없고, 산화와 환원은 항상 동시에 일어난다. 이 때문에 이러한 화학반응을 '**산화환원반응**redox reactions'이라고 한다. 이에 대해서는 나중에 다시 다룰 것이다.

전자 공유로 생기는 양쪽 모두에게 유리한 윈윈 상황: 공유결합

이온결합은 전자전달반응에 의해 일어난다. 금속이 전자를 주면서 형성하는 양이온과 비금속이 전자를 받으면서 형성하는 음이온은 전자기적으로 서로 끌어당긴다. 또한 이 때문에 양이온과 음이온의 화합물은 염의 물질 그룹이 지닌 특성, 즉 고체이고 쪼개지기 쉬우며 녹는 온도와 끓는 온도가 높은 성질을 지니게 된다.

이와 반대로 공유결합은 다음과 같은 성질을 지닌다.

> 공유결합은 전자를 공유함으로써 일어나며, 비금속 원자 사이에서 이루어진다. 공유결합으로 만들어지는 화합물은 분자이다. 분자 사이의 인력이 작아 대체로 액체나 기체 상태로 존재하며, 녹는점과 끓는점이 상대적으로 낮다.

유유상종

> 수소(H_2) 분자는 두 원자 사이에 전자 2개(전자쌍 1개)를 공유하는 결합으로 이루어진다.

수소 원자는 헬륨의 전자 배치를 위해 또 다른 전자를 필요로 한다. 그런데 수소 원자만 있으면 수소 분자가 만들어져 각각의 수소 원자 그 자체만 놓고 본다면 수소 원자는 에너지 면에서 불리한 상태이다. 하지만 두 수소 원자는 각각 최외각전자를 공동으로 이용함으로써 헬륨과 같은 '비활성기체 상태'에 도달해 유리한 에너지 상태가 된다. 그런데 전자들은 두 원자핵 사이에 있다. 이러한 전자들을 '**결합전자**' 또는 '**결합전자쌍**'이라고 한다.

이온결합과는 반대로 공유결합에서는 '비활성기체 상태'가 전자전달에 의해 이루어지지 않는다. 공유결합의 특징은 적어도 2개의 반응 파트너가 화학결합을 하기 위해 전자들을 공동으로 이용한다. 이는 교집합의 모습과 유사하다. 이러한 화학결합에 참여한 두 원자는 에너지를 얻는데, 바로 양쪽 모두에게 유리한 원원 상황이 만들어진다. 이는 한 대의 자동차를 여러 명이 공유해 비용을 아끼는 자동차 공유제^{car sharing}와 유사한 전자 공유라고 할 수 있다.

이 경우 결합전자는 일종의 음(−) '접합제'로서 (+)전하를 띠는 원자핵을 서로 결합하거나 거리를 유지하는 기능을 한다.

여기서 최소 단위는 정전기적인 상호작용과 인력을 행사하는 염 결정과 같은 기본 그룹이 아니라 적어도 2개의 원자로 구성되어 공유결합을 통해 서로 결합한 폐쇄 단위이다. 이 같은 단위를 '**분자**'라고 하며 분자들 사이의 상호작용과 인력은 극도로 작다. 따라서 이 분자들끼리 모인 덩어리는 대부분 기체나 액체로 느슨한 결합 상태를 이룬다.

물론 이처럼 분자들끼리 느슨한 결합 상태만 존재하는 것은 아니다. 분자량이 크기 때문에 '**고분자**'로 불리는 분자도 있다. 이러한 분자의 예로는 밀가루나 감자 같은 전분 또는 유전 정보를 구성하는 DNA를 들 수 있다. 이에 대해서는 나중에 다시 다룰 것이다.

수소 분자(H_2)는 2개의 전자를 공유하는 **단일결합**을 한다. 두 전자 중의 하나는 결합 파트너의 전자에서 나온 것이며, 결합 전에는 최외각전자였다.

이중결합을 하거나 삼중결합을 하는 분자가 더 오래 유지된다

다른 비금속 원자들은 같은 원자들과도 공유결합을 한다. 하지만 산소 분자(O_2)는 수소와는 달리 단일결합을 하지 않고 이중결합을 한다. 산소 원자의 경우, '비활성기체 상태'가 되려면 최외각 껍질에 전자 2개가 부족하기 때문이다. 부족한 2개의 전자는 금속과 반응해서는 채워질 수 없다. 따라서 2개의 산소 원자 사이에 '전자 공유'가 이루어져 4개의 전자(2개의 전자쌍)가 공유된다. 이렇게 해서 두 원자 사이에 **이중결합**이 이루어진다.

질소(N_2)도 이와 유사한 방식으로 분자를 형성한다. 질소는 두 원자 사이에 전자 6개(전자쌍 3개)를 공유하는 결합을 한다. 2개의 질소 원자는 **삼중결합**을 통해 형성된다.

수소, 산소, 질소는 기체이다. 이들은 우리 주변에 원자로 존재하는 것이 아니라 공유결합을 통해 형성된 2원자분자로 존재한다. 할로겐원소들도 분자의 형태로만 존재한다(예: F_2, Cl_2, Br_2, I_2).

결합 파트너 없이 원자로 존재할 수 있는 것은 비활성기체만이며 비활성기체들은 이미 그 자체가 안정된 상태를 이루고 있으므로 더 이상 '비활성기체 상태'가 될 필요가 없기 때문이다. 또한 비활성기체들은 결합 파트너가 필요 없을 뿐만 아니라 다른 원자들과 분자 간 또는 원자 간 상호작용도 하지 않는다. 바로 이 때문에 '비활성'이라는 이름이 붙는 것이다!

유기화학과 무기화학

앞에서 이미 말했듯이 핵화학은 전자화학과 구분할 수 있다. 이러한 사실에서 화학에서는 또 다른 구분도 가능하다고 할 수 있다. 화학에서는 염의 물질 그룹과 이를 만드는 화학반응을 '**무기화학**'이라는 이름으로 통칭한다. 무기화학은 예외가 있긴 하지만 광물, 즉 무생물이나 무기물질을 다루는 화학이다.

이와 반대되는 개념이 **유기화학**이다. 이전에는 동물이나 식물 같은 생물의 세계는 생물로만 이루어져 있다고 생각했다.

지금까지 설명한 내용을 정리하면 이온결합에 의해 형성된 무기화학의 염기는 공유결합으로 형성된 유기화학의 분자와 구분할 수 있다. 결합수로 비교한다면 무기화학의 결합수는 수십만에 달한다.

오늘날 이루어지는 유기결합은 — 거의 매일 새롭게 발명되어 — 지금까지 2천만 가지의 다양한 결합이 있는 것으로 알려졌다. 이러한 유기결합은 이제 더 이상 생물체 내에서만 한정되지 않고 전 세계의 수많은 실험실에서 일상적으로 행해진다. 이와 같은 유기결합은 비금속 원자에서는 공유결합에 의해 이루어지는데 이 결합에서 중요한 역할을 하는 것은 탄소이다. 탄소는 주로 탄소 자체끼리 또는 수소, 산소, 질소, 황 등과 분자결합을 하며, 이러한 분자결합물은 우리 인간과 동식물의 세계를 구성한다. 이는 지방이나 단백질 또는 탄수화물(당분), DNA(우리의 유전질 분자), 나무, 곤충의 갑각 등 생명체를 이루는 분자이다. 이에 대해서는 나중에 다시 자세하게 다룰 것이다.

지금까지 배운 것을 요약해보자. 주기율표에서 출발해 이 주기율표의 왼쪽 위에서 오른쪽 아래로 대각선을 그으면 대각선의 왼쪽에는 금속이, 대각선의 오른쪽에는 비금속이 위치한다는 것과 이 대각선을 경계로 왼쪽과 오른쪽에 있는 금속과 비금속이 전자전달을 통해 이온결합을 한다는 것도 배웠다. 대각선의 오른쪽에 있는 비금속끼리 결합하면 공유결합을 통해 분자가 만들어진다. 이 분자는 전자를 공동으로 이용함으로써('전자 공유') 형성된다.

이제 대각선의 왼쪽에 있는 금속 원자들을 다룰 차례이다.

원자 덩어리와 전자: 금속결합

금속 양이온과 자유전자: 금속결합

앞에서 금속의 물질등급에 대해서 배웠다. 전기 전도성, 가변성, 열 전도성, 금속광택 등과 같은 물질등급의 고유한 성질을 통해 금속의 구조도 알 수 있다. 즉, 염기성 물질에서 개개의 원자는 '자신'의 전자를 할당받고, 분자의 경우는 전자가 원자들 사이에서 공유결합전자로 존재한다. 그런데 금속에서는 전자들이 자유롭게 이동하는 **자유전자**로 존재한다.

공유결합에서는 원자가전자들이 원자들의 결합을 유발하지만, 금속에서는 각각의 원자들에게 전자가 할당되지 않는다. 전자들은 '자유전자─접합제'로서 금속 양이온의 결합을 유발하는 동시에 금속 양이온들이 서로 밀어내는 것을 막는다. 금속 양이온은 금속 격자를 형성하는데, 이 격자에서 금속 양이온들은 (염기성 물질의 이온 격자에서 서로 반대 전하를 띠는 음이온과 양이온과는 반대로) 완전히 동등한 자리를 차지한다. 이 때문에 금속 격자에서는 전자들에게 특정한 '자리'가 할당되지 않아 전자들이 자유롭게 움직인다.

금속의 **강도**나 **변형성**이 서로 다른 이유는 자유전자를 형성하는 원자가전자 때문이다. 즉, 자유전자에 원자가전자 또는 최외각전자가 많아질수록 금속 양이온들 사이에 (−)전하가 더 많아진다. 이로써 금속 양이온들 사이의 인력이 커져 금속은 변형되기 어려워지고 강해진다. 예를 들어 1족의 알칼리금속 중 일부는 칼로 자를 수 있고, 녹는 온도는 100℃ 이하이다(알칼리금속의 최외각전자는 1개이다). 5족의 바나듐이나 8족의 철 같은 금속은 특수도구를 이용해야 자를 수 있고, 1,500℃ 이상이 되어야 녹는다(바나듐과 철의 최외각전자는 각각 5개, 6개이다).

전기 전도성과 **열 전도성**은 자유전자 속에서 전자들이 자유롭게 이동하기 때문에 생기는 현상이다. 열은 빠른 입자운동으로서 자유롭게 움직이는 전자로 인해 쉽게 전달될 수 있고, (전류를 전자들의 흐름으로 이해한다면) 전자들이 금속 양이온들 사이에서 자유롭게 이동하기 때문에 전류도 잘 흐른다.

금속광택도 자유전자를 이용해 설명할 수 있다. 자유롭게 움직이는 전자 때문에 빛이 깊숙이 침투할 수 없다. 따라서 전자들은 산란한 전자기파를 다시 빛으로 반사할 수 있고, 이 반사된 빛이 금속광택을 만든다.

화학 작용이 있는가?-
물질, 순물질, 혼합물, 결합, 원소

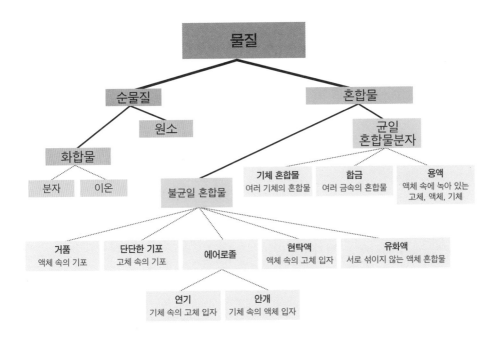

1장에서 배운 내용을 복습해보자. 앞에서는 물질 개념에서 출발해 혼합물과 혼합물을 분리하는 방법을 배웠다. 혼합물은 물리적 방법으로 분리되는데, 분리 과정에서 입자의 크기 이외에도 끓는 온도 같은 물리적 변수들이 중요한 역할을 한다. 혼합물이 이러한 물리적 방법에 따라 분리되면 순물질만 남으며 순물질은 원소 상태이거나 화합물일 수 있다. 원칙적으로 이 과정에서는 엄격하게 말해 화학 작용이 일어나지 않는다. 왜냐하면 이러한 분리에는 화학반응이 필요하지 않기 때문이다.

천연에서 볼 수 있는 순물질은 대부분 화합물로, 금속이 천연에서 원소 형태로 나타나는 경우는 극히 드물다. 화합물은 합금이나 소금 같은 이온화합물이나 분자의 형태를 띤다. 이러한 종류의 화합물들은 다음과 같은 유형의 화학 결합으로 형성된다.

a) 금속결합
b) 이온결합
c) 공유결합

이러한 화합물들에서 원소들이 어떻게 결합하는지는 결합하는 물질이 어떤 것인지에 달렸다.

a) 금속과 금속
b) 금속과 비금속
c) 비금속과 비금속

주기율표의 대각선을 생각해보라!
또한 전자가 어떤 역할을 하는지도 중요하다.

a) 자유전자가 금속 양이온 사이를 자유롭게 이동한다. 금속결합은 금속 양이온과 자유전자 사이의 정전기적 인력에 의한 결합이다.
b) 전자가 금속에서 비금속으로 이동한다. 이 과정에서 이온이 형성된다. 이온결합은 양이온과 음이온 사이의 정전기적 인력에 의한 결합이다.
c) 전자가 두 비금속 원자에 의해 공유된다. 공유결합은 전자를 공유한다.

그런데 이 과정에 화학 작용이 일어날까? 화학 작용은 바로 앞 구절에 나와 있다! 주의 깊은 독자라면 바로 이 구절에서 화학자의 주된 활동무대를 발견할 수 있을 것이다. 화합물의 형성에는 화학반응이 필수이다. 화학반응으로 물질의 성질이 변하는데, 이러한 변화는 일상생활에서 흔히 접할 수 있다.
이제부터 이러한 주제를 중점적으로 다룰 것이다!

치약에는 '플루오린(불소)'이 전혀 없다

그렇다. 앞의 제목에서 플루오린에 의도적으로 인용부호를 표시했다. 플루오린은 가장 강하게 화학반응을 하는 원소 중의 하나로, 염소와 같이 할로겐 원소이기 때문에 염소와 화학적 성질이 비슷하다. 때문에 플루오린은 치약에 들어 있지 않다. 만약 플루오린이 들어 있는 치약을 쓴다면 치아가 남아 있지 않을 것이다.

즉, 흔히 치약에 플루오린(F)이 들어 있다고 잘못 알고 있으나 사실은 플루오르화물fluoride(불화물)이 들어 있는 것이다. 이것은 화학적인 무지이다. 앞에서 우리는 원소 이름 뒤에 '-화−ide'를 붙이는 것이 어떤 의미인지를 배웠다. 이는 화학반응에서 물질의 성질이 변하는 것을 의미한다.

플루오린과 플루오르화물의 예에서 원소와 화합물의 차이가 얼마나 중요한지를 알 수 있었을 것이다. 다시 한 번 강조하지만 치약에는 플루오르화소듐(NaF), 플루오르화아민(NH_2F), 플루오르화주석(SnF_2) 등과 같은 플루오린의 염기성 화합물인 플루오르화물이 들어 있을 뿐 플루오린 원소가 들어 있는 경우는 절대 없다!

플루오르화물이 치아에 미치는 영향에 대해 자세히 알아보기 전에 우선 반응식과 화학적 균형에 대해 몇 가지 일반적인 사항을 설명하겠다.

화학반응: 화학반응식

앞에서 이미 배운 대로 소듐과 염소는 전자전달반응을 통해 소금(염화소듐)

이 된다. 이 반응은 다음과 같이 간단히 나타낼 수 있다.

소듐＋염소 → 염화소듐

화학반응은 화학반응식으로 나타낸다. 반응 물질은 왼쪽, 생성 물질은 오른쪽에 쓰고 반응 화살표로 연결한다.

위의 화학반응식은 다음과 같이 읽는다.

"소듐과 염소가 반응하여 염화소듐이 된다."

'＋'부호는 덧셈의 의미라기보다는 나열의 의미를 나타낸다. 화학반응은 원자가 사라지는 것이 아니라 재배열되는 것이다! 반응 화살표는 '반응한다'로 읽는다. 염화소듐은 반응의 **생성 물질**(생성물)이고, 소듐과 염소는 **반응 물질**(반응물)이다.

이러한 화학반응은 원소 이름과 화합물 이름 대신에 원소 기호와 분자식 그리고 실험식을 이용해 좀 더 간단하게 나타낼 수 있다.

$$Na + Cl_2 \rightarrow NaCl$$

이 책에서는 화학반응식이 많이 등장하지 않는다. 하지만 화학반응식이 복잡해져 혼동할 우려가 있을 때는 가능한 한 화학적으로 정확하게 표시할 것이다. 이는 특히 **화학양론**[stoichiometry]에 바탕을 둔 반응물과 생성물의 관계를 나타낼 때 해당하는 사항이다. 화학양론이란 화학반응 전후에 원자의 종류와 개수는 변화가 없으므로 화학반응 전후에 원자의 개수와 양이 보존된다는 것을 의미한다.

위의 화학반응식에서 염소는 원래 원자 상태가 아니라 분자 상태로 나타난다. 따라서 반응 화살표의 왼쪽에는 염소 분자(2개의 염소 원자가 결합한)가 있지만, 오른쪽에는 (−1)전하를 띤 염소 원자(염화이온)가 나타난다. 염화소듐의 기본 조성을 표시하는 비례식은 달라질 수 없으므로─비례식은 주기율표에서의 위치와 전기적으로 중성을 유지하는 기본 그룹의 성질에 의해 결정된다─계수를 이용한다. 즉, NaCl은 계수 2를 얻어 2NaCl이 된다. 화학양론에서 반응 화살표는 수학의 등호(=)와 같고, 이때 등호의 앞뒤에 있는 물질의 양은 같아야 한다. 따라서 소듐의 양은 2배인 2Na가 되어야 한다. 이것을 화학반응식으로 표시하면 다음과 같다.

$$2Na + Cl_2 \rightarrow 2NaCl$$

이로써 화학반응식이 (화학양론적으로) 정확하게 만들어졌다.

화학반응은 대개 역방향으로도 일어날 수 있다. 이는 앞에서 전지의 충전과 방전의 예에서 배웠다. 역방향의 화학반응은 결국 에너지와 관련된다. 즉, 반응물과 생성물 사이의 에너지 차이가 작을수록 역방향의 화학반응은 더욱더 쉽게 일어날 수 있다.

이를 달리 표현하면 다음과 같다. 앞에서 설명한 염화소듐의 형성은 발열반응이므로 에너지가 열과 빛의 형태로 방출된다. 화합물인 염화소듐을 다시 염소 원소와 소듐 원소로 분해하려면─흡열반응을 통해─에너지가 유입되어야 한다. 그런데 이미 알고 있듯이 소듐은 천연 상태로는 존재하지 않고 암염광산에서 채굴하는 소금에 다량 함유되어 있다. 따라서 역방향의 화학반응이 일어나야 한다.

암염.

이러한 화학반응에서는 앞으로 배우게 될 **전기분해**^{electrolysis}가 중요한 역할
을 한다.

끊임없이 변하지만 항상 같다: 화학평형

역방향의 화학반응이 일어날 수도 있고, 반
응물과 생성물 사이에 에너지 차이가 있기
때문에 여러 화학반응에서는 순반응(반응물에
서 1개 또는 여러 개의 생성물이 형성되는 반응)과
역반응(생성물이 반응물로 분해되는 반응)이 같
은 속도로 일어난다.

이러한 화학반응을 구체적으로 설명하기 위해 인접한 두 정원을 예로 들어
보겠다. 정원에는 사과나무가 있고 사과가 땅에 떨어져 있다. 여기서 땅에 떨
어진 사과를 울타리 너머 상대편 정원으로 던지는 두 사람을 생각해보자.

일정한 양의 사과를 상대편 정원으로 던질 계획을 세웠지만, 여러 가지 경
우가 발생할 수 있다. 운동 신경이 발달한 사람은 사과를 매우 빠르게 던지고,
다른 한 사람은 그에 비해 느리다. 우선 빠르게 던지는 사람은 느리게 던지는
사람이 있는 쪽으로 더 많은 사과를 던질 수 있다. 물론 느리게 던지는 사람은
빠르게 더 많이 던지는 상대방 때문에 주변에 사과가 많이 널려 있어 던질 사
과를 쉽게 손에 넣을 수 있다. 반면에 빠르게 던지는 사람은 던지면 던질수록
던질 사과가 줄어든다.

이 경우 느리게 던지는 사람의 정원에 사과가 더 많이 있지만, 결국에는 승
자를 가릴 수 없게 된다. 두 사람이 끊임없이 던져도 각각의 정원에 있는 사과
의 수는 크게 달라지지 않는 때가 오게 되는데 이것이 바로 **동적평형**의 고전
적인 예이다.

서로 상대편을 생각한다면 사과의 수를 놓고 볼 때 평형이 한쪽으로 쏠릴 수도 있을 것이다. 그리고 두 사람이 던지는 속도가 같다면 원래 계획한 대로 두 정원의 사과는 균등해질 것이다. 하지만 어떤 경우든 두 사람이 계속해서 사과를 던지다 보면 결국 양쪽 각각의 사과 수가 변하지 않는 때가 온다.

이러한 사실이 화학에서는 어떤 의미가 있을까? 생성물이 형성되고 분해되는 속도에 따라 평형 상태는 달라진다. 순반응(생성물의 형성)이 역반응(생성물의 분해)보다 속도가 빠르다면 평형은 생성물 쪽으로 기운다(사과 던지기의 예에서는 느리게 던지는 사람 쪽에!).

염화소듐의 형성을 놓고 본다면 운동선수와 정원 벤치에 앉아 있는 노인의 경우로 비교할 수 있다. 이때 평형은 완전히 노인 쪽으로 쏠린다. 왜냐하면 노인은 사과 1개라도 다른 쪽 정원으로 던질 힘이 없을 것이기 때문이다. 이때는 ─ 화학적으로 말하자면 ─ 에너지를 공급해주어야 한다.

양치질은 이를 건강하게 한다

법랑질은 탈미네랄화 과정(수산인회석hydroxyapatite의 해체)과 재미네랄화 과정(플루오르화인회석fluorapatite의 형성)을 거친다.

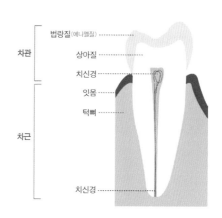

치약에 플루오르화물이 들어 있는 것은 매우 중요하다. 왜냐하면 플루오르화물은 약화된 법랑질을 다시 강화시키기 때문이다. 이러한 작용을 '**재미네랄**

화'라고 한다.

구강 위생이 좋지 않을 때 (특히 단것을 먹고 난 뒤) 수산화인회석[Ca$_5$(PO$_4$) OH]이 분해된다. 이를 '**탈미네랄화**'라고 한다. 이때 법랑질을 강화하는 것이 플루오르화인회석[Ca$_5$(PO$_4$)F]이다.

 법랑질을 보존하는 것은 평형반응이다. 법랑질의 상태는 이를 잘 닦는지, 또 이를 닦을 때 플루오르화물이 들어 있는 치약을 사용하는지에 따라 달라진다.

화학에서는 서로 평형을 유지하는 반응들이 자주 일어난다. 이미 배웠듯이 평형반응의 전제는 역방향의 화학반응이 일어날 수 있어야 한다는 것이다. 법랑질의 경우 법랑질의 분해(탈미네랄화)가 순반응이고, 법랑질이 다시 형성되는 것(재미네랄화)은 역반응이다.

따라서 법랑질의 상태는 다음과 같은 두 가지 반응에 따라 좌우된다. 즉, 탈미네랄화가 우세하면 법랑질이 분해되고 충치가 생길 위험이 발생한다. 반면에 재미네랄화가 우세하면 이는 건강을 유지한다.

두 가지 반응 중에서 어느 것이 우세한지는 이를 잘 닦는지, 플루오르화물이 들어 있는 치약을 사용하는지, 그리고—특히 단것을 먹은 후에는—치석에 있는 박테리아가 번식할 기회가 있는지에 좌우된다. 박테리아는 번식할 환경이 조성되면 양분을 충분히 섭취해 산을 점점 더 많이 배출한다. 이 산이 법랑질의 수산화인회석을 공격해 분해한다.

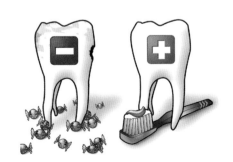

화학평형 상태

화학에서는 단 한 종류가 아니라 여러 종류의 반응 화살표가 있다. 화학자들은 평형반응을 이중 화살표로 표시한다. 위와 아래의 화살표는 각각 순반응과 역반응을 나타낸다.

이중 화살표.

법랑질의 미네랄화에서 평형 상태는 플루오르화물 같은 화학물질로 이를 닦는지에 좌우된다. 즉, 이를 닦지 않으면 산이 많아져 순반응이 우세해진다. 따라서 탈미네랄화가 진행되고 평형이 오른쪽, 즉 생성물 쪽인 해체된 수산화인회석 쪽으로 쏠리게 된다. 하지만 플루오르화물이 함유된 치약으로 이를 닦으면 다량의 플루오르화물이 재미네랄화를 일으킨다. 이때는 평형이 왼쪽, 즉 반응물 쪽인 플루오르화물인회석 쪽으로 쏠리게 된다.

플루오르화물에도 재미네랄화가 이루어질 기회를 주어야 한다. 따라서 다음과 같은 방법이 필요하다. 자기 전에 이를 충분히 닦은 후 입안을 물로 헹궈내지 마라! (이 상태로 있는 것이 비위에 상한다면 약간의 물로 가볍게 헹궈내면 된다).

이렇게 하면 입안에 남아 있는 치약의 플루오르화물이 법랑질로 침투해 화학평형이 이루어진다. 결론적으로 양치질은 이를 건강하게 한다!

단순한 화학반응 2

다시 불이 켜진다

앞 장이 너무 쉽다고 판단해 건너뛰어 이 장부터 읽기 시작한 독자들은 여기서부터는 주의 깊게 읽어주기를 바란다.

다시 한 번 성냥에 불을 붙여보자. 앞에서 성냥이 어떤 조건에서 불에 타는지를 배웠다. 성냥개비의 머리를 성냥갑의 마찰 면에 대고 긋는 것이 중요한 역할을 한다. 성냥개비는 저절로 불이 붙지 않으며, 성냥갑이 아닌 다른 면에 대고 그어도 불이 붙지 않기는 마찬가지이다. 그렇다면 오늘날의 안전성냥은 어떻게 작동할까?

성냥에 불을 붙이는 것은 간단한 일이지만 화학적으로 살펴보면 복잡해진다. 우선 성냥갑의 마찰 면과 성냥개비는 공간적으로 떨어져 있다. 하지만 성냥에 불이 붙는 과정을 화학적으로 살펴볼 때는 이 둘을 함께 다루어야 한다.

성냥개비와 성냥갑의 마찰 면은 화학적으로 보면 반응단위를 이룬다. 성냥개비의 머리를 성냥갑의 마찰 면에 대고 그으면 활성제와 산소화합물이 황화합물과 나무에 불이 붙도록 에너지를 공급한다.

성냥개비의 머리에는 비교적 많은 화합물이 염기 형태로 들어 있다. 마찰 직후에 불이 붙도록 산소를 공급하는 화합물은 염소산포타슘과 질산포타슘으로, 이 두 화합물은 **산화제**이다. 산화제는 다른 화합물이나 순물질을 산화시킨다. 즉, 성냥개비에 불이 붙는 데 필요한 산소를 제공하는 역할을 한다. 여기에서 나오는 산화 개념은 단순한 수준에 그친다.

성냥갑의 마찰 면에 손가락을 대보면 매우 거칠다는 것을 알 수 있다. 이 마찰 면에는 입자가 고운 유릿가루가 부착되어 있는데, 이는 서로 반응하는 물질의 표면을 넓히기 위한 것이다. 마찰 면에는 유릿가루를 부착하는 접착제 이외에도 붉은색의 인(15족 원소)이 들어 있다.

산소를 공급하는 화합물과 인의 혼합물은 불이 잘 붙는다. 이전에는 성냥개비에 반응단위로서 화합물을 직접 부착했다. 성냥개비의 머리를 거친 표면에 대고 그으면 불이 붙는 방식인데, 옛 서부영화를 보면 주인공이 구두의 바닥에 성냥개비를 그어 시가에 불을 붙이는 장면이 자주 등장했다. 하지만 이런 성냥개비는 온도가 높아

안전성냥: 저절로 불이 붙지 않는다.

지면 저절로 불이 붙기 때문에 바지 주머니에 넣고 다니면 위험한 상황이 벌어질 수 있었다. 오늘날의 성냥은 반응단위를 이루는 두 요소가 마찰 면과 성냥개비로 분리되어 저절로 불이 붙는 위험이 없어졌다. 이 때문에 '안전성냥'이라고 한다.

이전의 성냥에는 황을 사용하기도 했다. 오늘날의 성냥개비에도 황이 들어 있기는 하지만, 이전과 같은 양은 아니다. 오늘날의 성냥개비에는 대부분 황화안티몬(이 또한 염기물질이다!)이 섞여 있다. 황과 황화안티몬은 염소산포타슘과 질산포타슘 그리고 인이 혼합된 마찰 면과 접촉한 후 불이 붙은 다음에는 연소제 역할을 한다. 연소 과정을 도와 성냥개비에 불이 번지게 하는 것이다. 황과 황화안티몬은 불이 붙으면서 생기는 연기에 독특한 냄새를 유발한다. 이 연기에는 연소(산화) 생성물이 들어 있다.

또한 성냥개비로 쓰이는 나무는 너무 빨리 타버리면 성냥을 이용하는 효과가 줄어들 것이고, 손가락에 화상을 입을 위험도 있기 때문에 화학적 처리가 되어 있다. 이를 막기 위해 성냥개비용 나무에는 연소 지연재인 인산암모늄이 가미된 것이다. 이 성분은 불에 잘 타지만, 에너지를 소비해 나무의 연소과정에서 에너지가 부족하게 된다. 이 때문에 성냥개비는 좀 더 천천히 불에 탄다.

전압 조심! – 개구리 다리에서 리튬 전지로

　앞에서 화학반응의 두 가지 기본 유형을 구분하는 특징을 살펴보았다. 즉, 반응이 진행될 때 에너지를 방출하는 발열반응과 반응이 일어나기 위해서 지속적으로 에너지가 유입되어야 하는 흡열반응이 그것이다. 또한 이 두 가지 반응을 설명하기 위해 전지의 충전과 방전을 예로 들었다. 여기서는 전지의 작동방식과 그와 관련된 화학반응을 본격적으로 살펴볼 것이다.

입안에서 번개가 번쩍

　이전에는 오늘날처럼 이를 깨끗하게 닦지 못했다. 그 이유는 치약에 들어 있는 플루오르화염에 의한 재미네랄화의 중요성을 몰랐기 때문이다. 여러분은 치아 보철에 대해 들어본 적이 있을 것이다. 보철 재료로는 주로 아말감 합금이 쓰인다. 이 경우 알루미늄 포일^{foil}만 있으면 보철을 한 입안에 번개가 번쩍 내리치게 할 수 있다.

알루미늄 포일을 완전히 벗기지 않은 채로 무심코 초콜릿과 함께 먹을 때가 있다. 그런데 입안에서 보철과 알루미늄 포일이 만나면 날벼락이 치게 된다(이미 경험해본 적이 있는 사람이라면 이게 무슨 말인지 잘 알 것이다!) 물론 진짜 번개가 치는 것은 아니지만 매우 고통스러운 전기 방전이 일어난다. 이러한 현상은 알루미늄 접시에 담긴 생선요리를 은수저로 긁을 때도 일어날 수 있다.

알루미늄 포일은 먹지 말고 초콜릿만!

> 귀금속을 전해질^{electrolyte}(수용액에서 이온으로 분리되어 전류가 흐르는 물질)에 넣으면 전자를 내주는 산화 작용으로 인해 녹는다.

이 현상은 어떻게 설명할 수 있을까? 입안에 있는 금속(알루미늄과 은)은 침과 직접 접촉해 녹는다. 이 경우, 알루미늄이 녹는 것은 산화반응 때문이다. 떨어져 나간 알루미늄 양이온의 전자들은 일단 알루미늄 포일에 남는다. 반면에 (＋)전하를 띠는 이온들은 침 속에서 이동한다. 하지만 이 전자들은 계속해서 그 자리에 머무는 것이 아니라 씹을 때 직접 접촉하면서 은 쪽으로 이동한다. 그 다음은 침이 활동한다. 앞에서 이미 설명했듯이 화학에서는 받는 것(＝환원) 없이는 주는 것(＝산화)도 없다. 다시 말해, 전자의 일부는 은을 거쳐 물기가 있는 혀와 잇몸 그리고 이로 흐르는(즉, 번개가 생기기 직전의 상태가 된다!) 반면, 전자의 또 다른 일부는 침에 들어 있는 이온에 전달된다. 이때의 이온은 전자가 없는 이온, 즉 양이온이어야 한다. 이 양이온은 침 속에 수소이온

(H$^+$이온) 으로 풍부하게 존재한다. 수소이온 2개는 부산물로 2개의 전자를 얻어 수소 분자를 형성한다. 이렇게 해서 수소이온은 수소 분자로 환원된다.

$$2H^+ + 2e^- \rightarrow H_2$$

수소이온은 '**양성자**'로 불리기도 한다. 이 점에 대해서는 나중에 다시 다룰 것이다. 여기서는 일단 수소 원자의 구조가 매우 단순하다는 점만 말해두겠다. 핵에는 1개의 양성자가 있고, 껍질에는 - 원자는 전기적으로 중성을 띠기 때문에 - 1개의 전자가 있다. 전자가 없는 수소 원자는 수소 양이온이다.

입안에서 전자를 내주려고 하는 금속과 녹는 성질이 있는 금속이 만날 때만 번개가 치듯 전기 방전이 일어난다. 이러한 성질은 알루미늄이 은보다 훨씬 강력하다. 이 때문에 은은 천연에서도 존재하지만, 알루미늄은 산화알루미늄(Al_2O_3)의 형태로만 존재한다. 은은 귀금속으로, 이렇게 은을 특징짓는 것은 전자를 내주는 성질에 그대로 적용된다. 즉, 은은 알루미늄보다 훨씬 희귀하다(귀금속 중에서도 반응성의 정도는 차이가 있다. 반응성이 작을수록 '귀한' 정도가 더 강하다. 다시 말해, 은은 전자를 내주고 양이온이 되려는 경향 또는 산화되는 경향이 크지 않다). 또한 그 반대의 상황도 성립한다. 즉, 알루미늄은 은보다 '귀하지' 않다. 이는 은이 전자를 내주는 반응에서 알루미늄보다는 품위를 지킨다는 의미로 이해하면 된다. 이 두 금속이 만나면 전자가 이동할 기회가 생긴다. 금속에서 전자가 자유롭게 이동한다는 것은 앞에서 이미 살펴보았다.

이때 기본 전제는 서로 다른 두 귀금속이 있어야 한다는 것이다. 또 다른 전제는 그 두 금속을 이온이 함유된 수용액, 즉 **전해질**(앞의 예에서는 침)에 넣어야 한다는 것이다. 전자의 이동이 있으면 전해질에 있는 이온도 전자의 역방향으로 이동하기 때문에 전해질은 필수적이다.

다시 한 번 기억을 되살려보자. 환원 없이는 산화도 없다! 예를 들어 전자가 이동하면 양성자는 이 전자를 받아 수소 분자를 형성한다. 따라서 양성자가 들어 있는 전해질을 선호한다는 것은 분명한 사실이다. 이처럼 양성자가 들어 있는 화합물을 '산acid'이라고 한다.

원소의 부식: 녹

서로 다른 귀금속 사이로 전자가 이동하는 것은 장점이 되기도 하지만 – 경제적으로 볼 때 – 큰 해를 입히기도 한다. 철이 산화되어 생기는 것을 '녹'이라고 하는데 이런 녹을 막기 위해 금속 표면에 아연 층을 입혀도 긁히거나 부딪혀서 생긴 틈에

녹으로 생기는 피해.

녹이 슬 수 있다. 손상된 부분에서는 대개 아연 층 아래에 있는 철이 공기 중의 산소와 접촉해 녹을 만드는 부식이 일어난다.

이처럼 공기 중의 산소가 철과 반응하는 것을 '**염형성반응**'이라고 한다. 즉, 비금속인 산소가 금속인 철과 반응하는 것이다. 이때 형성되는 화합물은 **산화철**, 즉 녹이다! 하지만 산소만 있다고 녹이 생기지는 않는다. 전해질이 있으면 – 다시 말해 물이 있거나 얼어붙은 길에 뿌리는 소금이 물에 젖었을 때 – 녹은 더 빠르게 생긴다.

녹이 생기는 것을 화학적으로 좀

더 정확하게 표현하면 '부식'이라고 한다. 건물이나 다리, 산업시설 등에서 매년 발생하는 이러한 녹으로 인한 피해는 독일에서만 대략 국내 총생산액의 4%인 수십억 유로에 달한다.

통조림에 든 파인애플

입안의 날벼락과 녹, 그다음엔 "이것이냐?"고 물을지도 모르겠다. 뚜껑을 딴 과일 통조림을 냉장고에 넣어두고 며칠이 지난 뒤에야 기억해낸 적이 없는가?

통조림이 생각나 냉장고로 달려가 한 조각을 먹고 나면 대부분 원래의 과일 맛을 느낄 수 없다. 심지어 금속 맛이 나기조차 한다.

만약 통조림을 따지 않았더라면 이런 일은 생기지 않았을 것이다. 따라서 공기 중의 산소가 또다시 결정적인 역할을 했음이 틀림없다. 산소 이외에는 모든 전제가 충족되었다. 우선 산 전해질을 들 수 있다. 통조림 속 과일은 (설탕이 많이 들어 있는) 즙에 담겨 있는데, 이 즙에는 과일산이 포함되어 있기 때문이다. 그다음으로 2개의 귀금속이 있다. 통조림은 주로 얇은 철판으로 만들어지며, 내부에는 주석이 입혀져 있다. 따라서 통조림을 '흰색 함석 통조림'이라고도 한다.

'흰색'이라고 했지만, 속이 흰색인 통조림이라고 해서 모두 주석 때문은 아니다. 통조림 중에는 안쪽을 얇은 플라스틱으로 덮거나 에나멜을 칠한 것도 많기 때문이다. 이러한 내부 처리는 지나치게 많은 주석이온이 식품(특히 생선이나 콩 같은 단백질 식품)에 닿는 것을 막는다. 단백질은 개봉하고 나면 부패 위험이 커 통조림 생산자들은 이러한 내부 처리에 신경을 많이 쓰고 있고, 영국에서도 주석 층을 효과적으로 입히기 위해 고심한다. 세계화의 여파로 인해전 세계적으로 주석 층이 입혀진 통조림이 사용되기 때문에 대개 이러한 통조림을 접하게 된다.

내부가 아연 층으로 덮여 있는 함석 통조림에서 (미량이긴 하지만) 아연은 과일산 전해질에 녹을 수 있다. 주석 층은 주석(특히 Sn^{2+})이온으로 덮여 있다. 전해질의 양성자는 이러한 산화 작용에서 나오는 전자들을 얻는다. 하지만 이는 양성자가 주석 층 또는 함석의 전자들에 접근할 때에만 가능하다! 왜냐하면 주석 양이온들의 층은 (+)전하를 띠고 있고 양성자는 - 양성자도 (+)전하를 띤다 - 주석 양이온을 거쳐 철(함석)에 도달하지 못하기 때문이다. 주석 양이온 층은 이 층 속에 있는 전자들에 붙잡히는데, 반대되는 것은서로 끌어당기기 때문이다!

환원 없이는 산화도 없다는 사실을 다시 한 번 기억하자. 물론 그 반대도 성립한다(전해질 속 양성자의) 환원이 없기 때문에 (주석 층이 주석 양이온이 되는) 산화는 더 이상 일어나지 않는다. 따라서 주석 층은 보존된다. 하지만 이 역시통조림의 뚜껑이 열리지 않았을 때만 해당한다.

그러다 통조림의 뚜껑이 열리면 산소가 작용해 열린 뚜껑을 통해 전해질로침투한다. 이때 산소는 - 산소는 전하를 띠고 있지 않다 - (+)전하를 띤 주석양이온에도 붙잡히지 않기 때문에 전자까지 도달해 전자를 얻는다. 하지만 이반응은 다소 복잡하다.

$$\frac{1}{2}O_2 + H_2O + 2e^- \rightarrow 2OH^-$$

$\frac{1}{2}$개의 산소 분자(다시 말해 1개의 산소 원자)가 2개의 전자를 얻는다. 또한 물 분자의 지원으로 (−)전하를 띤 OH^-이온이 생긴다. 이러한 이온을 '수산화이온'이라고 한다(수산화이온은 이 책에서 자주 접하게 될 것이다). 이 반응의 전해질에서는 수산화이온이 양성자와 결합해 물을 만든다.

$$OH^- + H^+ \rightarrow H_2O$$

이제 주석이온은 더 이상 함석에 붙어 있을 수 없다. 산소가 공급되면 주석 원자를 산화시키면서 전자를 빼앗아 가기 때문에 주석은 점점 더 많이 녹는다. 이러한 형태의 부식 때문에 즙에서는 주석이온이 풍부해져 전형적인 금속 맛이 나게 되는 것이다. 따라서 통조림 과일은 맛이 없어질 뿐만 아니라 주석 양이온이 다량으로 생겨나 건강에도 해롭다!

지금까지 설명한 예에서 전자는 한쪽 금속에서 곧바로 다른 금속으로 이동함으로써 마치 금속들이 '합선'된 것 같은 현상이 벌어진다. 만약 금속들을 따로 분리해 전도체를 통해 서로 연결한다면 어떻게 될까?

이때는 덜 '귀한' 금속의 전자들이 이러한 외부 전도체를 통해 더 '귀한' 금속으로 이동할 수 있다. 또한 이 전자들은 전등이나 모터에 이용될 수도 있다. 이로써 우리는 전지의 작동방식에 도달했다! 즉, 서로 분리되어 전해질(또는 산)에 넣은 귀금속들은 전자의 이동을 유발해 전류를 만들 수 있다.

청소를 자주 하지 않는 사람을 위한 처방:
변색된 은의 화학 청소

서로 다른 귀금속들이 만날 때 생기는 전자의
이동 현상을 가정에서도 이용할 수 있다. 그러니
이제 더 이상 변색한 은을 닦느라 시간을 낭비할 필
요가 없다!

변색된 은 숟가락.

은수저가 검게 변색하는 것은 황화은(Ag_2S)이 생겼
기 때문이다. 황화은은 은 숟가락으로 삶은 달걀을 먹거나 은 숟가락을 뜨
거운 수프에 장시간 넣어두었을 때 생긴다. 황화은으로 인해 검게 변한 은은
닦기가 쉽지 않다. 헝겊으로 닦을 수는 있지만 얼마 지나지 않아 또다시 색이
변한다!

이런 경우에는 화학적 대안이 있다. 바로 전자의 이동을 이용하는 것이다.
황화은은 산소와 황화수소(H_2S)가 만날 때 생긴다. 산소는 우리 주변에 항상
존재하며 황화수소는 단백질이 가열되거나(삶은 달걀!) 박테리아에 의해 부식
될 때 나온다. 우리 몸의 땀이나 방귀에도 황화수소가 들어 있다(이 때문에 은
제품은 침실에 보관하면 안 된다).

은은 귀금속이긴 하지만 변하기 쉬운 만큼 산소와 황화수소가 있으면 황화
은으로 산화되며, 이때 2개의 양성자와 2개의 전자가 방출된다.

$$2Ag + H_2S \rightarrow Ag_2S + 2H^+ + 2e^-$$

때문에 표면에 덮인 황화은을 헝겊으로 닦아낼 때마다 은 일부가 함께 제거

되게 된다. 하지만 화학적으로 청소하면 황화은에 포함된 은 이온(Ag^+)이 다시 은으로 환원된다. 따라서 은 이온은 전자를 다시 얻을 기회가 있어야 한다.

지금까지 배운 지식을 활용하면 변색된 은제품을 귀금속이 아닌 금속과 결합해야 한다는 아이디어가 떠오를 것이다. 각 가정에는 알루미늄 포일이 있지 않은가! 이제 전해질만 있으면 되는데, 가정에서는 간편하게 소금물을 이용하면 된다. 냄비에 1L의 물과 4~6스푼의 소금을 넣고 끓인 다음 변색한 은제품을 알루미늄 포일에 싸서 넣기만 하면 된다. 이렇게 하면 황화은은 다시 은으로 변한다.

이때, 화학적으로 다음과 같은 반응이 생긴다. 알루미늄과 은의 접촉으로 부식이 일어난다. 그러면 덜 '귀한' 금속인 알루미늄은 녹는다. 다시 말해, 알루미늄은 산화되어 최외각전자를 내준다($Al \rightarrow Al^{3+} + 3e^-$). 이 전자들은 금속과 접촉하고('합선'의 형태로), 결국 은으로 이동한다. 이때 은제품의 은 양이온들이 이 전자들을 받는다. 그러면 이제 역반응이 일어난다. 즉, 변색된 은이 소금물에 들어 있을 동안에는 썩은 달걀 냄새(황화수소)가 강해진다.

단, 은을 화학적으로 청소할 때는 화려하게 장식된 은제품을 장시간 알루미늄에 싸서 소금물에 넣어 두어서는 안 된다. 왜냐하면 잘 녹지 않는 염화은 화합물이 은제품에 덮일 위험이 있기 때문이다. 알루미늄 포일에도 반응이 진행되는 동안 여러 가지 (유독성이 없는) 부산물이 덮일 수 있다. 따라서 화학 청소를 할 때는 알루미늄 포일을 자주 교체하는 것이 좋다.

천연식품 전기: 레몬전지와 감자전지

레몬이나 감자 속에 구리판과 아연판을 박아 넣고 도선을 연결해보자. 이렇게 하면 순식간에 전지가 완성된다! 물론 이러한 '천연식품 전지'에서 나오는 전기는 양이나 강도가 크지 않고 오래 쓸 수도 없다. 하지만 전기 소비량이 적은 백열전구나 발광 다이오드 정도는 잠깐 가동시킬 수 있다.

레몬전지.

이 경우, 전해질은 과일즙 또는 채소즙이다. 이들은 이온이 충분하여 환원반응을 일으킬 수 있다 (이온은 전기의 흐름과는 역방향으로 흐른다). 항상 그렇듯이 전자들은 '덜' 귀한 금속에서 '더' 귀한 금속으로 이동한다. 때문에 이 경우에는 아연에서 구리로 이동한다! 그런데 이때 전자들은 덜 귀한 금속에서 더 귀한 금속으로 곧바로 이동하는 것이 아니라 외부의 도선을 통하기 때문에 전자들은 전기에너지로 이용될 수 있다.

더 많은 전기를 얻으려면 어떻게 해야 할까? 또 자명종 시계나 휴대전화 또는 라디오에 넣는 전지는 어떻게 작동할까?

전지의 역사

전지 세계의 문을 연 첫 번째 과학자는 루이지 갈바니[1737~1798]이다. 원래 그는 해부학자였는데 어느 날 근육 운동을 연구하기 위해 개구리 다리로 실험했다.

루이지 갈바니.

발코니와 연결된 연구실 창문에는 쇠창살이 있어 갈바니는 개구리의 한쪽 다리를 놋쇠 갈고리를 이용해 쇠창살에 걸었다(또 다른 기록에 따르면, 갈바니가 병든 아내를 위해 개구리 수프를 준비하던 중이었다고 한다). 자연과학의 위대한 발견에서 흔히 볼 수 있듯이 이 경우에도 우연이 큰 작용을 했다. 구리는 아연과 함께 놋쇠의 주요 성분으로, 서로 다른 귀금속(철과 구리)도 작용했지만, 결정적인 것은 고정한 방식이었다. 놋쇠 갈고리가 쇠창살의 윗부분에 걸렸고, 이 갈고리의 아랫부분에 개구리 다리가 고정되었다. 이로써 놋쇠 갈고리가 개구리 다리의 신경과 연결된 것이다. 여기에다 또 다른 행운이 겹쳤는데, 바로 바람이었다. 바람이 불자 개구리 다리는 흔들리다가 때때로 쇠창살에 닿았는데 그때마다 경련을 일으키며 움찔거렸다!

갈바니는 노련한 해부학자이긴 했지만, 개구리 다리가 움찔거리는 이유는 알지 못했다. 그래서 그는 여러분이 이미 알고 있는 사실을 추론해 낼 수 없었

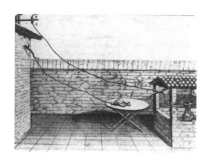

다. 개구리 다리가 쇠창살에 닿을 때마다 전기회로가 생겼고, 전기회로에서는 전자들이 이동했다. 즉, 전자들은 쇠창살에서 놋쇠 갈고리로 흘렀고, 이곳에서 개구리 다리의 체액(전해질!)에 있는 이온을 통해 다시 쇠창살로 이동한 것이다. 즉, 이 실

험에서는 개구리 다리가 전기계량기 역할을 한 셈이다. 하지만 갈바니는 이를 단지 생명현상으로만 파악했다.

이 발견은 자연과학의 두 분야에 큰 영향을 미쳤다. 첫째, 이 발견은 신경계에서 전기에너지를 전달하는 연구의 출발점으로 통한다(갈바니는 이를 동물전기로 여겼다). 둘째, 갈바니의 이름은 오늘날까지도 화학에너지가 전기에너지로 전환되는 장치를 지칭하는 용어로 쓰인다. 갈바니는 자신의 연구가 미치는 영향력을 제대로 파악하지 못했지만, 이 장치는 '**갈바니전지**'로 불리고 있다.

알레산드로 볼타.

알레산드로 볼타[1745~1827]는 갈바니의 작업을 계속 이어 나갔다. 하지만 이 두 과학자 사이에 큰 논쟁이 벌어졌다. 왜냐하면 갈바니가 자신의 실험을 통해 '동물전기'를 발견했다고 주장했기 때문이다. 이와는 달리 볼타는 개구리 다리가 경련을 일으킨 이유를 서로 다른 두 금속에서 찾았다. 이는 오늘날의 시각에서 보면 타당한 일이었다. 논쟁은 갈바니가 세상을 떠나면서 종결되었다.

볼타는 서로 다른 금속들의 결합과 전해질의 중요성을 깨달았다. 그는 금속들의 결합을 – 전류를 측정하는 기구가 부족했기 때문에 – 혀로(!) 검토했고, 이처럼 여러 금속의 결합으로 생기는 전류의 다양한 '맛'을 조사했다(여러분도 볼타처럼 전류를 '맛볼' 수 있다. 4.5V 전지의 두 극이나 – 용기 있는 사람의 경우 – 9V 전지의 두 극에 혀를 대어보면 된다!).

볼타는 직렬연결의 원리를 알고 있었기 때문에 비교적 높은 전압과 강한 전류를 만들어 낼 수 있었다. 그는 구리판과 아연판을 번갈아 쌓은 다음 그 판들 사이에 소금물에 적신 천을 끼워 넣어 최초의 전지를 만들었는데, 이런 그의 업적을 기념해 '볼

볼타전지.

타전지'로 부르게 되었다(이 전지는 유로화가 도입되기 전까지 이탈리아의 1만 리라 짜리 지폐를 장식했다). 이 연구로 유명해진 볼타는 빈에서는 황제 요제프 2세, 베를린에서는 프리드리히 대제와 같은 정계의 거물들과 만났고 파리에서는 나폴레옹 황제 밑에서 일하기도 했다.

세상을 떠난 지 70년이 지나서야 볼타는 뒤늦게 영예를 안아 전압의 물리학적 측정 단위인 **볼트**(V)에 그의 이름이 쓰이게 되었다.

존 프레더릭 다니엘.

존 프레더릭 다니엘[1790~1845]은 최초로 두 가지 반응 금속을 반응 공간에서 분리했다. 반응 공간에는 소금 용액을 채운 다음 각각 아연과 구리를 넣었다(전해질은 물에 용해된 황산아연과 황산구리이다). 또한 이 반응 공간은 투과성이 있는 벽으로 분리되었다. '**다니엘전지**'로 불리는 이 장치는 비교적 장시간 쓸 수 있는 많은 양의 전류를 공급한다.

그림을 보면 진행되는 반응을 알 수 있다. 아연은 전자를 내주고 녹으면서 산화한다.

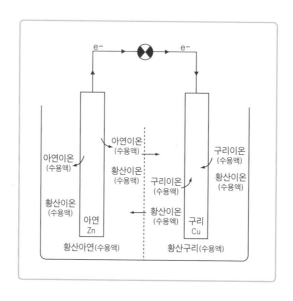

$$Zn \rightarrow Zn^{2+} + 2e^-$$

Zn^{2+}_{aq}는 아연이온이 생겨 수용액으로 들어가는 것을 의미한다(aq는 물을 뜻하는 그리스어 aqua의 약자로 '수용액'을 가리킨다). 전자들은 도선을 통해 이동한다. 이로써 전자들을 이용할 수 있다. 두 부분은 검게 채색되고 다른 두 부분은 희게 채색되어 모두 네 구획으로 나누어진 회로 표시는 백열전구 같은 전기를 소비하는 기구를 나타낸다. 전자들은 다른 반응 공간에 전자를 받는, 다시 말해 환원되는 반응 파트너가 있기 때문에 이동한다(환원 없이는 산화도 없다!)

$$Cu^{2+} + 2e^- \rightarrow Cu$$

반응 파트너는 황산구리 수용액 속에 들어 있는 구리 양이온이다. 구리 양이온은 2개의 전자를 얻어 구리 원자가 되는데, 이 원자는 구리 전극에 축적된다. 이로써 구리 전극의 전류는 '점점 세진다'.

두 전극 사이에 세로로 그어진 점선은 투과성이 있는 분리막을 표시하는데, 다니엘이 활동하던 당시에도 이용되었다. 이 분리막은 오늘날에는 '전해질다리' 또는 '염다리'로 불린다. 이를 확인하기 위한 간단한 실험에서는 필터지를 이용해도 된다. 중요한 점은 반응 공간 사이에 이온이 통과할 수 있는 연결통로가 있어야 한다는 것이다.

앞에서 전해질의 이온은 외부 도선을 통해 전기의 흐름과는 역방향으로 흐른다고 말했다. 이제 그 사실을 살펴볼 차례이다. 녹는(다시 말해, 아연이 산화되는) 전극은 전극 주위에서 (+)전하를 띤 아연이온들을 형성한다. 방출된 전자들은 외부 도선을 통해 구리 전극으로 흐른다. 이 전자들이 전자의 흐름에 의해 (−)전하를 띤 전극(다시 말해, 여기서는 구리 전극) 방향으로 흐르지 않는다면 전자의 흐름은 멈추게 될 것이다. 즉, 이미 존재하고 있는 (+)전하를 띤 아연 양이온에서 더 이상 (+)전하를 띤 아연 양이온이 추가되지 않을 것이다. 왜냐 하면 같은 전하는 서로 밀어내기 때문이다. 따라서 아연 양이온은 (−)전하를 띤 구리 전극으로 끌려가게 된다(다시 말해, 그림의 왼쪽에 있는 반응 공간에서 오른 쪽의 반응 공간으로 이동한다). 왼쪽의 반응 공간에는 이제 더 이상 (+)전하가 존 재하지 않기 때문에 오른쪽의 반응 공간에서 반대 전하를 띤 음이온, 즉 황산 이온(SO_4^{2-})이 왼쪽의 반응 공간으로 끌려가게 된다.

1860년경, 조르주 르클랑셰[1839~1882]는 전지를 발명했다. 놀라운 점은 이 전 지가 오늘날까지도 아연−탄소 전지 또는 아연−이산화망간 전지의 구조와 원칙적으로 일치한다는 것이다. 이는 실용성 이 있는 최초의 전지로, 1867년 파리에서 열린 세계박람회에 서 센세이션을 불러일으켰다. 그때까지 전시용이나 실험용 으로 사용된 전지(예: 다니엘전지와 볼타전지)는 액체로 된 전해

조르주 르클랑셰.

질이 들어 있어 전체적으로 너무 무거웠고 이 전지를 만들기 위해 투입된 물질들은 너무 빠르게 용해되었다. 또한 전해질로 사용된 산은 금속을 부식시켰고, 반응 공간이 분리되지 않아 전류가 발생하기 전에 화학 작용이 중단되기도 했다.

르클랑셰는 전해질로 염화암모늄 용액을 이용했다. 원통형 케이스의 안쪽 에는 흡수성 물질을 댔으며, 가운데에는 탄소봉이 있고, 그 주위를 탄소가루 와 이산화망간 혼합물이 둘러싸고 있었다. 이 모든 내용물은 염화암모늄 용액 에 적셔져 전지가 마르지 않도록 밀폐되어 있었다. 따라서 이전의 젖은 전지 가 이제 비교적 마른 전지로 개선되었다. 이런 르클랑셰의 전지는 '**건전지**'로 불리게 되었다.

르클랑셰의 또 다른 발명은 **분리기**를 투입해 활성물질(화학반응에 의해 변화된

물질)이 직접적으로 반응하는 것을 막은 것이다. 이로써 전자들이 직접 교환되는 일이 없어져 더 이상 물질들이 용해되어 없어지는 일도 생기지 않았다.

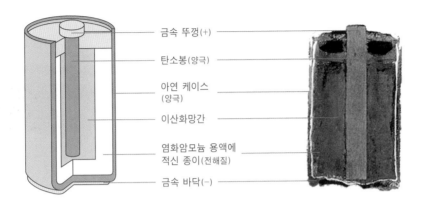

금속 뚜껑(+)

탄소봉(양극)

아연 케이스
(양극)

이산화망간

염화암모늄 용액에
적신 종이(전해질)

금속 바닥(−)

시간이 흘러감에 따라 전지는 계속 개선되었으며, 전해질은 점점 더 특수한 물질로 밀폐되었다. 또한 전극의 표면을 확대하거나 도선으로 이용하기 위해 목탄을 이산화망간−흑연 활성물질에 넣었다. 이 때문에 '**아연−탄소전지**'라고 불렀고 케이스 재료도 아연을 쓰게 되었다. 물론 아연 케이스는 단점도 있었다. 특히 장시간 사용하지 않거나 전지를 기구에서 떼어내지 않으면 아연 케이스가 녹아 전기가 누출될 우려도 있었다.

오늘날의 전지는 강철로 케이스를 만들고 활성물질로는 아연 젤을 이용해 −르클랑셰의 발명에 힘입어 −1차전지 또는 소형전지(일반적으로 볼 수 있는 둥근 전지)로 팔리고 있고, 알칼리−망간전지 또는 알카라인전지가 보편적이다. 화학적으로 볼 때, 이 두 전지의 원리는 같다. 즉, 아연은 산화되어 전자들을 내보낸다(이 과정에서 아연은 음극=전지의 바닥을 형성한다). 전자들은 이산화망간에 있는 망간에 의해 흡수된다. 이 활성물질은 양극을 이루고 목탄을 통해 전지의 뚜껑과 연결된다.

여러분은 아마도 알카라인전지의 장점을 강조하는 "이 전지는 아연−탄소

전지보다 훨씬 오래갑니다!"라는 광고 문구를 들어본 적이 있을 것이다. 그건 사실이다. 알카라인전지는 활성물질로 아연 젤을 사용함에 따라 전극의 표면이 훨씬 더 확대되고 순간전류도 커진다. 이 때문에 알카라인전지는 높은 순간전류를 필요로 하는 기구에 사용된다(예: 워크맨이나 카메라 플래시). 게다가 알카라인전지는 수명이 길고 - 전해질이 굳는 온도가 낮기 때문에 - 비교적 낮은 온도에서도 사용할 수 있다. 이러한 장점이 있긴 하지만 알카라인전지는 가격이 비싸다. 따라서 사용 여부는 용도에 따라 달라진다.

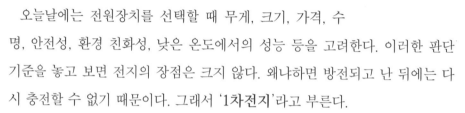

　오늘날에는 전원장치를 선택할 때 무게, 크기, 가격, 수명, 안전성, 환경 친화성, 낮은 온도에서의 성능 등을 고려한다. 이러한 판단 기준을 놓고 보면 전지의 장점은 크지 않다. 왜냐하면 방전되고 난 뒤에는 다시 충전할 수 없기 때문이다. 그래서 '1차전지'라고 부른다.

　2차전지(축전지)는 1차전지의 단점을 보완한 것이다. 따라서 재충전 가능성 여부가 2차전지의 결정적인 특징이다.

행복을 찾아 나서는 이온: 전기분해

이동하는 것은 이온의 행복 찾기이다 - 초보자를 위한 전기분해의 기초

> 전기분해는 염형성반응의 역반응이다. 염화합물은 전기를 공급하면 금속과 비금속이 된다.

모든 염형성반응에서는 에너지가 방출된다. 따라서 염형성반응은 발열반응이다. 앞에서 설명한 대로 에너지가 방출되는 이유는 안정된 '비활성기체 상태'에 도달하기 때문이다. 따라서 생성된 이온은 '비활성기체 상태'를 이탈하려고 하지 않는다. 그런데 '비활성기체 상태'에 도달하면서 방출된 에너지는 다시 공급되어야 한다. 즉, 음이온은 전자를 다시 주고, 양이온은 전자를 다시 받아야 한다.

여기서 다시 전자 주기(산화)와 전자 받기(환원)의 결합이 문제가 된다. 하지만 이번에는 반응이 역방향으로 진행된다. 산화에 의해 생성된 금속 양이온은 이제 전자를 받아들인다. 즉, 환원된다. 그리고 환원으로 생성된 비금속 음이온은 이제 전자를 내준다. 이 과정에서 각각 '비활성기체 상태'를 포기한다. 이때는 에너지가 있어야 하는데, 이 에너지는 지속해서 공급되어야 한다. 이러한 반응을 '**흡열반응**'이라고 한다.

전기는 도선을 통해 두 전극과 연결된 직류전원을 통해 공급된다. 따라서 한쪽 전극에서는 전원을 통해 전자들이 주입된다. 이 전극에서는 환원반응, 즉 전자를 얻는 반응이 일어난다. 전자가 주입되는 전극은 전자 과잉으로 (−)전하를 띤다. 이는 화학적으로 이치에 맞는 결과이다. 여러분도 잘 알다시피 반대되는 전하는 서로 끌어당긴다!

전기분해에 사용되는 전극은 양극과 음극으로 불린다.
음극은 (−)전극을 말하고, (+)전하를 띤 양이온들이 음극으로 이동한다.
양극은 (+)전극을 말하고, (−)전하를 띤 음이온들이 양극으로 이동한다.

(+)전하를 띠는 양이온은 (−)전하를 띠는 음극으로 이동한다. 음극에서 양이온은 전자를 얻어 환원된다. 따라서 금속 양이온은 기본 형태인 금속 원자

가 된다.

반대 전극의 전원에 의해 전자들이 빠져나감으로써 이 전극에서는 (−)전하가 줄어든다. 따라서 이 전극은 점점 (+)전하를 띠게 되고 결국에는 양극이 된다. 이 때문에 (−)전하를 띤 음이온들은 양극으로 끌려간다. 따라서 음이온들은 전자를 내주고 산화된다.

전기분해에서 에너지 공급은 전류의 형태로 이루어지기 때문에 **'전기분해'**라는 명칭이 붙는다. 전기분해는 이온이 이동할 때만, 즉 분해된 상태에서만 진행된다. 이온은 염의 경우, 이온 격자에 고정되어 있어서는 안 된다. 그런데 이온은 전극이 염 용액이나 염 용융액 속에 담가져 있을 때에만 운동할 수 있다. 염 용액에서는 용매로 인해 이온이 운동하고, 염 용융액에서는 높은 온도가 가해져야 이온이 운동한다. 이는 고체인 염을 용융시키려면 높은 온도가 필요하기 때문이다.

앞에서 설명했듯이 이온이라는 개념은 그리스어 ionos(가다)라는 말에서 유래한다. 전기분해의 경우, 이온은 용액이나 용융액에 전압이 가해지면 양극 또는 음극으로 이동하는 것을 의미한다.

알루미늄 재활용이 중요한 이유: 용융 전기분해

앞에서 말했듯이 대부분 귀금속만 자연에서 (기본 원소 형태로) 산출되고, 알루미늄과 같이 귀금속에 속하지 않는 금속은 화합물의 형태로 존재한다. 알루미늄은 대개 산소와 결합한 화합물로 존재하는데, 광물을 제련해서 얻는다. 알루미늄은 지각에 있는 원소 중 약 8%의 질량 비중을 차지하며, 가장 흔한 금속 원소로, 산화알루미늄 등의 산화물 형태로 알려져 있다가 전기분해를 통한 정제기술이 개발되면서 18세기 초가 되어서야 처음으로 순수하게 분리되었다.

알루미늄 금속은 처음에는 광석인 보크사이트에서 산화알루미늄을 분리하고, 이 산화알루미늄의 용융물에 전류를 흐르게 해 알루미늄과 이산화탄소를 분리해낸다. 이 방법을 '용융 전기분해'라고 한다.

철(특히 강철)과 더불어 알루미늄은 가장 중요하게 사용되는 금속이다. 통조림의 캔, 전선, 포일, 건물의 창틀 등만이 아니라 밀도가 작아 가볍고 단단하여 항공기, 자동차, 선박 등에 많이 사용된다. 이는 경금속인 알루미늄을 사용하면 무게를 줄이거나 연료를 아낄 수 있기 때문이다.

알루미늄을 생산할 때 가장 중요한 광석은 **보크사이트**이다. 이 광석은 프랑스 남부의 레보^{Les Baux} 지방에서 발견되었다고 해서 '보크사이트^{Bauxite}'라고 부른다. 보크사이트는 규산염, 산화타이타늄, 산화철 등이 섞여 있는 혼합물로 특히 산화철로 인해 적갈색을 띤다.

크기를 비교하기 위해 보크사이트 위에 1센트짜리 동전을 올려놓은 것.

보크사이트에서 산화알루미늄을 분리하는 과정은 복잡하다. 이 공정을 최초로 발견한 이는 오스트리아의 화학자 카를 요제프 바이어로, 그의 이름을 따서 '바이어^{Bayer} 공정'이라고 한다. 이 공정을 거쳐 분리된 산화알루미늄(Al_2O_3)은 흰색을 띤다.

전기분해가 일어나려면 이온이 자유롭게 이동할 수 있어야 한다. 따라서 산화알루미늄은 녹아야 하지만 이는 산화알루미늄의 경우 큰 단점으로 직용한다. 물에 잘 녹지 않는다는 점은 일단 논외로 치더라도 산화알루미늄 용액의 전기분해는 의도한 대로 곧장 알루미늄을 만들어 내지 못한다. 알루미늄이 만들어지기 전에 음극에서 수소가 발생하는데 그러면 수용액에 들어 있는 양성자가 전자를 얻어(환원되어) 수소 분자로 바뀌어버린다. 이러한 조건에서는 수소 분자가 알루미늄 금속보다 먼저(더 쉽게) 형성된다. 3개의 전자를 얻어 수소 분자를 형성하는 것은 2개의 양성자가 각각 1개의 전자를 얻어 수소 분자를 형성하는 것보다 에너지가 더 많이 소모된다.

$$2H^+ + 2e^- \rightarrow H_2$$

용융의 경우는 높은 용융온도가 - 염은 대부분 용융온도가 높다 - 문제이다. 산화알루미늄의 용융온도는 2,000℃가 넘지만 빙정석[$Na_3(AlF_6)$]을 첨가하면 960℃로 낮아진다. 하지만 이 온도보다 더 낮출 수는 없다. 에너지 면에서 볼 때 이처럼 불리한 높은 용융온도임에도 알루미늄을 생산하기 위해 산화알루미늄 용융액을 전기분해 - **용융 전기분해** - 하는 것이 아직은 최선의 방법이다.

그렇다면 용융 전기분해는 어떤 과정을 거칠까?

(-)전극, 즉 음극은 탄소로 코팅된 강철용기이다. 여기서 환원반응이 일어난다. 즉, 알루미늄 양이온이 (-)전하를 띤 음극으로 이동해 3개의 전자를 얻는다. 이로써 알루미늄 금속이 형성된다.

$$Al^{3+} + 3e^- \rightarrow Al$$

이처럼 높은 온도에서 생성되는 알루미늄을 강철용기에 모아 관을 통해 저장소로 보낸다.

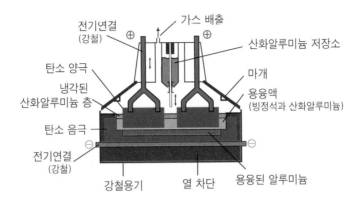

전기연결 (강철)
가스 배출
산화알루미늄 저장소
탄소 양극
냉각된 산화알루미늄 층
마개
용융액 (빙정석과 산화알루미늄)
탄소 음극
전기연결 (강철)
강철용기
열 차단
용융된 알루미늄

냉각된 산화알루미늄 층은 생성된 알루미늄이 산소와 결합해 곧바로 산화되지 않도록 한다. 이렇게 생성된 알루미늄은 저장소를 거쳐 용융액으로 전달된다.

이온 격자의 용융액에서 방출되는 O^{2-}(산화이온)은 (-)전하를 띠는 음이온으로서 (+)전하를 띤 양극으로 이동한다. 양극은 음극과 마찬가지로 탄소로 이루어진다(흑연). 여기서 O^{2-} 이온은 산화된다. 즉, O^{2-} 이온은 전자를 내준다. 하지만 생성되는 것은 산소 분자가 아니라 이산화탄소 분자이다.

$$C + 2O^{2-} \rightarrow CO_2 + 4e^-$$

이는 산소를 형성할 때 흑연 양극이 연소한다는 것을 의미한다. 양극에서 생성되는 가스는 끊임없이 밖으로 배출되어야 하며, 양극이 연소하므로 흑연 양극은 계속해서 용융액 속에 담가져 있어야 한다. 전기분해에서 두 전극 사이의 간격은 몇 센티미터에 불과하다. 전체 화학반응식은 다음과 같다.

$$2Al_2O_3 + 3C \rightarrow 4Al + 3CO_2$$

기체 형태의 반응 생성물인 이산화탄소는 생성된 혼합물에서 복잡한 과정을 거치며, 기체 상태로 곧바로 생성 혼합물에서 제거할 수 있는 장점이 있다. 흑연 양극의 연소는 - 다른 모든 연소와 마찬가지로 - 발열반응이므로 자유롭게 방출되는 에너지는 용융액이 액체 상태로 남도록 한다. 산화알루미늄과 빙정석의 혼합물을 용융시키거나 용융액 상태로 유지하기 위해 추가되는 에너지는 양극과 음극에 연결된 전류에서 나온다. 즉, 3.5V의 낮은 전압과 30만 Å 전류에서 전기분해 된다. 알루미늄 1t을 생산하는 데는 약 15,000kw/h의 에너지가 필요한데, 이는 보통 가정집에서 2~3년 동안 쓸 수 있는 전력량이다!

최근 온실가스로 배출되는 이산화탄소와 비싼 에너지 비용 문제로 알루미늄 재활용이 중요한 현안으로 대두하고 있다. 알루미늄을 재활용할 때는 용융 전기분해를 통해 같은 양의 알루미늄을 생산하는 데 필요한 에너지의 5%

만 있으면 되니, 지금까지 이런 사실을 모른 채 요구르트 통이나 알루미늄 포일 또는 그릴용 포일을 쓰레기통에 버렸다면 이제부터라도 생각을 달리할 필요가 있다.

전자 핑퐁과 이온 핑퐁: 축전지

축전지는 휴대전화나 노트북, MP3 플레이어, 디지털카메라와 같은 전자기기에서는 없어서는 안 될 필수 부품이다. 건전지는 재충전이 불가능하기 때문에 점차 축전지가 주된 전원이 되고 있다. 따라서 1차전지(건전지)와 재충전을 할 수 있는 2차전지(축전지)를 구분하게 되었다.

> 축전지는 재충전이 가능하기 때문에 2차전지에 속한다. 축전지를 구성하는
> 요소는 갈바니전지와 전기분해이다.

예를 들어 손전등에 건전지를 사용하는 데는 충분한 이유가 있다. 사용하지 않는 1차전지가 스스로 방전되는 비율은 1년에 2%에 불과하지만 축전지 중의 다수는 한 달에 30%까지 방전된다! 따라서 손전등에는 르클랑셰전지를 장착하는 것이 바람직하다.

갈바니전지를 사용하는 건전지에서는 2개의 활성물질들 사이의 화학반응이 일방통행로같이 - 2개의 활성물질 중 하나가 모두 소모되어 건전지가 폐기될 때까지 - 진행되지만, 축전지에서는 갈바니전지에 전기분해 장치가 결합해 있다. 갈바니전지에서 자발적으로 진행되며, 전자를 내주는 화학반응은 전기가 공급되면 다시 역방향으로 진행될 수 있다. 따라서 활성물질들은 충전 후 전자를 내주는 방전 과정을 다시 자발적으로 진행할 수 있게 된다. 이 반응은 발열반응과 흡열반응이 결합한 형태를 띤다. 하지만 이 과정에서 활성물질들의 손실이 있기 때문에 무한정 반응이 진행되지는 않고 제한이 따른다. 즉, 축전지는 대개 충전주기가 약 1,000번을 넘기지 못한다.

왜 자동차 배터리에는 건전지를 안 쓸까?

여러분은 이 질문의 답을 충분히 짐작할 수 있을 것이다. 사실 '배터리'라는

명칭은 기술적인 측면에서 중요한 역할을 하는 2차전지를 가리키는 말로는 잘못된 것이다. 자동차 배터리는 축전지이다. 자신의 자동차에 필요한 축전지를 사거나 교체해본 사람이라면 이 축전지가 매우 무거운 이유가 축전지에 들어 있는 납 때문이라는 것을 잘 알 것이다. 따라서 자동차 배터리라고 하는 것보다는 '**납축전지**'라고 하는 것이 적합하다. 물론 여러분 중에는 다음과 같은 질문을 던지는 사람이 있을 것이다.

"납축전지는 자동차의 시동을 거는 것 이외에 무슨 소용이 있는가?"

그렇다! 죽전지는 시동을 걸 때만 배터리로, 더 정확하게 말하면 시동 배터리로 작용한다. 축전지는 시동을 거는 데 필요한 에너지를 공급한다(만약 축전지가 이 기능을 하지 못한다면 어떻게 될지는 불 보듯 뻔하다!). 하지만 시동을 걸 때 소비된 에너지는 자동차의 엔진이 가동되면 다시 공급되어야 하는데, 이는 2차전지가 있어야 가능하다.

여러분의 자동차에 납축전지가 있다면 6개의 납 격자 중 하나의 마개를 열고 내부를 들여다볼 수 있다. 그런데 이때 납축전지의 마개는 손으로는 열 수 없고 특수 공구를 이용해야 한

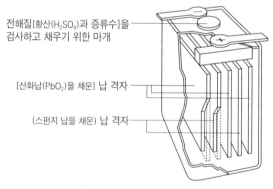

전해질[황산(H_2SO_4)과 증류수]을 검사하고 채우기 위한 마개

[산화납(PbO_2)을 채운] 납 격자

(스펀지 납을 채운) 납 격자

다. 납축전지는 격자 1개에 2V의 전압을 내는데, 차례로 가동되어 총 12V의 전압을 낸다(볼타는 자신이 만든 볼타전지로 이 작동원리를 실행에 옮겼다).

납축전지의 격자는 라디에이터와 같은 구조를 하고 있는데, 여러 가지 물질로 된 얇은 판으로 이루어진다. 납(Pb)으로 된 판도 있고, 산화납(PbO_2)으로 된 판도 있다. 산화납으로 된 판들은 다공성의 페놀 수지 또는 유리 섬유에 감싸져 있다. 이들 인공물질은 단락(쇼트)을 막기 위해 판들을 서로 격리시키기

는 하지만 전해질에 있는 이온들이 교환되도록 한다. 전해질은 황산이다(황산은 밀도가 1.28g/ml이며, 질량비 38%인 묽은 황산이다). 판들은 대개 황산으로 채워져 있기 때문에 전극들은 황산 수용액에 담기게 된다. 납축전지는 마개를 열어 검사할 수 있다.

납축전지에서 일어나는 화학반응은 예외 없이 납과 납 화합물 사이의 반응이다. 방전이 진행되면 납이 납 양이온으로 산화되는데, 납 양이온은 SO_4^{2-}(황산이온)과 결합해 잘 녹지 않는 (불용성의) 황산납을 만든다.

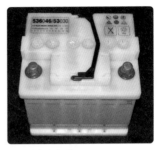

자동차 '배터리'.

$$Pb + SO_4^{2-} \rightarrow Pb^{2+} + SO_4^{2-} + 2e^-$$

방전이 진행될 때, 환원반응을 하는 것은 산화납이다. 이 화합물에는 +4가의 납 양이온이 들어 있는데, 납 양이온은 산기의 전해질에서 2개의 전자를 얻을 뿐만 아니라 황산이온과 결합해 +2가의 납 양이온을 지닌 불용성의 황산납을 만든다.

$$Pb^{4+} + 2O^{2-} + 4H^+ + SO_4^{2-} + 2e^- \rightarrow Pb^{2+} + SO_4^{2-} + 2H_2O$$

두 전극에서 일어나는 반응으로 불용성의 황산납이 만들어지는데, 황산납은 전극의 표면에 붙거나 납축전지의 바닥에 쌓인다. 또한 환원반응에서는 황산이 소모되고 물이 생긴다. 물은 황산보다 밀도가 낮기 때문에 이 과정에서 용액의 밀도가 줄어든다. 이 때문에 납축전지의 재충전 여부를 결정하는 데는 용액의 밀도를 측정하는 방법이 사용된다.

납축전지를 충전할 때 - 전기에너지를 전지에 공급할 때 - 전기분해가 진행된다. 방전 과정에서 Pb^{2+}이온으로 환원된 Pb^{4+}이온은 역반응을 한다 ($Pb^{2+} \rightarrow Pb^{4+}+2e^-$). 다시 말해, 이 이온은 산화납의 Pb^{4+}이온으로 산화된다. Pb^{2+}이온이 환원되면 다시 금속 납이 생긴다($Pb^{2+}+2e^- \rightarrow Pb$). 따라서 처음의 상태가 다시 복원되고 납축전지는 자동차의 시동을 걸 때나 오디오를 들을 때 배터리로 가동될 수 있다.

현재의 축전지 기술: 리튬이온전지

납축전지는 사용되는 금속이 납이기 때문에 '납축전지'로 불린다. 두 활성 물질은 납과 납 화합물, 즉 산화납이다. 이와 마찬가지로 리튬이온전지도 리튬이온 때문에 '리튬전지'로 불린다. 리튬이온이 오늘날과 같은 축전지 기술의 발전에 이바지하게 된 이유는 무엇일까?

리튬이온전지는 다른 2차전지와 비교해볼 때 같은 질량과 부피를 가지고 전기에너지를 가장 많이 낼 수 있다. 리튬이온전지에서 리튬이온은 충전과 방전을 할 때 핑퐁처럼 리튬 흑연 전극(음극)과 리튬 망간 전극(양극) 사이를 오간다. 따라서 리튬이온은 산화환원반응[redox reactions]에 얽매이지 않는다.

리튬이온은 리튬이온전지 속에 두 가지 서로 다른 화합물로 존재한다. 리튬 흑연 화합물은 음극, 리튬 망간(Li_2MnO_2)과 같은 또 다른 리튬 화합물은 양극으로 작용한다. 납축전지에서는 납 자체가 에너지를 공급하는 화학반응의 일부를 구성하지만, 리튬이온전지에서 리튬이온은 오직 '이동물질'로만 작용한다. 즉, 리튬이온은 – 어느 한 전극의 충전 상태에 따라 – 부족한 충전 상태의 균형을 이루기 위해 이동할 뿐이다. 바로 이 때문에 리튬이온전지는 기억효과

memory effect를 나타내지 않는 장점이 있다. 즉, 이전의 전지는 완전히 방전되지 않은 상태에서 충전하면 충전 용량이 떨어졌는데, 리튬이온전지는 이러한 기억효과가 없어 완전히 방전시키지 않고 어느 정도 충전되어 있는 상태에서도 충전할 수 있다.

리튬이온전지가 충전되면 전자는 흑연 전극 쪽으로 이동한다. 그러면 이 전극은 전자가 많아져서 (−)전하로 충전된다. 흑연은 층 형태의 구조를 이루고 있으므로 리튬이온은 (−)전하를 띤 층들 사이에서 이동하며 전자들을 흑연 층에 고정한다. 휴대전화나 노트북 같은 전자기기의 충전이 완료되면 흑연 층에 있는 전자들이 빠져나가 외부 회로를 통해 리튬망간 전극으로 이동한다. 그러면 리튬망간전극에서는 (−)전하가 우세해져 리튬이온이 이 전극으로 이동하게 된다.

따라서 리튬이온전지에서 가장 중요한 것은 리튬이온의 이동 가능성이다. 만약 전해질이 산이라면 산은 양성자를 공급하고, 이 양성자는 리튬이온 대신 각 전극에서 전자를 얻어 수소를 만들 것이다. 바로 이 때문에 산 또는 리튬 수용액을 쓸 수 없다.

새로운 연구결과로 **리튬폴리머전지**lithium polymer batteries가 개발되었다. 리튬폴리머전지는 고체 또는 젤 상태의 중합체(폴리머)를 전해질로 사용해 리튬이온이 이동할 수 있게 할 뿐만 아니라 분리막의 기능도 갖추고 있다. 이 전지는 부피와 무게를 줄일 수 있는 장점이 있다. 따라서 소형 전자기기와 같은 휴대용 기기에 주로 사용된다.

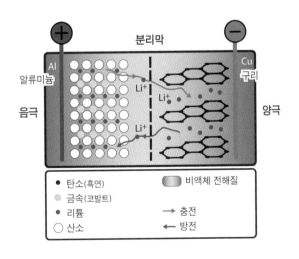

산소와 수소를 반응시켜 전기를 직접 생산하는 전지: 연료전지

건전지와 축전지는 에너지 저장소의 형태를 띤다. 이와 관련해 장전된 석궁을 생각해보기로 하자. 석궁의 화살이 발사되는 장면을 고속도 촬영 화면으로 생각해보는 것도 이해하는 데 도움이 된다. 전자기기를 사용할 때는 반응물의 화학반응을 통해 지속적이고도 일정하게 저장된 에너지가 나온다. 축전지에서 소비된 에너지는 전기회로에 연결함으로써 화학반응을 역전시켜 다시 충원될 수 있다. 석궁도 다시 장전해 화살을 쏠 수 있다.

이제부터 설명할 연료전지는 기존의 전지와 비교해볼 때 다음과 같은 큰 차이점이 있다. 연료전지는 축전지와는 달리 항상 다시 충전할 필요가 없다. 보통의 건전지는 반응물 중 어느 하나라도 완전히 소모되면 더 이상 에너지가 생기지 않는다. 따라서 보통의 건전지는 언젠가는 폐기해야 한다. 하지만 연료전지는 전지로 끊임없이 반응물이 공급될 수 있다. 연료전지를 석궁과 비교해보자. 연료전지는 활이 항상 당겨져 있는 상태와 같다. 물론 필요한 기체가 갖춰져 있어야 한다.

연료전지에서는 - 건전지나 축전지보다 훨씬 더 유리하게 - 화학반응으로 생긴 전자의 형태로 에너지를 직접 이용할 수 있다. 에너지를 얻는 기존의 과정에서는 한 에너지를 다른 에너지로 전환하는 데는 항상 에너지 손실이 수반된다.

내연기관.

승용차의 모터는 연료를 연소시킬 때 나오는 에너지를 이용해 피스톤을 가동한다. 화학에너지가 역학적 에너지로 전환되는 것이다. 물론 이 과정에서 화학에너지 일부가 열에너지로 전환되기 때문에 모터가 따뜻해지거나 경우에 따라서는 뜨거워질 수도 있다.

연료전지에서 전자를 직접 이용하는 것은 에너지 전환에 의한 손실을 막을 수 있다. 연료전지는 에너지를 보다 효율적으로 이용하는 방법이며 생태학적으로나 경제적으로 바람직한 방법이기도 하다.

연료전지에서는 이산화탄소와 같은 온실가스나 다른 유해 물질이 발생하지 않고 물이나 수증기가 생기기 때문에 또 다른 생태학적 장점이 있다. 이러한 장점들로 인해 연료전지는 자동차 전원 공급원의 새로운 대안으로 주목받고 있다. 또한 소형 전자기기의 건전지도 연료전지로 대체하는 방안이 검토되고 있다.

기름 탱크에 호랑이가 아닌 용을 넣어라

약 50년 전 어느 유명한 석유회사가 "여러분의 기름 탱크에 호랑이를 넣으세요."라는 슬로건으로 자신들이 생산하는 휘발유를 광고했으나, 오늘날 연료전지를 생각하면 호랑이가 아니라 용을 슬로건에 넣는 것이 적합하다. 하지만 수소가스를 생각하면 다른 장면이 연상될지도 모르겠다. 바로 힌덴부르크호의 화재 사건이다.

독일의 체펠린 사가 만든 비행선 힌덴부르크호는 1937년 미국의 레이크허스트에서 화염에 휩싸였다. 이 비행선은 20만 m^3의 수소로 채워져 있어서 삽시간에 불에 탔다. 이 참사로 비행선 운항이 전면적으로 중단되기도 했다.

화염에 휩싸인 힌덴부르크호는 연료로 수소를 채웠다.

오늘날에도 드물게 이용되는 비행선에는 불연성 비활성기체인 헬륨을 채운다. 헬륨은 기구용 가스로도 이용된다.

힌덴부르크호의 참사는 화학시간에 산소-수소 폭발을 설명하기 위해 자주 언급된다. 수소와 산소의 혼합가스는 폭발성이 있다. 그러나 힌덴부르크호는 폭발한 것이 아니라 수소가스가 연소한 것이다. 즉, 수소는 엄청난 양이 들어 있었지만 이에 비해 산소 양이 매우 적어서 폭발로 이어지지 않았다. 이는 연료전지가 폭발하지 않는 이유이기도 하다. 연료전지에는 21%의 산소가 투입된다. 게다가 연료전지 안에는 혼합물을 폭발시킬 수 있는 점화 플러그가 없다.

오늘날에는 고무풍선에도 헬륨을 이용한다.

연료전지는 반응물로 수소와 산소를 이용한다. 수소이온과 산소이온(또는 수산화이온)이 결합해 물 분자를 형성한다. 전자는 외부의 전기회로를 통해 이동하여 전자기기를 가동한다. 수소이온은 내부 전해질을 통해 양극에서 음극으로 한 방향으로만 이동한다. 연료전지의 유형은 사용되는 전해질에 따라 구분된다.

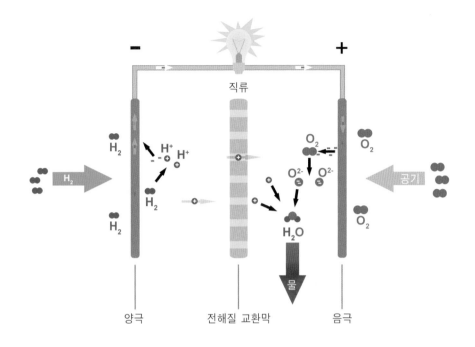

직류

H₂

H⁺

H⁺

H₂

H₂

O₂

O₂

O²⁻

O²⁻

O₂

O₂

공기

H₂O

물

양극   전해질 교환막   음극

연료전지는 기존의 건전지에 비해 또 다른 결정적인 차이가 있다. 연료전지는 기체 형태의 반응물만을 이용한다. 산소는 – 모든 내연 기관과 마찬가지로 – 외부에서 여과되거나 터보를 통해 응축되어 충분한 양이 공급되지만, 수소는 별도의 저장 탱크로 공급된다. 수소는 실내 온도에서 기체 상태이므로 부피가 매우 크다. 이 때문에 연료전지를 개발하기 시작할 때 고압으로 액화시켜 저장 탱크에 담았다. 이 저장 탱크는 강철로 만들어져 덩치가 매우 컸고 무게도 상당했다. 따라서 연료전지는 소형 전자기기에 사용할 엄두를 내지 못했고 버스나 소형 트럭에만 사용되었다.

또 다른 문제점은 안전성이 확보되지 않아 사고가 나면 화재위험이 있었다.

따라서 연료전지를 개발할 때 저장 탱크의 무게와 부피를 줄이고 안전성을 높이는 것이 중요한 목표였다.

대안으로 등장한 것이 금속수소화물^{Metal Hydride}이다. 사용되는 금속에 따라

수소가 화학적으로 금속과 결합하거나 물리적인 합금의 형태로 금속 격자에 축적된다. 화학 결합은 염기성 결합을 하고 수소는 수소이온으로서 (-)전하를 띤다(수소는 비금속으로서 1족에 속하지만, 다른 1족원소들인 알칼리금속과는 구분된다). 모든 금속수소화물의 공통점은 - 마치 스펀지와도 같이 - 액체를 저장하는 탱크보다 60% 이상 더 많은 수소를 저장할 수 있다는 것이다. 수소는 금속수소화물을 가열하면 쉽게 분리되어 나온다.

이와 관련해 마그네슘 같은 경금속을 사용하는 것도 흥미로운 시도이다. 분말 마그네슘을 사용하는 특수한 방법도 개발되었다. 마그네슘을 미세하게 분쇄하면 표면이 넓어져 수소와 쉽게 결합할 수 있고 게다가 경금속은 무게를 줄이는 데 기여한다. 이로써 부피가 줄어들자 자동차의 화물칸을 모두 차지했던 초기의 가스압축용기는 오늘날 금속수소화물을 담은 용기로 대체되어 작은 공간만 차지하게 되었다.

표면 확대는 전극의 향상에도 결정적인 역할을 했다. 두 반응물(수소와 산소)은 기체이므로 전극의 표면이 크게 확대되는 것은 에너지와 전류의 양을 크게 하는 데도 결정적인 작용을 한다. 이를 극대화하기 위해 전극의 표면에 백금을 입혔다.

산소 - 수소 반응: 연료전지의 화학

여러분 중에는 앞 장의 박스 글을 읽으며 의아하게 생각한 사람이 있을지도 모르겠다. 수소이온은 양극에 있고, 산소이온은 음극에 있다고? 그 앞의 장에서는 전기분해를 할 때 반대가 아니었던가? 왜냐하면 전기분해에서 양이온은 음극으로, 음이온은 양극으로 이동하기 때문이다. 그렇긴 하다! 하지만 우리는 지금 전기분해를 다루고 있는 것이 아니다. 양이온이 음극으로, 음이온은 양극으로 이동하는 것은 전기분해에만 해당하고 축전지에서 에너지를 공급하는 과정은 새롭게 정의되어야 한다. 일반적인 정의는 다음과 같다(이 정의는 전기분해에도 적용된다!).

산화 과정은 양극에서, 환원 과정은 음극에서 진행된다. 이를 용융 전기분해에서 다시 검토하면 다음과 같다. 알루미늄 양이온은 음극으로 이동해 그곳에서 전자를 얻는다. 다시 말해 알루미늄 양이온은 음극에서 환원된다. 양극에서는 역반응이 일어난다.

전기화학의 일반적인 정의에서 양극은 산화가 일어나는 전극이며, 음극은 환원이 일어나는 전극이다.
연료전지의 '온화한' 산소-수소 반응에서 수소 분자는 양극에서 수소이온(양성자)으로 산화되고, 산소 분자는 음극에서 산소이온으로 환원된다. 음극에서는 수산화이온이 생긴다.

수소, 좀 더 정확하게 말해 가스압력용기나 금속수소화물에 포함되어 있던 수소 분자(H_2)는 이미 설명했듯이 가열하거나 전극 표면에 입힌 백금 촉매를 사용하거나 하면 분자당 2개의 전자를 양극에 내준다. 양극 칸에서는 2개의 양성자(H^+)가 남아 전해질을 통해 음극 칸으로 이동한다. 양극 칸과 음극 칸은 분리되어 있어서 수소와 산소도 분리된다. 양극 칸과 음극 칸은 일반적으로 폴리머 교환막으로 분리되어 있고, 이 교환막은 수소이온만 통과시킨다.

이와 반대로 전자들은 외부 전기회로를 통해 이동하면서 전자기기에 전기에너지를 공급한다. 또한 외부 전기회로를 통해 음극 칸으로, 좀 더 정확하게 말하면 음극으로 이동한다. 산소 원자당 2개의(따라서 산소 분자당 4개의) 전자가 환원된다. 그런데 음극의 표면이 넓기 때문에 처음에는 산화(-2가의 산화이온)가 일어나지 않다가 - 반응 생성물인 물이 음극에 있기 때문에 - 수산화이온(OH⁻이온)이 생긴다. 수산화이온은 양극 칸에서 이동한 양성자와 결합해 물 분자가 된다(+)전하를 띤 양성자를 양극 칸에서 음극 칸으로 이동시키는 동력은 (−)전하를 띤 수산화이온의 인력에서 나온다. 반대 전하는 서로 끌어당긴다!

연료전지는 미래에 중추적인 역할을 할 환경 친화적인 신기술이다. 그래서 앞으로는 수소를 생태학적으로나 경제적으로 효율성 있게 얻는 것이 중요한 문제가 될 것이다. 왜냐하면 수소를 얻으려면 물을 전기분해 해야 하는데, 이 과정은 에너지가 많이 필요하기 때문이다.

VI

분자

CHONS – 분자의 대부분은 탄소(C), 수소(H), 산소(O), 질소(N), 황(S)으로 이루어져 있다

겨울철에는 입김을 볼 수도 있다.

라틴어 molecula는 '적은 양'을 뜻한다. 우리의 몸이 거의 무한대의 분자로 이루어졌다는 것을 감안한다면 이 용어는 다소 축소된 감이 있다. 이제 제대로 표현해보자. 적은 정도가 아니라 매우 적다.

분자의 범위는 무한히 넓다. 매우 작은 분자인 산소(O_2)는 우리가 호흡하는 토대가 된다. 분자식에서 볼 수 있듯, 이 분자는 2개의 원자로만 이루어져 있다. 공기의 주요 성분인 질소(N_2)도 2개의 원자로 구성된 분자이다. 질소 분자는 우리 주변을 둘러싸고 있는 공기에 포함되어 있는데, 무게가 거의 없고 너무 작아서 육안으로는 볼 수 없다. 물도 우리 몸의 중요한 성분으로, 우리 몸의 약 3분의 2를 차지한다. H_2O는 3개의 원자로 구성된 분자이고, 우리가 숨을 내쉴 때 나오는 CO_2도 마찬가지이다.

그런데 물과 함께 우리 몸의 질량을 이루는 것은 무엇일까? 어떤 분자들이 우리 몸의 질량을 구성할까? 원칙적으로 말하자면 우리 몸을 구성하는 분자는 아주 많다. 물은 $1g/cm^3$의 밀도를 가진다. 따라서 몸무게가 100kg인 사람은 자신의 질량 중 약 60kg이 물로 이루어져 있다고 할 수 있다.

그런데 물 이외의 분자 중에도 매우 큰 분자, 즉 거대분자 또는 고분자가 있다. 이러한 분자에 대해서는 나중에 자세하게 다루고 여기서는 일단 수백만 개, 아니 수십억 개의 원자로 이루어진 분자들이 있다는 것만 말해둔다.

단백질은 근육의 주요 성분이다. 연료가 되는 탄수화물(당분)은 운동이나 사고활동을 위한 에너지를 제공한다. 지방은 열의 발산을 막아 보온작용을 하며 탄수화물과 마찬가지로 연료원이 되기도 한다. 끝으로 유전질 분자인 DNA는 거의 모든 세포에 들어 있다. DNA에는 수십억 개의 원자가 각기 '제 목소리를 내고' 있다. 이들은 모두 고분자이다.

CHONS: 탄소(C), 수소(H), 산소(O), 질소(N), 황(S)이 분자의 대부분을 구성한다. 이 원소들은 우리 몸을 구성할 뿐만 아니라 거의 모든 유기물질을 이룬다.

이들은 비금속 원자이고 공유결합(전자쌍결합)으로 서로 연결된다. 다시 말해, 이들은 전자를 공유함으로써 결합한다. 이러한 결합의 동력이 되는 것은 '비활성기체 상태로 가려는 경향'이다.

유기화합물의 분자 수는 무기화합물의 4배 이상이나 된다.

공유결합에서 전자는 원자 사이의 접착제 역할을 한다. 전자를 공유함으로

써 결합에 참여한 원자들은 모두 전자 옥텟 또는 전자 듀엣에 도달해 비활성 기체 상태가 된다(모두에게 유리한 윈윈 상황).

극성이냐 비극성이냐 그것이 문제로다

인간 세상에서와 마찬가지로 분자를 구성하는 원자 사이에서도 결합으로 큰 이익을 얻는 능력이 중요한 역할을 한다. 결합 파트너는 서로 동등할까? 파트너들은 결합에서 같은 몫을 가질까?

> 분자를 구성하는 **공유결합**은 **극성결합**과 **비극성결합**으로 나뉜다. 여러 (비금속) 원자들은 원자 사이에 있는 공유전자들을 끌어당기는 능력에 따라 구분된다. 원자가 전자를 끌어당기는 능력의 수치를 '전기음성도'라고 한다. 전기음성도가 가장 높은 원자는 플루오린 원자이다.
> 결합 파트너들의 전기음성도가 같거나 비슷하면 비극성 원자결합을 한다.
> 결합 파트너들의 전기음성도가 상대적으로 크게 차이가 나면 극성 원자결합을 한다.

공유결합에서 공유전자를 끌어당기는 원자의 능력을 '**원자의 전기음성도**'라고 한다. 원자질량, 섭씨온도의 눈금 또는 귀금속의 상대질량을 나타내는 캐럿 등과 유사하게 전기음성도도 수치로 나타낼 수 있다. 전기음성도에서는 플루오린 원자가 기준점이다. 플루오린 원자의 전기음성도는 최고 수치인 4.0 이다. 하지만 이 수치는 제한적인 의미만을 지닌다. 왜냐하면 전기음성도는 상대적인 값이기 때문이다. 화학자마다 계산하는 방식이 달라 전기음성도의 수치는 경우에 따라 조금씩 차이가 난다.

전기음성도의 수치를 자세히 다루기보다는 주기율표를 참고로 설명하는 것이 바람직하다. 우선 비활성기체를 제외한다면 - 비활성기체는 어떠한 결합도 하지 않으므로 전기음성도 수치를 지니지 않는다 - 주기율표에서 플루오린이 가장 오른쪽 위에 위치한다.

플루오린이 가장 높은 전기음성도를 가지기 때문에 주기율표의 왼쪽에서 오른쪽으로 갈수록 전기음성도는 높아지고, 족 내에서는 위에서 아래로 갈수록 전기음성도가 낮아진다고 추측했다면 이는 올바른 추측이라고 할 수 있다.

금속과 비금속을 구분하기 위해 주기율표의 왼쪽 위에서 오른쪽 아래로 그은 대각선에 빗대어 왼쪽 아래에서 오른쪽 위로 대각선을 그어 전기음성도를 살펴볼 수 있다. 이 대각선은 플루오린에서 끝난다. 플루오린을 향해 가는 대각선 근처에 있는 모든 원소는 플루오린보다 전기음성도가 낮다.

물론 이는 대충 적용할 수 있는 규칙에 불과하다. 플루오린과 인접해 있는 원소인 산소와 염소는 - 이 두 원소는 플루오린과 같은 거리에 있지만 - 전기음성도의 수치가 같지 않다(산소의 전기음성도는 3.5이고 염소의 전기음성도는 3이다). 대각선상에 있는 황은 이 두 원소보다 전기음성도가 낮다(황의 전기음성도는 2.5이다).

전기음성도를 나타내는 대각선의 첫 번째 원소인 세슘은 전기음성도가 가장 낮다(세슘의 전기음성도는 0.7이다). 하지만 세슘은 대각선의 반대쪽에 있는 플루오린과 함께 분자를 형성하지 않고, (알칼리)금속이기 때문에 염을 형성한다. 이 때문에 이온결합은 흔히 극단적인 '**극성 공유결합**'이라고 말하기도 한다.

공유결합 내에서 전자는 공유된다. 같은 원자 종류에 속하는 2개의 비금속 원자가 [산소(O_2)나 질소(N_2)와 같이] 1개의 분자를 형성하면 이 분자는 **비극성 공유결합**을 한다. 왜냐하면 두 원자는 같은 전기음성도를 가지며 같은 강도로 공유전자를 끌어당긴다.

서로 다른 전기음성도를 가진 2개의 비금속 원자가 결합하면 결합 파트너 중 1개는 다른 원자보다 공유전자를 더 강하게 끌어당긴다. 이렇게 되면 높은 전기음성도를 가진 결합 파트너는 (−)전하를 더 많이 가진다. 왜냐하면 이 결합 파트너는 공유전자인 (−)전하를 띤 소립자를 끌어당기기 때문이다. 따라서 이 결합 파트너는 (−)전하를 점점 더 많이 띠게 된다.

전기음성도가 비교적 낮은, 다시 말해 공유전자를 끌어당기는 능력이 비교적 작은 결합 파트너는 (−)전하가 '줄어들어' 점점 더 (+)전하를 띠게 된다. 이를 '**극성 공유결합**'이라고 한다. 그것은 결합의 한쪽 극이 (−)이고, 다른 쪽 극이 (+)이기 때문이다. 공유결합의 극성은 전기음성도가 다를수록, 다시 말해 전기음성도의 차이가 클수록 점점 더 커진다.

요컨대 전기음성도의 차이로 결합 유형을 알 수 있다. 이 차이가 작다면(대개 1.2보다 작다면) 공유결합이 이루어지고, 차이가 크다면(1.8에서 2 사이라면) 이온결합이 이루어진다. 그 중간에는 다양한 결합 종류가 있는데, 어떤 결합을 하는지는 결합에 참여한 원자에 좌우된다.

따라서 '금속＋비금속＝이온결합'이라는 규칙에서 벗어나는 예외가 생긴다. 플루오르화 알루미늄은 규칙대로 염이고 브로민화 알루미늄은 규칙과는 반대로 극성 공유결합을 하는 분자이다. 극성 공유결합에서 이온결합으로 전환되는 기준은 전기음성도의 차이가 1.4 또는 1.5인 경우이다. 하지만 이는 대충 설정한 기준일 뿐으로, 결합의 종류를 결정하는 것은 결합에 참여한 원자이기 때문이다.

쌍극자^{Dipole}

쌍극자는 (적어도) 하나의 극성 공유결합을 하는 분자이다. 쌍극자의 특성은 분자 속에서의 위치에 좌우된다. 즉, 분자 속의 두 극은 각기 분자나 분자 그룹의 반대쪽에 있을 때만 생긴다.

쌍극자의 전제는 극성 공유결합이다. 하지만 극성 공유결합을 하는 모든 분자가 자동으로 쌍극자인 것은 아니다! 결합 관계 이외에도 – 다시 말해, 얼마나 많은 최외각전자를 지닌 어떤 원자가 다른 원자와 결합하는지 그리고 이 과정에서 단일결합, 이중결합, 삼중결합을 하는지도 중요하지만 – 분자 속에서의 위치가 쌍극자의 형성에 결정적인 역할을 한다. 여기서 '위치'라는 말은 원자의 공간적인 배치를 말한다.

앞에서 말한 산소 또는 질소처럼 2개의 원자로 구성된 분자에서 원자들의 공간적인 배치는 한 가지 유형뿐이다. 즉, 두 원자는 결합 축의 좌우에 원자핵을 가진다. 따라서 두 원자의 결합각은 180도이다.

산소 분자(O_2)뿐만 아니라 질소 분자(N_2)에는 쌍극자가 존재하지 않는데 이두 분자는 비극성 공유결합을 하기 때문이다. 즉, 두 원자의 전기음성도는 같다. 따라서 두 원자는 같은 강도로 공유전자를 끌어당긴다.

물론 극성 공유결합을 하면서 결합각이 180도인 2개의 원자로 구성된 분자도 있다. 예를 들면 할로겐 수소 분자가 그렇다. 이 분자는 17족에 속하는 할로겐 원자가 수소 원자와 결합한 것이다. 결합의 극성은 수소와 플루오린이 결합할 때가 가장 크지만, 수소와 염소, 브로민과 아이오딘이 결합할 때도 극성 공유결합이라고 할 수 있을 정도로 충분히 크다.

따라서 결합 축의 한쪽에는 전기음성도가 높은 원자(예: 염소)가 위치한다. 이 원자는 공유전자를 강하게 끌어당겨 점점 (−)전하를 띤다. 결합 축의 다른 쪽에는 전기음성도가 낮은 원자(예: 수소)가 있다. 이 원자는 전자가 줄어들어 점점 (+)전하를 띤다. 이것이 바로 **진짜 쌍극자**이다. 즉, 한쪽은 음극이고 다른 쪽은 양극이 된다('진짜' 쌍극자가 있다는 말은 '가짜' 쌍극자도 있다는 것을 의미한다. 여기에 대해서는 나중에 다시 다룰 것이다!).

쌍극자의 두 극도 부호로 표시된다. 하지만 이미 양이온은 (+)로, 음이온은 (−)로 표시하고 있기 때문에 쌍극자의 두 극은 이와 구분하기 위해 그리스어 철자 δ(델타)를 이용해 δ^+와 δ^-로 표시한다. 염화수소(HCl) 분자를 예로 들면 수소 원자 옆에 'δ^-'를 써서 양극을 나타내고, 염소 원자 옆에 'δ^+'를 써서 음극을 나타낸다.

이 두 극성은 흔히 공유전자쌍에 삼각형을 표시해 강조하는데, 이 삼각형의 밑변에 전기음성도가 큰 원자를 두고 이 원자는 음극을 나타낸다.

$$H \blacktriangleleft \overline{Cl} \quad \text{또는} \quad \overset{\delta^+}{H} - \overset{\delta^-}{\overline{Cl}}$$

3개의 원자로 구성된 분자에서 두 극을 정하는 것은 쉬운 일이 아니다. 이산화탄소(CO_2)는 탄소 원자가 중심 원자이다. 이 탄소 원자에 2개의 산소 원자가 각각 이중결합을 하고 있다. 이때의 이중결합은 각기 극성을 가진다. 왜냐하면 산소는 탄소보다 전기음성도가 크기 때문이다(산소는 주기율표에서 탄소보다 플루오린에 더 가깝다). 따라서 산소 원자는 각각 음극이 되고 탄소 원자는 양극이 된다. 하지만 3개의 원자가 모두 결합 축에 있으므로 양극과 음극을 정하기가 불가능하다. 2개의 산소 음극은 중심이 한가운데에 있고, 이 음극 중심에는 탄소 원자가 있다. 그런데 탄소 원자는 양극이다. 따라서 양극과 음극은 중첩될 뿐 마주보지 않는다. 이 때문에 이산화탄소의 각 결합은 극성이지만, 쌍극자가 없다.

$$\overset{\delta^-}{\langle O} = \overset{\delta^+}{C} = \overset{\delta^-}{O\rangle}$$

여기서는 성 공유결합이 나타나기 때문에 쌍극자의 전제는 충족되지만, 분자 속에서의 위치가 쌍극자의 구성요건을 채우지 못한다. 즉, 극성 공유결합을 하고 있음에도 원자의 공간적인 배치 때문에 쌍극자 모멘트가 없다.

굽은 형 구조의 물 분자 - 이 굽은 각이 삶에 결정적인 작용을 한다

물은 쌍극자 분자의 전형적인 예이다. 우리 삶에 필수적인 물의 다양한 성질은 분자의 공간적인 배치 때문에 생긴다. 즉, 2개의 수소 원자와 1개의 산소 원자 사이의 결합각은 $104.5°$를 이룬다. 이 굽은 각 때문에 물은 쌍극자의 성질을 가진다.

물은 이산화탄소와 마찬가지로 3원자분자이다. 물은 중심 원자인 산소 원자와 두 수소 원자 사이의 전기음성도 차이가 이산화탄소보다 훨씬 더 크다. 이는 극성 공유결합의 강도가 훨씬 더 세다는 것을 의미한다. 산소 원자의 전기음성도가 수소 원자보다 크기 때문에 양극은 두 수소 원자에 있고, 음극은 산소 원자에 있다. 3개의 원자 사이의 결합각이 이산화탄소와 마찬가지로 $180°$라면 양극과 음극은 중첩되고 말 것이다. 하지만 두 수소 원자를 포괄하는 각은 180°보다 훨씬 작은 104.5°이다. 따라서 물 분자는 굽은 각을 이루는 것이다. 그 이유는 무엇일까?

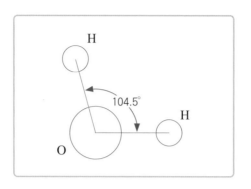

물 분자를 구성하는 산소 원자는 2개의 수소 원자와 공유결합을 하기 위해 6개의 최외각전자 중 2개를 내준다. 그리고 수소 원자는 각각 1개씩 최외각전자를 얻어 원자들 사이에서 전자쌍결합을 한다. 산소 원자의 전자 중에서 공유전자쌍에 참여하지 않은 4개의 최외각전자는 2개의 비공유전자쌍으로 산소 원자에 남는다. 같은 전하는 서로 밀어내므로 2개의 비공유전자쌍과 수소 원자와 결합하는 공유전자쌍 사이에는 반발력이 작용한다. 공유전자쌍과 비공유전자쌍은 가능한 한 먼 거리를 유지하려는 성질을 지니기 마련인데 이 경우에도 마찬가지이다. 즉, 비공유전자쌍과 수소 원자와 결합하는 공유전자쌍은 가능한 한 먼 거리를 유지한다. 따라서 물 분자는 정사면체의 구조를 띤다.

2개의 비공유전자쌍은 (−)전하가 강해 서로 강하게 밀어낸다. 이 때문에 수소 원자와 결합하는 공유전자쌍은 밀려 압착된다. 정사면체의 결합각은 원래 109°이지만 물 분자의 결합각은 비공유전자쌍의 상호작용에 의한 반발력 때문에 104.5°로 굽는다. 이와 같은 분자의 기하 구조를 설명하기 위해 이용되는 것이 **전자쌍 반발 모델**이다. 물 분자의 굽은 형 구조도 이 모델에서 파생된다.

물 분자의 굽은 형 구조는 물이 – 똑같이 3원자분자인 이산화탄소와는 대조적으로 – 쌍극자라는 전제에서 나온다. 쌍극자라는 특성 때문에 물은 유용하며 우리 삶에 필수적인 성질을 가진다.

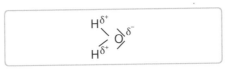

물 분자는 굽은 형 구조를 띠기 때문에 용매나 운송수단 그리고 건설재로 사용되며, 온도를 조절하는 성질도 지닌다. 또한 물이 높은 나뭇가지까지 전달될 수 있고, 호수의 바닥이 얼지 않으며, 눈송이의 구조가 독특하고, 표면장력을 지니며, 비교

적 높은 끓는점을 갖는 것도 바로 분자가 굽은 형 구조를 띠기 때문이다.

그래서 이 현상들을 설명하기 전에 물 분자의 굽은 형 구조 때문에 생기는 힘을 살펴보는 것이 중요하다.

'안intra' 없이는 '사이inter'도 없다: 물 분자의 굽은 형 구조는 분자들 사이의 밀접한 접촉을 가능하게 한다.

지금까지 가장 작은 화학 단위는 주로 원자였지만, 이제 시선을 더욱 큰 차원으로 돌려야 한다. 소금은 원자가 규칙적으로 배열되어 있어 독립된 분자로 존재하지 않는다. 하지만 분자로 존재하는 경우는 상황이 달라진다. O_2, N_2, H_2O 또는 CO_2 처럼 분자식으로 표현할 수 있는 것은 독립된 단위, 즉 분자 단위를 이룬다. 이에 반해 소금 결정은 크기와는 상관없이 비교적 큰 양의 기본 그룹(원자)들로 구성되어 있어 독립된 단위를 이루지 못한다. 대신 이온들의 인력이 사방으로 작용하기 때문에 소금의 각 기본 그룹은 소금 결정을 함께 이루고 있는 다른 많은 기본 그룹과 서로 결합해 있다.

2원자분자, 3원자분자 또는 다원자분자와 같이 독립된 단위를 이루고 있는 분자를 생각하면 분자 안에서는 어떤 일이 벌어지는지에 대한 의문이 생긴다. 예를 들면 다음과 같은 질문을 던질 수 있다. 분자 '사이'에서intermolecular 벌어지는 것은, 예를 들어 분자 간에 작용하는 힘은 분자 '안'에서intramolecular 분자를 구성하는 원자들 사이에서 작용하는 힘의 관계에 따라 결정된다. 앞에서 쌍극자가 되려면 물 분자 안에서 어떤 전제가 충족되어야 하는지를 배웠다. 즉, 물 분자 안에서 극성 공유결합이 이루어져야 하고, 비공유전자쌍과 수소 원자와 결합하는 공유전자쌍 사이에 반발력이 작용해야 한다. 이 때문에 분자 간 인력, 즉 **수소결합**이 이루어진다.

반대 전하는 서로 끌어당긴다. 이에 대해서는 이온결합을 다룰 때 이미 배웠다. 이러한 전하 원리는 '진짜' 전하(핵의 양성자에 대해 전자가 많거나 적을 때 생기는 전하)뿐만 아니라 쌍극자의 전하(서로 다른 전기음성도 값과 공유전자를 끌어당기는 원자의 힘으로 생기는 전하)에도 적용된다. 쌍극자의 전하는 '가짜' 전하라고 하지 않고 '부분 전하'라고 한다.

분자는 독립된 입자이다. 이제 물 분자 간 결합력에 대해 알아볼 차례이다. 물 분자 사이에 생긴 수소의 결합력(인력)은 다른 분자 간 결합력에 비해 상대적으로 강하다. 따라서 물 분자 사이에 생긴 수소결합의 강한 인력을 끊기 위해서는 많은 에너지가 필요하다. 결과적으로 끓는점과 어는점이 높아진다. 또한 같은 양의 에너지를 가할 때 다른 물질에 비해 온도가 쉽게 올라가지 않는다.

서로 다른 물 분자의 반대되는 부분 전하는 서로 끌어당긴다. 따라서 서로 다른 분자들 사이에는 **분자 간 인력**이 작용한다.

한 물 분자의 (−)부분 전하를 띤 산소 원자는 다른 물 분자의 (+)부분 전하를 띤 수소 원자를 끌어당긴다. 따라서 수소 원자는 바로 옆에 있는 물 분자와 결합한다. 이러한 결합을 '수소결합'이라고 한다. 여기에서 유의해야 할 점은 수소 분자를 구성하는 원자들 사이의 결합이 아니라 분자들 사이의 결합이라는 것이다. 즉, 수소결합은 분자 내에서 일어나는 원자 간의 화학결합이 아니라 분자 사이에서 일어나는 인력으로, 화학결합과는 다르며 다른 '분자 간 인력'보다 훨씬 강해 '수소결합'이라고 부를 뿐이다. 하지만 원자 간 결합보다는 약하여 열과 같은 외적 요인으로도 쉽게 분리될 수 있다.

여러 물 분자의 부분 전하 사이에서 작용하는 인력의 강도와 상호 간의 결합력은 이온결합의 양이온과 음이온 사이에서 작용하는 전하 인력보다 크지 않다. 그럼에도 부분 전하들의 인력은 상당한 강도를 나타낸다.

일상생활에서 볼 수 있는 수소결합의 예들에 대해서는 나중에 자세히 소개하고 여기서는 물과 관련된 예만을 소개하겠다.

하늘에서 떨어지는 눈송이는 구조가 독특하다. 눈송이는 모두 같은 성분인 물 분자로 구성되지만, 이 물 분자들은 수소결합을 할 때 상호 간에 인력이 작용해 규칙적인 구조로 배열된다. 이러한 규칙적인 구조는 온도가 내려가면 얼어붙는다. 이때 생기는 기하학적 구조는 – 클러스터^{Cluster}(다발) – 단위를 형성하고, 이 클러스터는 다시 '확산하여' 다른 클러스터와 결합해 보다 큰 클러스터를 형성한다. 따라서 눈송이는 각각 자신만의 독특한

눈 연구가 윌슨 벤틀리가 촬영한 눈송이.

'지문'을 나타낸다. 이러한 클러스터 구조는 물 분자가 얼 때 발생하는 수소결합으로 유발된다.

어는 현상에 대해 잠깐 알아보기로 하자. 얼음은 물보다 밀도가 작기 때문에 물 위에 뜬다. 앞에서 말한 클러스터 형성 과정을 여기서도 볼 수 있다. 클러스터가 형성될 때, 물 분자는 수소결합을 하면서 얼어 고체 격자 구조를 만든다. 따라서 물 분자는 부피가 커진다(냉동실에 뚜껑을 닫은 채 넣어둔 물병이 터지는 것은 바로 이 때문이다). 그런데 질량이 같을 때 부피가 커지면 밀도는 작아진다. 거의 모든 물질은 얼 때 수축한다. 물질을 구성하는 분자들이 응집하므로 부피가 작아지기 때문이다.

하지만 물은 이러한 '규칙'에 따르지 않는다. 대부분 액체는 고체가 되면 부피가 줄어들지만, 물은 액체에서 고체가 될 때 오히려 부피가 늘어난다. 이 때문에 '**물의 비정상성**'이라는 말을 하기도 한다.

바다 위를 떠다니는 빙하 조각.

얼음은 밀도가 작으므로 호수의 물은 항상 위에서부터 언다. 물 분자의 밀도가 가장 클 때는 4℃이다. 이는 다른 물질과 비교해볼 때 정상이 아니며, 앞에서 말한 물의 비정상성의 한 요소이다. 따라서 4℃의 차가운 물은 호수에서 항상 아래로 가라앉으며 - 호수의 깊이가 충분하다면 - 바로 이 때문에 호수는 얼지 않는다. 이는 호수에 사는 유기체들에게 아주 중요한 의미를 지닌다.

물 분자를 위로 들어 올리면 수소결합 때문에 물 분자는 서로 떼어놓을 수 없을 정도로 엉겨 붙는다. **모세관현상**(응집력)도 이런 방식으로 설명할 수 있다. 예를 들어 물을 담은 용기에 가느다란 유리관을 꽂아두면 물은 이 얇은 관(모세관)을 타고 올라가 용기의 물보다 높이가 높아진다.

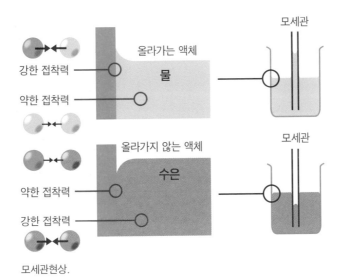

올라가는 액체

모세관

강한 접착력

물

약한 접착력

올라가지 않는 액체

모세관

약한 접착력

수은

강한 접착력

모세관현상.

이런 가느다란 관들을 나란히 세우면 – 상상력을 동원해보자! – 나무줄기의 역할을 한다. 각각의 관은 뿌리에서 나뭇잎까지 물을 운반하는 관과 같다. 물 분자들은 일정한 화학 작용으로 압력을 받아 뿌리에서 이 관을 통해 올라간다. 특히 여름에는 나뭇잎의 표면을 통해 물이 기화하

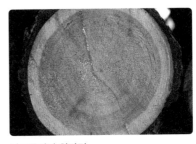

나무줄기의 횡단면.

므로 관 내부의 물기둥으로 물이 빨려 올라간다. 만약 수소결합이 없다면 물은 하중 때문에 이 물기둥을 통해서 계속 상승하지 못할 것이다.

물이 방울을 형성하는 이유는 무엇일까? 너무도 자명한 이 사실을 현상 그 자체만을 놓고 본다면 이해하기가 쉽지 않다. 수소결합과 이 수소결합 때문에 생기는 물의 **표면장력**을 모른다면 말이다.

아래로 떨어지는 물방울은 전형적인 형태를 띤다. 이는 기체 역학적으로 가장 유리한 형태이다. 물방울은 개개의 부분, 즉 물 분자로 나뉘지 않고 물방울의 내부에 있는 물 분자들이 수소결합으로 결속되어 바깥에 있는 물 분자들이 내부에 있는 물 분자에 의해 안쪽으로 끌어당겨져 외부와 구분된 물방울을 형성한다. 아래쪽으로 끌어내리는 중력과 반

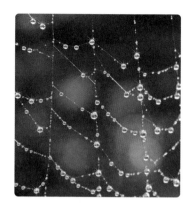

대 방향에서 불어오는 공기 때문에 물방울 모양이 되는 것이다.

뜨거운 전기레인지의 열판에 떨어진 물방울은 작은 구슬 모양을 이루다가 점점 작아진다. 아래쪽의 물 분자는 열판과 직접 접촉해 증발한다. 물방울이 열판에서 이리저리 움직이다가 수증기를 형성하는 것이다. 물방울에 남아 있는 물 분자들은 서로 끌어당긴다. 물 내부에 있는 분자들에는 상하좌우로 골고루 인력이 작용하지만, 물 표면에 있는 분자들에는 바깥쪽으로 당기는 힘이 없고 안쪽으로만 인력이 작용한다. 따라서 물 표면에 있는 분자들은 안쪽으로 끌려 들어가려는 힘만 받아 물 내부를 향해 오므라든다. 이 때문에 물은 둥근 방울 모양을 띠게 된다. 액체가 자신의 표면적을 최소화하려는 성질인 표면장력은 바로 이러한 현상 때문에 생긴다. 또한 표면을 가장 작게 하고 부피는 가장 크게 하는 형태가 바로 구 형태이다. 이 현상은 전기레인지의 열판뿐만 아니라 래커^{lacquer} 칠을 한 자동차의 차체에서도 관찰할 수 있다.

다음과 같은 실험을 해보자. 먼저 유리잔에 물을 가득 채운다. 그러면 면도칼이나 사무용 클립을 물 위에 띄울 수 있는데, 이는 표면장력의 전형적인 예이다. 2차원적인 물 표면에 있는 물 분자가 안쪽으로 끌려들어가면 공기와 물

사이의 경계선에는 얇은 막이라기보다는 딱딱한 표면 정도로 느낄 수 있는 막이 생긴다. 앞에서 (마이크로세계로의 여행: 입자 모형으로 본 고체, 액체, 기체를 다룰 때) 물은 콘크리트 벽처럼 단단한 것은 아니지만, 물에 잘못 들어갔다가는 큰 코다칠 수 있다고 말한 바 있다. 이런 일이 생기는 것은 바로 표면장력 때문이다.

자연에서는 표면장력을 이용하는 생물이 많다. 이러한 생물의 예로 소금쟁이나 물 표면에 잎을 펼치는 수생식물들 그리고 물 위를 걸어 다닐 수 있는 바실리스크도마뱀과 아프리칸자카나 등을 들 수 있다.

소금쟁이.

하지만 표면장력이 장애요소가 되는 일도 있다. 물의 표면장력은 세탁 효과를 약화시키므로 비누나 세제는 세탁 효과를 높이기 위해 표면장력을 감소시킨다. 이에 대해서는 나중에 다시 다룰 것이다.

멕시코 만 난류.

물 분자의 굽은 형 구조와 수소결합 때문에 생기는 현상 중에서 마지막으로 들 수 있는 것이 물의 특수한 잠열 능력이다. 물은 많은 열을 받아들였다가 다시 천천히 내놓는다. 멕시코 만 난류의 가열 효과와 땀의 형태로 나타나는 물의 냉각 효과도 물의 **잠열 능력**이 원인이다.

소금은 **용매인 물**에 녹는다. 하지만 사라지는 것이 아니다. 이는 맛을 보면 알 수 있다. 소금이 물에 녹으면 소금 입자는 눈에 보이지 않지만 맛으로 나타난다.

수화 과정에서 소금 결정의 양이온과 음이온은 수화물 껍질의 형태를 띠는 물 분자에 둘러싸여 용해된다.

소금 결정이 물에 녹는 것은 정확하게 관찰하면 화학반응이다. 물 분자는 쌍극자로서 소금결정의 이온들을 녹일 수 있다. 이때 물 분자는 (+)부분 극성을 띤 쪽(수소 원자)이 소금의 (−)전하를 띤 음이온 주위를 둘러싼다. 그

리고 물 분자의 (−)부분 극성을 띤 산소 원자는 소금의 (+)전하를 띤 양이온 주위를 둘러싼다. 여기서도 이온결합의 원리가 적용된다. 즉, 반대 전하는 서로 끌어당긴다.

물 분자가 음이온과 양이온을 둘러싸는 것을 '**수화**'라고 하고, 이 과정이 바로 용해다. 물 분자들이 이온을 둘러싸면서 형성하는 공 모양의 덩어리를 '**미셀**^{micelle}'이라고 하며 이 안에서는 분자와 이온 사이의 인력이 작용한다.

앞에서 배운 것을 다시 한 번 정리해보자. 이온의 전하는 '진짜' 전하(핵의 양성자에 대해 전자가 많거나 적을 때 생기는 전하)이고, 물 분자의 전하는 부분 전하이다. 이런 특성은 수소 원자와 산소 원자의 전기음성도가 서로 다르고 물 분자의 굽은 형 구조 때문에 생긴다.

VII

산: 웃어도 된다

'산은 웃게 한다!'는 독일 속담은 화학적인 의미에서는 신맛을 내는 성질을 지닌 다양한 물질들 때문에 생겼다. 이 물질들은 산을 함유하고 있다. 이는 안전상 아무런 문제가 없도록 부엌에서만 직접 시험해볼 수 있다.

식초.

부엌에서 손쉽게 접할 수 있는 식초에는 식초산이 들어 있고, 레몬에는 레몬산이 들어 있으며, 광천수에는 탄산이 들어 있다.

광천수. 레몬.

시선의 폭을 넓혀 부엌을 벗어나도 또 다른 산들을 접할 수 있다. 은행은 너무 많이 먹으면 안 되는데, 시안화수소산^{HCN}이 들어 있기 때문이다. 의사로부터 요산 지수가 너무 높으면 안 된다는 말을 들어본 적이 있을 것이다. 오래된 버터에서는 고약한 냄새가 나는데, 이 냄새는 버터산 때문에 생긴다. 비타민 C도 화학명으로는 '아스코르브산'이라고도 하는 일종의 산이다. 마트에는 안식향산으로 방부 처리된 식품이 많다. 요구르트에는 우선성右旋性(물질에 직선 편광을 쪼이면 그 편광면이 오른쪽으로 도는 성질) 유산이 들어 있다(그런데 우선성을 띤다고 해서 유산 분자가 요구르트 안에서 원을 그리며 오른쪽으로 도는 것은 아니다. 이에 대해서는 나중에 다시 설명할 것이다).

요구르트.   호두.   버터.

우리 몸의 거의 모든 세포에는 DNA가 들어 있는데, 이 DNA는 디옥시리보핵산$^{deoxyribonucleic\ acid}$이다. 필수지방산이 들어 있는 식품이라고 선전하는 광고도 흔히 볼 수 있다. 아세틸살리실산은 두통을 없애는 데 도움이 된다. 개미는 개미산으로 적을 물리친다. 또한 '**산성비**'라는 말도 언론에 자주 오르내린다.

이처럼 산을 함유한 다양하기 이를 데 없는 물질들 이외에도 학교에서 배우는 산의 종류도 많다. 염산이나 황산은 한 번쯤 이름을 들어보았을 것이고 질산이나 인산도 생소하지 않을 것이다.

이제 이처럼 다양한 산의 종류를 체계적으로 살펴볼 차례이다.

산의 성질

신맛 – 식품에 들어 있는 산만 맛을 볼 수 있다! – 이외에 대표적인 산의 성질이 바로 부식 작용이다.

> 산은 대개 신맛이 난다. 이 성질과 함께 산의 부식 작용도 잘 알려져 있다. 부식이란 생물의 조직이나 표면을 공격하는 것을 뜻한다. 산은 고체, 액체, 기체의 형태를 띨 수 있다. 일반적으로 산이라고 할 때는 대개 액체 형태의 산 수용액을 가리킨다. 산은 식물의 색소에서 색의 변화를 유발한다.

산은 일반적으로 부정적인 이미지를 가지고 있는데 이 장에서는 산의 성질을 살펴봄으로써 산의 다양한 면모를 배우고, 산의 이미지도 개선해 나갈 것이다.

또 다른 주고받기: 전자가 하는 주고받기는 양성자의 경우에도 적용된다!

앞에서 '끊임없이 지속되는 주고받기'라는 제목으로 염을 형성하는 결합반응에서 전자의 역할을 배웠다. 즉, 소금을 만드는 반응(소듐과 염소의 반응)에서 금속은 전자를 내주는 전자주개가 되고, 비금속은 전자를 받는 전자받개가 된다.

산의 경우에도 '주기 – 받기 원칙'이 적용된다.

산은 화학반응에서 양성자를 주는 이온이나 분자이다(양성자주개). 염기는 화학반응에서 양성자를 받는 이온이나 분자이다(양성자받개).

산과 염기에는 전하를 띠는 이온이 있는데, 이 이온은 산과 염기의 전기전도 능력을 결정한다.

산이 물과 반응할 때는 히드로늄이온이 생기고, 염기가 물과 반응할 때는 수산화이온이 생긴다. 히드로늄이온은 산 이온이고, 수산화이온은 염기 이온이다. 물은 양쪽성 물질(산으로도 염기로도 작용할 수 있는 물질)로서 양성자를 받거나 줄 수 있다.

이 원칙은 상대적으로 간단하게 산과 염기에 적용할 수 있다. 전자의 경우 전자를 받지 않고 전자를 줄 수는 없다(산화 없이는 환원도 없다!) 이는 산과 염기에서도 확인할 수 있다. 양성자를 받지 않고 양성자를 주는 일은 없다! 그러니 여러분은 안도의 한숨을 쉬면서 기뻐해도 된다. 복잡하고 어렵기 짝이 없는 화학이지만, 다행히도 이와 관련해 새로운 개념이 만들어지지 않았다. 산화와 환원처럼 양성자 전달의 방향을 나타내는 새로운 개념 쌍을 기억할 필요가 없는 것이다!

물론 양성자를 다룰 때는 소립자의 차원에 있기는 하다. 하지만 산과 염기의 반응에서 다루는 양성자는 항상 수소 양이온(다시 말해, 최외각전자가 없는 수소 원자)을 뜻한다. 게다가 산과 염기는 대개 수용액에서 반응한다. 따라서 산은 대부분 산 수용액이다. 산 수용액과 염기 수용액에는 이온이 들어 있다. 이온은 물이 있을 때 이동하며, 물을 통해 양성자를 주고받을 수 있다. 이 때문에 산과 염기의 반응을 일반적으로 '**양성자전달반응**'이라고 한다(물론 덴마크의 화학자 브뢴스테드[1879~1947]가 밝혔듯이 산과 염기의 반응은 수용액에만 국한되는 것은 아니다).

하지만 용매인 물은 양성자전달반응에서 단순한 용매 이상의 역할을 한다. 물은 수소이온과 다른 이온들을 용해할 뿐만 아니라 그 자체로서 반응 파트너가 되기도 한다.

이를 고전적인 예로 설명하면 다음과 같다.

염화수소(HCl)는 수소 원자 1개와 염소 원자 1개로 구성되는 기체이다. 이 두 원자는 비금속 원자이기 때문에 단일결합을 한다. 염소 원자는 공유전자쌍 이외에도 3개의 비공유전자쌍을 지닌다. 그런데 염소 원자의 전기음성도는 수소 원자의 전기음성도보다 훨씬 더 크다. 따라서 염소 원자는 전형적인 극성 공유결합을 하고 쌍극자를 띤다. 왜냐하면 염소 원자는 부분 (−)전하를 띠고 수소 원자는 부분 (+)전하를 띠기 때문이다.

물에는 엄청나게 많은 양의 염화수소(정확하게는 1L의 물에 525L의 염화수소)를 넣고 용해할 수 있다. 이것이 염산인데, 이는 특정한 색소를 이용해 입증할 수 있다.

이 과정에서 양성자전달반응이 일어난다. 염화수소 분자가 각각의 수소이온(=양성자)을 물 분자에 전달한다. 이러한 전달이 가능한 이유는 물 분자에 있는 산소 원자가 2개의 비공유전자쌍을 가지고 있어 이 비공유전자쌍이 양성자를 받아들일 수 있기 때문이다. 이로써 이미 말한 대로 물은 용매일 뿐만 아니라 반응 파트너라는 점을 알 수 있다. 그런데 브뢴스테드에 따르면 염화수소는 전자주개이고 물은 전자받개이다.

염화수소 분자   물 분자   염화이온   옥소늄이온

물 분자는 양성자를 받으므로 염기이고, 염화수소는 양성자를 주므로 산이다. 이렇게 해서 새롭게 생성된 H_3O^+ 입자는 '**히드로늄이온**'이라고 한다.

옥소늄이온과 히드로늄이온은 혼동하기 쉽기 때문에 이 두 이온의 차이점을 명확히 파악해야 한다. 수소이온은 수용액에서 홀로 존재하지 않고 물 분자들과 결합하여 수화된 이온이 되는데 이것을 모두 '**옥소늄이온**'이라 하고, 그중 단 하나의 물 분자와 결합한 것을 따로 히드로늄이온이라고 부른다. 단, 이 책에서는 히드로늄이온의 범위로 한정할 것이다.

앞에서 우리는 염 생성 반응에서 1원자의 비금속 음이온과 금속 양이온에 대해 배웠다. 그런데 히드로늄이온은 새로운 형태의 이온이다. 히드로늄이온은 4원자분자이자 전하를 띤 분자이다. 히드로늄이온은 분자를 괄호로 묶고 이 괄호의 오른쪽 상단에 전하 표시를 한다. 따라서 분자는 전체 단위의 전하를 얻는다. 또 전하는 전하를 띤 분자 안에서 특정한 원자에 할당된다. 히드로늄이온의 경우에는 산소 원자가 (+)전하를 띠게 된다. 즉, 분자를 묶는 괄호가 없어지고 산소 원자가 (+)전하를 띤다.

그런데 히드로늄이온에서 산소 원자가 (+)전하를 띠는 것은 어떻게 이해해야 할까? 머릿속으로 생각하기에는 공유전자쌍이 산소 원자와 3개의 수소 원자의 중앙에서 나누어진다. 원자는 각각 결합할 때 주어지는 1개의 전자를 받는다. 따라서 수소 원자는 주기율표에서 자신과 같은 족에 속하는 원자들과 같은 상태가 된다. 즉, 모두 1개의 최외각전자를 지니고 전기적으로 중성을 띤다. 하지만 산소 원자의 경우는 이와 다르다. 3개의 단일결합에서 나오는 3개의 전자와 2개의 자유전자를 합치면 5개의 전자만 존재한다. 이는 주기율표와 일치하지 않는다. 주기율표에 따르면 산소는 6개의 최외각전자를 지녀야 하기 때문이다. 따라서 산소 원자에는 1개의 전자가 부족하다. 바로 이 때문에 산소 원자는 (+)전하를 띠는 것이다.

이 계산을 양성자 전달에도 적용할 수 있다. 중성인 물 분자는 (+)전하를 띤 양성자를 얻어 (+)전하를 띤다. 중성인 염화수소 분자가 양성자를 주기 때문이다. 이때 수소 원자가 결합할 때 가지고 온 단일결합에서 나오는 공유전자는 염소 원자에 그대로 남는다. 이 때문에 염소 원자는 전자가 1개 많아져 −1가의 전하를 띤다. 이렇게 해서 −1가의 염화이온이 생긴다.

이제 다시 몇 가지 전문 개념을 도입할 차례가 되었다. 산(여기서는 염화수소)이 양성자를 준 후에는 염화이온이 남는다. 이는 염화수소의 '**구경꾼이온**(반응에 참여하지 않은 이온)'이다. 염화수소[HCl(g)]의 수용액은 '**염산**[HCl(aq)]'이라고도 한다. 따라서 왜 염산이라는 이름이 붙었는지가 명확해진다. 이전의 염산은 염, 즉 소금으로 만들었기 때문이다.

이러한 예에서 화학식이나 원소 기호 뒤에 붙는 표시가 얼마나 중요한지를 알 수 있다. 앞에서 aq는 물을 뜻하는 그리스어 aqua의 약자로 '수용액'을 가리킨다고 했다. 염화수소 수용액은 산 수용액이지만, 화합물 염화수소는 기체이다. 따라서 HCl(g)의 g는 기체(기체 상태를 뜻하는 영어 gaseous의 약자)임을 나타낸 것이다. 고체는 s(고체를 뜻하는 solid의 약자)로, 액체는 l(액체를 뜻하는 liquid의 약자)로 표시한다. 산의 수소는 금속 양이온으로 대체할 수 있다. 염화수소에서 수소 원자를 소듐이온으로 대체하면 염화소듐이 된다. 어떤 화학반응을 통해 이렇게 되는지는 나중에 배울 것이다.

염화수소가 물에 녹듯이 암모니아도 물에 녹는다. 암모니아(NH 는 고약한 냄새가 나는 유독성 기체로, 1L의 물에 자그마치 700L 이상의 암모니아가 녹는다! 암모니아는 다음과 같이 물과 반응한다.

물 분자   암모니아 분자   수산화이온   암모니아이온이 고전적인 반응에서 양성자를 받는 암모니아의 역할이 명확히 드러난다. 질소의 비공유전자쌍이 양성자와 결합한다. 암모니아는 염기이기 때문에 이 반응에서 암모니아이온이 생긴다[암모니아이온은 NH_4^+이다. 질소 원자는 (+)전하를 띤다. 단일결합에서 나오는 전자 수와 참여한 원자의 전자 수를 계산하면 질소 원자는 4개의 전자만 갖지만, 주기율표에서는 15족에 속한다]. 하지만 이보다 더 흥미로운 것은 물의 역할이다. 물은 염화수소와 반응할 때는 양성자받개(즉, 염기)였지만, 여기서는 양성자주개(즉, 산)로 작용한다! 따라서 물은 반응 파트너에 따라 양성자를 받기도 하고 주기도 한다. 이 때문에 물을 '**양쪽성 물질**'이라고 한다. 산이나 염기 양쪽에 작용할 수 있는 물질로서 양성자를 받거나 줄 수 있는 만큼 물이 양성자를 내주고 만들어진 입자를 '**수산화이온**'이라고 한다.

화학의 피와 살: 산의 이미지 개선

앞에서 우리는 '유기화학'과 '무기화학'으로 구분하는 것에 대해 배웠다. 이미 언급한 염산은 고전적인 산으로서 무기화학에 속한다. 산도 크게 무기산과 유기산으로 나눌 수 있는데 여기서도 구분하는 기준은 산을 구성하는 원소이다. 이제 산의 이미지를 개선할 차례이다. 고전적인 산이 오늘날에도 명맥을 유지하고 있는 이유는 무엇일까?

염산(HCl)

염산은 위에서 소화를 돕는 기능을 함으로써 생물학적으로 매우 중요한 역할을 한다. 특히 위에서 단백질의 소화를 돕고 음식물과 함께 소화기관으로 들어온 병원균을 죽이는 기능도 한다. 보통 염산은 위벽이 점막으로 보호되기 때문에 주로 위에 들어온 음식물에 작용하지만 - 편식이나 잘못된 영양섭취 때문에 – 식도의 내벽에 해를 입히기도 한다. 이 때문에 위통이 생긴다. 위통을 불러일으키는 것은 위 입구 근육의 폐색증이 원인일 수도 있지만 과자류나 백포도주, 지방질과 같은 음식을 지나치게 많이 섭취하는 것도 위액을 식도로 역류시켜 통증을 유발할 수 있다.

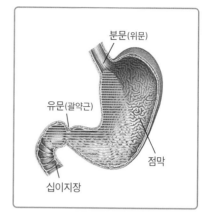

위.

염산은 염화수소가 물에 녹은 것이다.

$$HCl_{(g)} + H_2O_{(l)} \rightarrow Cl^-_{(aq)} + H_3O^+_{(aq)}$$

염산의 구경꾼이온은 염화이온이다.

순도 25%의 염산.

독일에서는 염산이 1년에 거의 230만 톤이나 생산되며, 가장 많이 사용되는 무기화학 제품 중의 하나이다. 염산은 특히 금속광석을 용해해 금속을 얻을 때 사용된다.

질산(HNO₃)

질산은 염산과 마찬가지로 1양성자 산에 속한다. 즉, 질산 분자당 1개의 양성자만을 줄 수 있다.

질산은 히드로늄이온을 형성하면서 물과 반응한다.

$$HNO_{3(l)} + H_2O_{(l)} \longrightarrow NO_3^-{}_{(aq)} + H_3O^+{}_{(aq)}$$

질산의 구경꾼이온은 질산이온이다.

질산이온의 상대 이온으로는 포타슘(K^+)과 칼슘(Ca^{2+}) 같은 정상적인 금속 양이온 이외에 암모니아이온(NH_4^+)도 있다. 이 이온들과 결합하면 질산포타슘, 질산칼슘, 질산암모늄 등과 같은 질산염이 생긴다. 질산포타슘은 앞에서 성냥개비의 머리에 들어가는 화합물을 설명할 때 언급했듯 성냥개비를 마찰 면에 그을 때 불이 붙도록 산소를 공급하는 역할을 한다. 따라서 질산포타슘이 – 탄소, 황과 함께 – **화약**의 주성분이 된다는 것은 절대 놀라운 일이 아니다.

질소는 식물의 성장을 돕는데, 주로 질산염과 암모늄의 형태로 물에 용해되어 식물에 이용된다. 질산은 질산칼슘과 질산암모늄을 생산하는 비료산업의 재료이다. 독일에서는 매년 26억 유로 상당의 비료와 질소화합물이 생산되고 있다.

질산은 은과 금을 분리할 때 이용되기도 한다. 질산을 이용하면 은은 녹고 금만 남아 은과 금이 분리된다. 농도가 진한 질산과 염산을 1 : 3의 비율로 혼합한 산은 모든 것을 녹인다고 하여 '왕수'라고 한다. 왕수는 금도 녹일 수 있어금 세공사들은 왕수를 시약으로 써서 보석의 금 함유량을 계산한다. 금 함유량을 측정할 때

는 우선 대상 보석을 연마석에 문지른다. 그런 다음 금의 순도에 따라 농도를 조절한 시약을 마모 면에 칠한다. 이렇게 하면 마모 면이 녹는 것을 보고 금의 순도를 정할 수 있다.

또는 반대로도 가능하다. 즉, 마모 면이 녹지 않을 때는 이 순도에 맞춘 시약으로는 금을 녹일 수 없다는 것을 의미한다. 따라서 금의 순도를 알 수 있게 된다. 근래에는 일반인들도 이용할 수 있는 시약이 나왔다. 간편한 펜 형태로 된 이 시약으로도 금의 순도를 알 수 있지만 금 세공사가 더 정확할 것이다.

유기화학 중 유기화합물의 **니트로화반응**에서는 질산을 빼놓고 생각할 수 없다. 질산의 작용으로 탄화수소화합물과 결합하여 **니트로화합물**을 생성한다. 이렇게 글리세린(알코올)이 질산과 반응한다. **니트로글리세린**도 이 반응으로 만든 것으로, 움직임에 민감해 약간의 충격만 가해도 폭발성을 나타낸다.

알프레드 노벨[1833~1896]은 1867년에 니트로글리세린을 규조토에 섞어 다이너마이트를 만들었다. 규조토는 선사 시대에 민물과 바닷물에서 죽어 퇴적된 규조과 식물의 잔해에 점토, 화산재, 기타 유기물이 섞인 것으로 섬세하며 다공성을 띤다. **다이너마이트**는 쉽게 다룰 수 있으며 운반하기도 편리하다.

알프레드 노벨.

다른 유기화합물(벤젠에서 파생된 톨루엔)에 질산을 반응시켜 또 다른 폭발물인 트리니트로톨루엔, 즉 **TNT**를 만들 수 있다. 물론 질산을 이용해 색소나 약품으로 사용할 수 있는, 위험도가 약하고 유용한 화합물도 만들 수 있다.

황산(H_2SO_4)

황산은 독일에서만 연간 약 5백만 t이 생산되고, 전 세계적으로는 연간 1억 5천만 t이 생산되어 무기화학제품 중 생산량 1위를 차지한다. 황산은 화학산업 전반의 기초가 되어 '**화학의 살**' 또는 '**화학의 피**'라고도 하는데, 이러한 명칭에서도 황산이 반응 파트너 또는 여러 가지 반응의 보조제로서 얼마나 중요한 역할을 하는지 알 수 있다. 오랫동안 황산 생산량은 그 나라의 기술발전의 척도로 통할 정도였다. 황산 없이는 세제나 의약품 그리고 섬유산업에 많이 쓰이는 색소 등의 생산이 불가능하거나 다른 방법을 이용할 수밖에 없어 비용이 상당히 많이 든다.

질산과 결합해 니트로화물을 만드는 것과 납축전지의 전해질로 쓰이는 황산의 중요성에 대해서는 이미 앞에서 설명했다. 하지만 황산은 혼자서도, 다시 말해 질산 없이도 유기화합물을 변화시킬 수 있다. 유기화합물에 술폰산기를 도입해 술폰산을 합성하는 반응을 '**술폰화**'라고 한다.

황산은 물과 결합해 히드로늄이온을 형성할 때 다음과 같은 두 가지 반응을 한다.

$$H_2SO_{4(l)} + H_2O_{(l)} \longrightarrow H_2SO_4^-{}_{(aq)} + H_3O^+{}_{(aq)}$$
$$HSO_4^-{}_{(aq)} + H_2O_{(l)} \longrightarrow SO_4^{2-}{}_{(aq)} + H_3O^+{}_{(aq)}$$

황산은 양성자가 2개인 산이다. 황산의 구경꾼이온은 황산수소이온(HSO_4^-)과 황산이온(SO_4^{3-})이다.

황산염(예: 황산암모늄)은 비료산업에서 매우 중요하다. 황산암모늄은 제지산업에서 보조제로 쓰이고, 폐수 정화처리용으로도 쓰인다. 황산바륨은 색소로

쓰인다.

인산(H_3PO_4)

인산은 비료를 생산할 때 쓰이며, 이때는 황산
이 첨가된다. 인산염 비료를 생산할 때는 황산을
이용해 천연 인회석을 녹인다. 이렇게 하면 인산
수소칼슘과 황산칼슘의 혼합물이 생긴다.

인회석.

이전에 인산염은 세제의 연화제

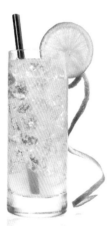

로 쓰였고, 인산은 화장실 변기의 석회와 요석을 제거하는
용도로 쓰였다. 하지만 이 둘은 배수를 오염시키는 결과
를 초래해 오늘날에는 더 이상 사용되지 않는다.

인산이 전자산업에서 부식제로서 백금을 부식시키거나
녹을 없애는 용도로 사용되고 있는 것은 거의 알려져 있지
않다. 하지만 산화제로서 청량음료의 발효제로 사용되
는 것은 널리 알려져 있다. 청량음료를 마실 때 간질간
질함을 느끼는 것은 탄산의 작용 때문이기도 하지만, 목
의 점막이 국부적으로 부식되기 때문이다! 인산은

소화를 촉진하지만, 너무 많은 양을 섭취하면 - 염산의 경우와 마찬가지로
- 위통이 생긴다. 소화를 촉진하는 효과는 간단한 실험으로 증명할 수 있다.
콜라를 따른 잔에 고기 한 점을 넣어보라. 우리 몸안에서 고기가 어떻게 소화
되는지를 직접 보게 될 것이다.

인산은 물과 결합해 히드로늄이온을 형성할 때 다음과 같은 세 가지 반응을
한다.

$$H_3PO_{4(l)} + H_2O_{(l)} \longrightarrow H_2PO_4^-{}_{(aq)} + H_3O^+{}_{(aq)}$$
$$H_2PO_4^-{}_{(aq)} + H_2O_{(l)} \longrightarrow HPO_4^{2-}{}_{(aq)} + H_3O^+{}_{(aq)}$$
$$HPO_4^{2-}{}_{(aq)} + H_2O_{(l)} \longrightarrow PO_4^{3-}{}_{(aq)} + H_3O^+{}_{(aq)}$$

인산은 양성자가 3개인 산이다. 인산의 구경꾼이온은 인산이수소이온
($H_2PO_4^-$), 인산수소이온(HPO_4^{2-}), 인산이온(PO_4^{3-})이다.

몇 가지 무기산의 구조와 구경꾼이온

160쪽의 표는 지금까지 설명한 산과 구경꾼이온의 구조를 나타낸다. 산들
의 구조는 매우 비슷하다. 중심 원자는 14족과 15족 또는 16족의 원자이다.
산의 이름은 주로 원자에서 유래한다. 인산은 인 원자, 황산은 황 원자, 질산
은 질소 원자, 탄산은 탄소 원자에서 유래한다(이에 대해서는 나중에 다시 설명할
것이다).

이러한 중심 원자에 결합하는 산소 원자의 수는 단일결합 또는 이중결합에
의한 중심 원자의 '결합력'에 따라 달라진다. 특이한 점은 수소 원자가 산소
원자를 통해 중심 원자와 결합한다는 것이다. 이 수소 원자는 이후에 양성자
로 방출된다. 그런데 염산은 예외이다. 이는 염산은 산소 원자가 없고 2개의
원자로만 이루어지기 때문이다.

수소 원자를 동반하지 않는 산소 원자는 중심 원자와 이중결합을 한다.

산의 이름	화학식	구조	구경꾼이온의 화학식	구경꾼이온의 이름	구조
인산	H_3PO_4	H–O̅–P(=O)–O̅–H, 아래 –O̅–H	$H_2PO_4^-$	인산이수소	⊖O̅–P(=O)–O̅–H, 아래 –O̅–H
인산이수소이온	$H_2PO_4^-$	⊖O̅–P(=O)–O̅–H, 아래 –O̅–H	HPO_4^{2-}	인산수소	⊖O̅–P(=O)–O̅⊖, 아래 –O̅–H
인산수소이온	HPO_4^{2-}	⊖O̅–P(=O)–O̅⊖, 아래 –O̅–H	PO_4^{3-}	인산	⊖O̅–P(=O)–O̅⊖, 아래 –O̅⊖
황산	H_2SO_4	H–O̅–S(=O)(=O)–O̅–H	HSO_4^-	황산수소	⊖O̅–S(=O)(=O)–O̅–H
황산수소이온	HSO_4^-	⊖O̅–S(=O)(=O)–O̅–H	SO_4^{2-}	황산	⊖O̅–S(=O)(=O)–O̅⊖
질산	HNO_3	H–O̅–N(=O)–O̅	NO_3^-	질산	⊖O̅–N(=O)–O̅
탄산	H_2CO_3	H–O̅–C(=O)–O̅–H	HCO_3^-	탄산수소	H–O̅–C(=O)–O̅⊖
탄산수소이온	HCO_3^-	H–O̅–C(=O)–O̅⊖	CO_3^{2-}	탄산	⊖O̅–C(=O)–O̅⊖
염산	HCl	H–C̅l	Cl^-	염소	C̅l⊖
암모늄이온	NH_4^+	H–N(–H)(–H)–H⊕	NH_3	암모니아	H–N(–H)–H
물	H_2O	H–O̅–H	OH^-	수산화이온	⊖O̅–H
옥소늄이온	H_3O^+	H–O̅–H, 아래 H⊕	H_2O	물	H–O̅–H

양성자가 방출되면 이 (−)전하는 우선 양성자와 결합하는 산소 원자에 붙는다. 그리고 산소 원자에는 이전에 양성자와 공유전자를 이룬 전자들을 내준다.

산소 원자와 수소 원자의 결합은 모두 극성 공유결합이다. 그 이유는 산소 원자는 수소 원자보다 전기음성도가 크기 때문이다. 따라서 이 결합에서는 − 물론 적합한 반응 파트너(예: 물)가 있다는 전제하에서 − 양성자주기가 예정되어 있다. 마찬가지로 이 반응 파트너는 다음과 같은 전제를 충족해야 한다. 즉, 반응 파트너가 양성자에게 다시 결합할 여지를 주기 위해서는 적어도 하나의 비공유전자쌍을 지녀야 한다. 이는 전하적으로 중성을 잃게 되는 결과를 초래한다. 하지만 이것은 모든 염기의 운명이다. 앞의 표에서 이런 성질을 띠는 대표주자는 암모니아인데, 양성자받기에 의해 암모늄이온을 형성한다.

앞 표의 마지막 두 줄에서 전해질인 물의 성질을 알 수 있다. 즉, 물은 양성자주기를 하는 극성 공유결합을 할 뿐만 아니라 양성자받기를 하는 비공유전자쌍도 지니고 있다.

구조적 전제가 유사한데도 산의 종류에 따라 강도의 차이가 있는 것은 − 이는 귀금속뿐만 아니라 귀금속이 아닌 금속의 경우에도 녹는 성질에서 나타난다 − 구조의 차이 때문이다. 유사한 구조로 된 원자들은 전기음성도가 다르기 때문에 서로 다른 극성 결합을 한다. 서로 다른 원자들 상호 간의 영향력으로 인해 양성자와 산 속에 결합된 채로 있는 원자 사이의 근접 지역에서 극성이 다르게 나타나는 것이다. 이 결합이 극성을 띨수록 양성자는 더욱 쉽게 분리되고 산은 더 강해진다.

그러나 구경꾼이온의 안정성도 산의 강도에 결정적인 영향을 미친다. 이는 질산이온에서 가장 잘 드러난다(−)전하는 3개의 산소 원자 중 특정한 한 원자에만 고정되지 않고, 3개의 산소 원자가 공유한다. 화학에서는 이를 '**공명 구조의 안정성**'이라고 한다. 다시 말해 구경꾼이온이 안정될수록 산은 더 강해진다.

지금까지 설명한 것은 유기산에도 적용된다. 유기산에서도 이런 효과가 미치는 영향력이 커질 수 있는데, 이때는 유기산이 무기산 정도의 강도를 지니게 된다.

어떤 구경꾼이온이라도 양이온과 결합하면 당연히 반응이 일어난다. 다음 장에서는 이런 전형적인 **염형성반응**에 대해 간단히 설명할 것이다.

산은 염을 형성한다: 염형성반응

> **전자전달에 의한 염형성반응**
>
> a) 금속$_{(s)}$＋비금속$_{(g 또는 l)}$ → 염$_{(s)}$ (예: 소듐＋염소 → 염화소듐)
>
> b) 금속$_{(s)}$＋산$_{(aq)}$ → 염$_{(s)}$＋수소$_{(g)}$ (예: 철＋황산 → 황산철＋수소)

염형성반응에 대해서는 앞에서 이미 설명했다. **전자전달반응**으로 금속은 전자를 내주어 양이온을 형성하고, 비금속은 전자를 얻어 음이온을 형성한다. 금속은 산화되고 비금속은 환원되는 것이다.

또 다른 염형성반응은 산이 금속(대부분 귀금속이 아닌 금속)에 작용할 때 생긴다. 질산이 은을 녹일 수 있고 왕수는 심지어 금도 녹일 수 있지만, 은이나 금보다 귀한 정도가 떨어지는 금속도 대부분 산에 녹는다. 이때는 항상 기체가 발생하는데, 이 기체는 산수소불꽃반응의 결과물인 수소이다. 또 다른 생성물은 - 대개 수용액의 물이 증발되면 드러나는 - 염이다.

위의 박스 글에서 예로 든 황산철의 형성 과정을 살펴보자. 황산철은 황산이 철에 작용할 때 생긴다. 우선 전하를 띠지 않은 철 원자가 산화된다. 금속의 용해는 Fe^{2+}이온을 수용액에 넣을 때 생긴다. 황산의 구경꾼이온인 황산 이온은 이 반응으로는 변화하지 않는다. 황산이온은 반응이 이루어지면 철 양 이온에 대해 $(-)$2가의 상대 이온을 형성한다. 이렇게 해서 황산철($FeSO_4$)이 만들어진다.

그런데 수소는 어떻게 생길까? 전자전달반응과 산화…… 전자는 어디로 가고 환원은 어디서 생길까? 여기서도 산은 브뢴스테드의 이론에 따른다. 즉, 산은 양성자를 주는 반응을 한다. 이 반응은 수용액에서 일어나고 양성자는 물 분자에서 히드로늄이온을 형성하지만, 2개의 양성자에는 수소 분자를 형성하는 데 필요한 2개의 전자를 필요로 한다.

$$2H^+ + 2e^- \longrightarrow \quad H-H$$

따라서 수소 분자를 형성하는 데 필요한 2개의 전자는 철 원자의 산화에서 온다.

이제부터 소개할 또 다른 염형성반응은 **양성자전달반응**이다. 이 반응을 이 해하기 위해서는 다음과 같은 보충 설명이 필요하다.

양잿물은 염기 수용액, 다시 말해 액체 (보통 물을 가리킨다)에 녹은 염기이다. 이 문장을 다시 한 번 천천히 읽어보라……. 여기서 개념상의 딜레마가 드러난다. 이 러한 딜레마는 화학에서 흔히 발생한다.

적어도 다음 사실은 명확해져야 한다. 즉, 양잿물이라는 개념은 염기 수용액 이라는 개념의 동의어로 쓰일 수 있다. 다시 말해 염기는 물에 녹지 않은 상태 에서만 염기라고 할 수 있다. 염기가 물에 녹으면 양잿물 또는 염기 수용액이 라고 한다. 이는 앞에서 설명한 염화수소의 경우와 유사하다. 물에 녹지 않은 기체 상태이면 '염화수소'라고 하지만, 물에 녹은 수용액은 '염산'이라고 한다. 하지만 여기서도 개념상의 문제가 있다. 산과 산 수용액이 동의어로 쓰이고 있는데, 이는 분명한 오류이다!

그렇다면 염기에 대하여 생각해보자. **수산화소듐**은 화학식이 NaOH인 고체 염기이지만, 이것을 물에 녹이면 높은 열을 내며 염기 수용액인 양잿물이 된다. 이때 만들어지는 **염기 수용액**(가성소다)은 황산과 더불어 독일에서 가장 많이 생산되는 화학제품으로 생산량은 연간 430만 t에 달한다.

이 염기 수용·액은 부식 효과와 발열 효과가 있으며 폐수 정화제나 비누를 생산할 때 사용한다. 또한 보크사이트에서 산화알루미늄을 분리해 알루미늄을 만들 때도 이용하고, 오래된 페인트를 제거할 때나 음료수병을 세척할 때, E524라는 식품첨가제로 **브레첼**(8자형의 비스킷, 그림 참조)을 만들 때도 이용한다. 염기 수용액은 일반적으로 부식성이 강하고 피부에 닿으면 미끈거리며, 산을 중화시킬 때도 이용한다.

반응식 $NaOH_{(s)} + H_2O_{(l)} \rightarrow Na^+{}_{(aq)} + OH^-{}_{(aq)}$에서 수산화이온이 부식 효과를 지닌 이온이라는 것을 알 수 있다. 수산화이온에 대해서는 앞에서 이미 설명한 바 있다(앞의 장 또 다른 주고받기: 전자가 하는 주고받기는 양성자의 경우에도 적용된다! 참조).

a) 금속 산화물+물 → 염기 수용액

b) 비금속 산화물+물 → 산 수용액

수산화물의 형태인 염기성 염이 물에 녹으면 항상 수산화이온이 생긴다. 수산화물의 또 다른 예로는 **수산화포타슘**(KOH)을 들 수 있다. 수산화포타슘이 물에 녹으면 마찬가지로 **염기 수용액**이 생긴다.

그런데 수산화물은 금속 산화물으로 만들 수 있다. 금속 산화물(예: 산화소듐Na_2O)을 물에 녹이면 고체 수산화소듐을 물에 녹일 때와 마찬가지로 수산화소듐 수용액이 만들어진다. 산화이온은 수용액에서 물로부터 양성자를 뺏을 수 있다. 이 과정에서 산화이온이 물 분자와 반응해 2개의 수산화이온이 생긴다.

$$O^{2-} + H_2O \rightarrow OH^- + OH^-$$

양성자전달에 의한 염형성반응

　a) 산화 금속$_{(s)}$ + 산$_{(aq)}$ → 염$_{(s)}$ + 물$_{(l)}$(예: 산화칼슘+황산 → 황산칼슘+물)

　b) 산$_{(aq)}$ + 수산화소듐 수용액$_{(aq)}$ → 염$_{(s)}$ + 물$_{(l)}$

　　(예: 염산+수산화소듐 수용액 → 염화소듐+물)

이 두 반응을 '중화반응'이라고 한다[(반응 b)는 좁은 의미의 중화로 이해할 수 있다].

중화

염산(HCl) 응축액　수산화소듐(NaCl)

물　소금

산화 금속이 산과 반응하는 중화반응에서는 수산화소듐 수용액이 산과 반응하는 중화반응에서와 마찬가지로 염과 물이 만들어진다. 이 두 반응의 차이는 산화 금속에서는 반응식 $O^{2-} + H_2O \rightarrow OH^- + OH^-$에 따라 산화이온이 산의 수용액과 반응할 때 수산화이온이 먼저 생긴다는 점이다.

이 경우 이외에 염기 수용액의 수산화이온은 산 수용액의 히드로늄이온과 반응해 물이 된다.

$$OH^- + H_3O^+ \rightarrow H_2O + H_2O$$

이 반응도 양성자전달반응이다. 히드로늄이온은 양성자를 수산화이온에 전달한다. 산 수용액의 히드로늄이온은 양성자주기에 의해 물 분자가 되고, 염기 수용액의 히드로늄이온은 양성자받기에 의해 물 분자가 된다. 똑같은 양의 염산 응축액과 수산화소듐 응축액을 섞거나 똑같은 수의 히드로늄이온과 수산화이온을 섞으면 – 그런 다음 물을 증발시키면 – 화학적으로 중성인 염화소듐, 즉 소금이 생긴다. 염산을 다룰 때 설명했듯이 중화작용은 폐수 정화에 결정적인 역할을 한다. 그 이유는 폐수가 중성을 띨 때만 미세 유기체들이 유기 잔해물을 분해할 수 있기 때문이다.

산 무수물: 이산화탄소

그림과 같이 맥주를 저장 통에서 따를 때나 직접 탄산수를 만들 때는 가스(기체)가 필요하다. 이 가스는 압축용기나 강철 통에 담긴 채로 구입할 수 있다. 이 압축용기에는 **이산화탄소**(CO_2)가 들어 있다. 맥주 저장 통 안에서 이산화탄소는 두 가지 역할을 한다. 첫째, 저장 통 안의 맥주가 꼭지 쪽으로 흐르도록 압력을 가한다. 둘째, 맥주에 거품이 일게

할 뿐만 아니라 솟아오르게 한다. 이는 탄산수의 경우도 마찬가지이다. 맥주나 탄산수에 거품이 떠올라 신선한 맛이 나는 것은 **탄산** 때문이다.

탄산은 다음과 같은 두 가지 반응으로 히드로늄이온과 물을 형성한다.

$$H_2CO_{3(l)} + H_2O_{(l)} \longrightarrow HCO_3^{-}{}_{(aq)} + H_3O^{+}{}_{(aq)}$$
$$HCO_3^{-}{}_{(aq)} + H_2O_{(l)} \longrightarrow CO_3^{2-}{}_{(aq)} + H_3O^{+}{}_{(aq)}$$

탄산은 2개의 양성자를 지닌 산이다. 탄산의 구경꾼이온은 **탄산수소이온**(HCO_3^{-})과 **탄산이온**(CO_3^{2-})이다.

탄산은 약산이며 지속성이 약하다. 탄산수 병에는 고압으로 이산화탄소가 주입되어 있어 탄산음료 병의 마개를 열면 이산화탄소가 분출하며 내는 소리를 들을 수 있다. 마개를 연 다음 잔에 탄산음료 일부를 따르면 병과 잔에서는 이산화탄소가 계속 솟아오른다.

$$CO_2 + H_2O \rightleftharpoons H_2CO_3$$

이 반응식에서 전형적인 평형반응이 나타난다. 병을 흔들거나 가열하면 점점 더 많은 이산화탄소가 액체에서 빠져나간다. 이렇게 되면 탄산음료의 맛은 크게 떨어진다.

탄산염은 가정에서도 흔히 볼 수 있는데, 탄산수소소듐($NaHCO_3$)은 베이킹 파우더로 이용된다. 탄산수소소듐을 가열하면 **탄산소듐**, 이산화탄소, 물로 분해된다. 이중 이산화탄소는 빵을 부드럽고 말랑말랑하게 하는 작용을 한다.

탄산소듐($NaCO_3$)은 황산과 같이 거의 모든 화학산업 분야에서 쓰이는 화학제품으로 흔히 '소다'라고 부른다. 유리산업 분야에서는 소다를 가장 많이 사용하는데, 소다는 유리를 녹이는 원료가 된다. 또한 빙정석이나 표백제, 세제, 색소, 접착제 등을 생산할 때에도 이용된다.

이산화탄소는 공기의 성분이기도 하므로 빗물은 중성이 아니라 pH 6의 약산인 것은 놀라운 일이 아니다. 공기에 함유된 다른 유해물질도 산 무수물로서 산성비가 내리는 원인이 된다.

베이킹파우더.

수소의 힘: pH

pH는 라틴어 **potentia Hydrogenii**의 약자로서 '수소의 힘' 또는 '수소의 작용력'을 뜻한다. 산이 강할수록 더욱 쉽게 산의 양성자를 물에 내주어 히드로늄이온을 형성할 수 있다. 히드로늄이온의 입자 수와 수용액 부피의 비율이 pH를 결정하지만, 결국 히드로늄이온과 수산화이온의 비율이 pH를 결정한다.

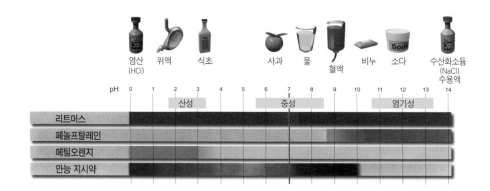

pH 7에서 수용액은 중성이다. 이때 수소(히드로늄)이온과 수산화이온은 서로 같은 양, 같은 수만큼 있다. pH 값은 0에서 14까지로 pH 값이 7보다 작으면 산성 용액이고, 수소이온이 수산화이온보다 많다. pH 값이 7보다 크면 염기성 용액이고, 수산화이온이 수소이온보다 많다.

pH 값에서 수소이온지수(pH)와 수산화이온지수(pOH)는 상대성을 띠며 서로 종속적이다. 낮은 pH 값을 갖는 산성 용액에서는 수소이온의 입자 수가 수산화이온의 입자 수는 적다.

pH 값은 로그지수(정의: 'pH'는 히드로늄이온 농도의 10을 밑으로 하는 상용로그 값이다)이고, 수학적 배경이 다소 복잡하기 때문에 이해를 돕기 위해 농도의 순서에 따라 설명해보겠다. 염화수소가 3.65% 들어 있고 pH 1인 염산 1L를 pH 2로 만들려면 9L의 물을 첨가해야 한다. pH 3인 수용액 10L를 만들려면 90L의 물이 더 필요하다. 다음에는 900L, 그다음에는 9,000L, 또 그다음에는 90,000L⋯⋯. 이렇게 계속 이어지다가 1L의 염산을 거의 중화 상태로 만들기 위해서는 9,999,999L의 물이 필요하게 된다!

염기의 경우는 훨씬 간단하다. 히드로늄이온과 같은 양의 수산화이온을 얻기 위해서는 예를 들어 40g의 수산화소듐에 1L의 물을 넣으면 된다. 이러한 중화반응에서 히드로늄이온과 수산화이온의 양은 같다.

히드로늄이온과 같은 양의 수산화이온을 얻기 위해서는 4g의 수산화소듐을 1L의 물에 용해해야 한다(이때 pH는 13이다). 이처럼 pH 1인 염산과의 중화반응에서는 수산화이온과 히드로늄이온의 양은 같다.

상용로그 값에서 유의해야 할 점은 pH 6과 pH 8의 평균값은 7이 아니라는 것이다. pH 값은 로그지수이므로 평균값은 각각의 히드로늄이온 농도로 환산해야 한다. 이렇게 할 때 평균값이 나오고, 히드로늄이온 농도의 평균값에서 다시 pH 값을 구해야 한다. 따라서 pH 6과 pH 8의 평균값은 6.3이 된다!

산은 구조와 양성자를 주는 능력에 따라 강도가 달라지고, 산의 작용력은 수용액의 농도에 좌우된다.

pH 값의 측정

pH 값은 맛으로 대충 가늠할 수 있다. 산은 대부분 신맛이 나며, 염기는 비누처럼 미끈거린다. 신맛은 탄산과 과일산, 식초산 등이 들어 있는 음식이나 음료수를 맛보면 알 수 있다. 염기의 경우는 가령 날아가던 비눗방울이 우연히 입술에 닿아 맛으로 pH 값을 측정할 수도 있지만 이것은 바람직하지 않다. 이 방법은 정확하지 않고 건강에도 좋지 않기 때문이다.

pH 측정기는 pH 값을 소수점 이하 세 자리까지 나타낼 수 있지만 가격이 비싸다. **지시약**은 1 단위 또는 0.5 단위로 pH 값을 알려주기 때문에 정확도는 pH 측정기에 비해 떨어진다. **지시약**은 천연에서 구할 수 있는 식물성 색소이다. 물론 합성 지시약도 이용 가능하다.

pH 측정기.

식물성 색소로 만든 지시약이나 합성 지시약의 공통점은 색소의 색 변화로 pH 값을 나타내며 가격이 비싸지 않다는 것이다. 대개 한 가지 색소의 범위가 한정되어 있는데, 여러 가지 색 범위의 비교적 큰 pH 값을 알기 위해서는 만능 지시약을 이용한다. **만능 지시약**은 액체 형태이거나 흡수력이 있는 종이 형태로 되어 있고, 시

험지의 형태로 구입할 수 있다.

우리 몸과 가정생활을 위한 pH 값

우리 몸에서는 상대적으로 낮은 pH 값이 더 중요하다. 염산은 위산의 형태로 우리 몸에 있고, 정상적인 상태는 pH 1에서 1.5까지의 값을 나타낸다. pH 값은 음식 섭취에 따라서 일시적으로 4 또는 5까지 높아질 수도 있다. 위통이 생기면 과잉 위산을 억제할 필요가 있으며 이처럼 심각한 문제가 생겼을 때는 제산제를 복용하는 것이 도움이 된다. **제산제**는 마그네슘염과 알루미늄염을 함유하고 있어 위액 분비를 억제하고 위산을 중화시키거나 흡착하여 산 작용을 완화함으로써 과잉 위산을 중화시킨다.

치아를 재미네랄화시키는 것은 평형반응이다. 평형상태는 입안의 pH 값에 따라 좌우된다. **입안의 pH 값**은 정상적인 경우에는 6에서 7 사이이다.

구강 위생이 좋지 않거나 단것을 지나치게 많이 먹어 - 입안에 있는 박테리아가 단것에 함유된 설탕을 분해한다 - pH 값이 너무 낮으면 탈미네랄화가 이루어진다. 따라서 시간이 지나면 법랑질이 해체되고 만다. 어린아이의 경우 밤에 단것을 먹고 자면 pH 값이 4~5로 떨어진다. 낮에도 단것을 먹고 나면 입안을 물로 헹궈내야 한다. 과일즙이나 콜라는 그 자체가 산을 포함하고 있어 pH 값을 낮춘다. 이런 경우, 무설탕 껌을 이용해 pH 값을 조절하는 것도 도움이 된다. 무설탕 껌은 입안의 산을 직접 중화시킨다기보다

는 침의 분비를 자극해 제산제 효과를 발휘한다. 치즈도 제산제 효과를 낼 수 있다.

아마도 pH 중성 비누를 본 적이 있을 것이다. 그런데 중성 비누의 pH 값은 중성 값인 7이 아니라 5.5이다. 이는 피부와 관련된 중성 값을 의미한다. 우리 피부가 자연적으로 지니고 있는 **산 보호막**은 피부 표면에 있는 병원균을 죽일 수 있도록 pH 값이 4와 6.5 사이이다. 이러한 pH 값은 피부 표면에서 번식하는 박테리아(스킨 플로라*skin flora*라는 상재균)로부터 피부를 보호할 수 있다. 이전에는 손을 자주 씻거나 샤워를 자주 하면 피부 박테리아를 죽일 수 있다는 의견이 있었지만(이는 화장품의 판매촉진에 이바지했다), 오늘날에는 피부의 자연적인 산 보호막이 몇 시간 만에 – 특히 약산성의 땀을 분비하는 땀샘의 지원으로 – 재생된다는 것이 입증되었다. 그러나 pH 값이 중성이 아닌 염기성 피부미용 세제를 사용하면 피부가 손상될 수도 있다. 그러니 피부가 붉어지거나 갈라지면 즉시 피부과를 찾아야 한다!

지시약 시험지는 임신 말기에 유용하게 쓰일 수 있다! 여성의 질 부위는 산성을 띠지만, 태아를 감싸고 있는 양수는 중성이거나 약염기성을 띤다. 그래서 오줌은 산성이므로 지시약 시험지로 양수가 나왔는지를 테스트할 수 있으며 양수가 확인되면 출산이 임박했다는 것이다!

우리 몸속의 피도 효소가 최적의 조건에서 작용할 수 있는 pH 범위를 측정할 수 있다. 대부분의 신진대사 반응은 pH 값에 좌우되며 한정된 pH 범위 내에서만 최적으로 진행된다. 혈액의 pH 값이 이 범위에서 벗어나면 생명이 위험할 수 있다. 혈액의 pH 값은 7.36에서 7.44 사이라는 매우 좁은 범위로 한정되므로 이 값을 지속적으로 유지하기 위해 우리 몸의 여러 기관이 관여한다. 과잉 양성자를 얻거나 양성자를 혈액에 내줄 수 있기 때문에(다시 말해 염기 또는 산으로 작용할 수 있기 때문에) '**완충계**'라고 한다. 이산화탄소가 수용액에 녹으면 탄산이 생기듯 우리 몸속에 있는 피의 주요 성분은 물이기 때문에 이산화탄소가 세포에서 피로 들어가면 – 신진대사 과정의 부산물로서 – 탄산(H_2CO_3)이 형성된다.

$$H_2CO_3 \rightleftharpoons H^+ + HCO_3^-$$

이 반응식에 따라 평형계는 양성자를 얻거나 줄 수 있다. 하지만 평형계는 수용액에서, 즉 여기서는 우리의 피에서 자유 양성자를 주지 못하는 일도 있다는 것을 유의해야 한다. 이 설명은 이해를 돕기 위해 단순화시킨 것이다.

이미 살펴보았듯이 형성된 탄산은 상대적으로 수월하게 다시 이산화탄소와 물로 분해되며 이 과정은 폐에서 지속적으로 일어난다. 이 때문에 이산화탄소는 허파꽈리로 들어가 숨을 내쉴 때 배출된다. 이때 생기는 물은 우리 몸에 축적되어 몸무게를 단순히 늘리는 것이 아니라 활용된다. 신체 활동을 많이 할 때는 산소 흡수와 이산화탄소 배출이 강화되는데 이 과정에서 피의 산도가 떨어진다.

피에 양성자가 부족해지면 이산화탄소는 점점 더 느리게 배출된다. 이렇게

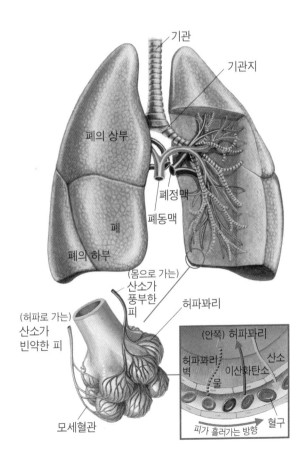

되면 피에서 순환하는 탄산이 양성자를 내주어 피의 산도가 다시 올라간다. 이와 같은 방식으로 - 단, 훨씬 더 느리게 - 신장이 개입할 수도 있다. 신장은 - 필요에 따라 - H^+이온 또는 HCO_3^-이온을 공급한다.

이러한 완충계를 의학에서는 '탄산-탄산수소 완충계' 또는 간단히 '탄산수소 완충계'라고 한다.

산의 낮은 pH 값은 우리 몸의 경우에서와 같은 이유로 가정생활에서도 활용될 수 있다. 산도를 조절한 **세척제**(식초산 세제 또는 레몬산 세제)는 살균 효과가 있다. 유해 박테리아는 낮은 pH 값에서 죽기 때문이다. 단, 살균제를 지나치게 많이 사용해서는 안 된다. 가정의 모든 박테리아들이 박멸되면 면역체계가 단련될 토대마저 사라지기 때문이다. 예방주사의 경우와 마찬가지로 면역체계는 반쯤 경계 태세를 갖추는 선에서 유지되어야 한다.

석회가 낀 샤워기는
식초산으로 제거한다.

세척제의 산은 또 다른 장점이 있다. 세척제는 부엌이나 화장실의 석회를 제거한다. 물은 천연적으로 염이 녹아 있는 수용액이므로 이 염은 물이 증발하는 곳곳에 흰 테두리를 남긴다. 이는 물뿌리개로 꽃에 물을 줄 때 직접 확인할 수 있다.

일반적으로 석회라고 부르는 것은 탄산칼슘($CaCO_3$)과 탄산마그네슘($MgCO_3$)의 혼합물이다. '강산은 약산을 염에서 쫓아낸다'는 원리에 따라 세척제에 투입된 산은 **탄산염**(약탄산의 염)을 녹일 수 있을 정도로 강해야 하며 이는 다른 석회 제거에서도 활용할 수 있다. 물론 이때는 유기산(예: 개미산 또는 식초산)이 주로 사용된다. 여기에 대해서는 나중에 다시 다룰 것이다.

석회가 낀 물뿌리개.

하수구가 막히면 뚫어뻥으로 뚫어 드립니다!

1970년대의 광고 문구를 기억하는가!? 기억을 되살리기 위해 광고 문구를 적어보겠다.

"하수구가 막히면 뚫어뻥을 쓰세요. 시원하게 뚫어 드립니다."

산성 세척제는 흔하지만, 상대적으로 염기성 세척제는 드물다. 또한 염기성 세척제를 사용하는 경우는 상당히 제한되어 있다. 염기성 세척제는 대개 (지방) 딱지가 앉을 정도로 심하게 오염된 곳에 사용되는데 기름때가 찌든 오븐이나 그릴 판, 자동차의 바퀴 테가 대상이 된다(바퀴 테를 세척할 때는 비싼 세척제 대신 비교적 값싼 오븐용 세척제를 이용하는 센스도 필요하다). 그중에서도 염기성 세척제가 가장 요긴하게 쓰이는 것은 하수구가 막혔을 때이다.

하수구 세척제를 좀 더 자세히 살펴보자. ……잠깐! 이 경우에는 보호조치를 취해야 한다! 우선 포장지에 적혀 있는 경고 문구부터 주의 깊게 읽어야 한다! 하수구 세척제는 부식성이 강한 제품이어서 피부나 점막, 특히 눈의 각막에 닿으면 심각한 상처를 입을 수 있다. 이 때문에 하수구 세척제(양잿물도 마찬가지이다!)를 살펴볼 때는 보호안경을 착용해야 하며, 손장갑을 끼는 것도 적극 권한다.

자, 이렇게 보호 장비를 완벽히 갖추고 하수구 세척제를 살펴보면 세 가지 성분이 들어 있는 것을 알 수 있다. 가장 먼저 눈에 띄는 것은 두 종류의 하얀색 둥근 알갱이 사이에 있는 금속 알갱이이다. 하얀색 알갱이 중 하나는 반짝거리고 투명하

눈 보호용 안경과 손장갑은 화학자들이 실험할 때 사용하는 필수품이다!

며 또 다른 종류는 좀 더 밝긴 하지만 투명도가 약하다. 금속 알갱이는 알루미

수산화소듐.

늄이다. 하얀색 알갱이 중 하나는 수산화소듐 또는 수산화포타슘이고, 또 다른 종류는 염이다. 이 염은 질감이 보슬보슬한데 (이 두 번째 특성에 대해서는 나중에 다시 밝힐 것이다) 장기간 보관하거나 뚜껑을 제대로 닫지 않으면 처음처럼 보슬보슬한 상태가 유지되지 않는다. 수산화소듐은 습기를 강하게 빨아들이는 흡습성을 띤다.

수산화소듐($NaOH$)은 물에 녹을 때 강한 열을 낸다. 하수구 세척제의 사용 설명서에 따르면 적정한 양을 하수구에 넣은 다음에 어느 정도 시간을 두고 물을 부어야 한다. 이때 주의해야 할 점은 높은 열을 내기 때문에 ─ 대부분 플라스틱으로 이루어진 ─ 하수관이 녹거나 휠 수 있다는 것이다.

막힌 하수구에는 머리카락이나 기타 지방 퇴적물이 들어 있다. 먼저 알루미늄 알갱이를 넣는다. 알루미늄은 귀금속이 아니어서 물에서는 ─ 브뢴스테드의 이론과 산의 정의에 따라 ─ 수소를 형성하며 녹는다. 귀금속이 아닌 금속은 원래 산에서만 녹는다. 따라서 물에서는 정상적인 경우 알루미늄이 녹지 않는다. 왜냐하면 새로이 형성되는 수산화알루미늄[$Al(OH)_3$]이 알루미늄에 층을 만들어 보호하기 때문이다. 하지만 이 층은 수산화이온을 만나면 알루미늄 착

체들을 형성하면서 해체된다. 이 층이 없어지면 알루미늄이 수용액에서 수소를 발생시킨다.

$$2Al + 6H_2O \rightarrow 2Al(OH)_3 + 3H_2$$
$$Al(OH)_3 + OH^- \rightarrow [Al(OH)_4]^-$$

수산화소듐의 해체 과정과 함께 이 반응은 열을 강하게 발산하여 막고 있는 물질을 계속해서 뜨겁게 만든다. 수소의 발생은 원래 예정된 것이다. 즉, 떠오르는 기체거품은 막힌 것에 틈을 만들고 녹여 염기 용액의 공격을 쉽게 한다. 수소의 발생은 위험할 수도 있으나 이 시점에서 염이 작용한다. 앞에서는 일단 비밀에 부쳤던 염의 기능을 이제 공개한다. 염 알갱이는 질산염을 함유하는데, 질산염은 발생한 수소와 반응해 암모니아와 물, 수산화이온을 만든다.

$$NO_3^- + 4H_2 \rightarrow NH_3 + 2H_2O + OH^-$$

이 반응식을 보면 수소가 무력화되는 이유와 하수구 세척제를 사용할 때 암모니아 냄새가 나는 이유를 알 수 있다.

이쯤에서 환경보호에 대해 한마디 할 때가 되었다. 환경보호의 차원에서 생각하면 하수관의 막힘 현상을 예방하기 위해 매주 하수구 세척제를 하수구에 넣는 것은 바람직하지 않다. 강염기성의 폐수가 폐수처리장으로 유입되면 정화작업에 상당히 큰 부담이 되기 때문이다.

이제 여러분은 하수구 세척제에

폐수처리장.

서 활약하는 화학이 단순하지 않다는 것을 알게 되었다. 이 과정은 복잡한데도 원하는 효과를 충분히 거두지는 못한다. 오히려 그 반대의 결과가 나올 수도 있다. 높은 온도 때문에 머리카락과 지방 퇴적물이 꽁꽁 엉겨 붙어 하수구가 뚫리지 않는 경우가 있기 때문이다. 이때는 마찬가지로 부식성이 있지만 친환경적인 '화학제품'을 이용하면 의외로 쉽게 하수구가 뚫리는 일도 있다. 그건 바로 콜라이다!

물의 경도

'산'과 'pH 값' 이외에도 물에 관해서는 또 다른 주제가 남아 있다. 바로 센물과 단물이다. 사전에 조사해보지 않은 물에 물고기를 넣을 때는 센물과 단물의 차이점에 유의해야 한다.

형용사 '센'과 '단'은 물의 경도와 관련이 있다. 낯선 곳에 갔을 때 자신이 사는 곳의 물과는 다른 경도의 물을 접하게 되면 센물과 단물의 차이점에 주목하게 될 것이다. 평소와 똑같이 감았는데도 단물에서는 비누가 잘 풀려 머리를 감기 쉽다. 샤워할 때도 단물에서는 비누 거품이 훨씬 잘 인다.

센물에서는 단물에서보다 칼슘염과 마그네슘염이 잘 녹는다. 물의 경도는 이 두 가지 염의 양이 얼마인지를 나타낸다. 2007년 5월까지 독일에서 물의 경도($^\circ$dH)는 다음과 같이 분류되었다.

	경도의 범위	독일에서의 물의 경도($^\circ$dH)
1	단물	0~7
2	중간	7~14
3	센물	14~21
4	매우 센물	21 이상

하지만 2007년 5월 이후부터 유럽 표준 척도에 맞추게 되면서 변화가 생겼다. 경도의 범위 3과 4가 합쳐져 '센물'로 분류되면서 이제는 '단물', '중간', '센물'과 같이 3개의 범위로만 표시된다. 또한 물의 경도는 탄산칼슘($CaCO_3$) 함유량이 기준이 된다. 따라서 주로 염인 탄산칼슘 함유량이 물의 경도를 결정하고, 이 함유량은 'L당 mM'로 표시한다.

	경도의 범위	L당 탄산칼슘의 mM	
1	단물	<1.5	(이는 8.4°dH와 같다).
2	중간	1.5~2.5	(이는 8.4~14°dH까지와 같다).
3	센물	>2.5 이상	(이는 14°dH 이상과 같다).

먹는 물의 경도 범위는 물 공급업체에서 일 년에 한 번씩 발표해야 한다. 지역에 따라 경도의 범위가 다른 것은 물의 근원이 다르기 때문이다. 서로 다른 우물에서 퍼 올린

물은 경도가 다른데, 그 이유는 우물마다 '내력'이 다르기 때문이다. 내력은 물이 흐르는 지층과 암석에 따라 달라진다. 센물은 석회석과 사암이 많은 지역에서 나온다. 단물이 흐르는 곳에는 화강암, 편마암, 현무암, 점판암 등이 많다. 빗물도 단물인데, 그 이유는 석회석과 사암을 따라 흐르지 않기 때문이다.

석회석이 녹을 때는 다음과 같은 반응을 한다.

$$CaCO_{3(s)} + CO_{2(g)} + H_2O_{(l)} \rightarrow Ca^{2+}_{(aq)} + 2HCO_3^{-}_{(aq)}$$

이 반응식에 따르면 지표면의 물이 석회석을 따라 흐를 때 석회와 이산화탄소가 만나 녹으면서 탄산수소칼슘[$Ca(HCO_3)_2$]을 형성한다. 석회를 녹이기 위해서는 물이 약(탄)산이 되고 이산화탄소가 있어야 한다. 여기서도 탄산염이 중요한 역할을 한다.

세제나 세척제의 경우, 경도의 범위를 표시하는 것이 의무이다. 경도가 커지면 세제나 세척제의 사용량도 늘어난다는 사실을 알 수 있다. 다시 말해, 경도가 큰 센물에서는 더 많은 세제를 써야 같은 효과를 얻을 수 있다(반대로 단물 지역에 살면 세제를 아낄 수 있다). 요컨대 센물은 비누가 잘 풀리지 않는 물이고, 단물은 비누가 잘 풀리는 물이다. 세제의 양을 조절하는 것은 – 센물에는 칼슘이온이 많이 포함되어 있다 – 칼슘이온과 관련이 있다. 칼슘이온은 센물에서 세척 효과가 떨어지는 **석회비누**를 형성한다. 이에 대해서는 나중에 화학적으로 다시 설명할 것이다.

산을 함유한 세제는 석회를 제거하는 용도로 쓰인다. 그런데 석회는 어떻게 형성될까? 석회는 원래 '**물때**(석회 자국)'라고 해야 한다. 물때는 대개 탄산칼슘과 탄산마그네슘의 혼합물인데, 탄산칼슘의 비중이 훨씬 더 크다. 이 염은 - 앞에서 설명한 대로 - 물의 경도를 좌우한다. 이 때문에 '탄산의 경도'라고 하기도 한다. 가정에서 물을 끓일 때는 언제나 위에서 설명한 것과는 역반응이 일어난다. 즉, 석회가 해체되는 것이 아니라 석회가 형성된다.

$$Ca^{2+}_{(aq)} + 2HCO_3^-_{(aq)} \longrightarrow CaCO_{3(s)} + CO_{2(g)} + H_2O_{(l)}$$

물을 끓이면 물의 경도가 약해진다. 이는 잘 녹지 않는 탄산칼슘이 떨어져 나감으로써 칼슘이온의 양이 줄어들기 때문이다. 그런데 탄산칼슘은 가열할 때 가장 뜨거운 곳, 즉 세탁기나 커피머신, 수중 전열 히터 등의 가열 봉에 붙는다. 이전에는 냄비나 주전자에 물을 끓일 때 물때로 인한 폭발이 자주 일어났다. 사용하다 보면 퇴적물이 점점 많아져 주전자 벽과 물 사이의 열 교환을 가로막다가 다시 가열할 때 물때 층에 균열이 생겨 물이 물때 층과 주전자 벽 사이로 파고들었다가 갑자기 증발하는 순간이 생긴다. 이렇게 되면 물때는 증발 과정에서 엄청난 힘으로 주전자 벽을 폭발시킨다.

수중 전열 히터의 가열 봉은 석회 형성 위험이 매우 크다.

하지만 오늘날에는 이러한 폭발은 매우 드물다. 왜냐하면 요즘의 물은 예전에 비해 경도가 많이 약하기 때문이다. 그럼에도 물때의 퇴적물을 제때 제거하지 않으면 에너지를 많이 소비하고, 커피머신의 경우는 커피가 뜨겁게 데워지지 않는 이유가 되기도 한다.

센물이 나는 지역에서 물의 경도를 약화시키는 것은 물 공급업체가 할 일이지만, 가정내에서도 세탁기나 식기세척기의 가열 봉이나 식기에 석회가 끼지 않도록 **이온교환수지**를 이용한 필터를 설치하면 좋다.

세탁기나 식기세척기의 이온교환필터는 칼슘이온과 마그네슘이온을 소듐이온과 교환한다. 이때 물에 잘 녹지 않는 탄산칼슘이나 탄산마그네슘이 생기는 것이 아니라 물에 쉽게 녹는 탄산소듐이 생긴다. 물론 이온교환필터에 소듐이온이 무제한적으로 많은 것은 아니므로 소듐이온을 계속 공급해야 한다. 이를 위해 식기세척기의 경우 **재생염**이 이용된다. 식기세척기에 정기적으로 고농도로 응축된 염화소듐, 즉 소금을 넣는 것이다. 이렇게 하면 이온교환기에는 다시 소듐이온이 '충원'된다.

부엌의 필수품이 된 식기세척기.

이 재생염은 요리에 사용할 수도 있다. 그런데 보통 식용소금을 식기세척기에 이용하는 것은 바람직하지 않다. 식용소금은 염화이온 이외에도 음이온으로 아이오딘이온과 플루오린이온을 함유하고 있기 때문이다. 이 이온들은 이온교환을 방해한다. 또 - 이는 훨씬 더 중요하다 - 식용소금에는 보슬보슬하게 하는 보조제가 들어 있다. 이 보조제는 - 어떤 것일지 짐작해보시라! - 그렇다! 바로 탄산칼슘과 탄산마그네슘이다. 따라서 식용소금을 사용하면 의도와는 정반대의 결과가 초래되고 만다!

수족관 관리

수족관 물의 pH 값과 경도에 대해서는 세심하게 신경 써야 한다. 수족관에서 사는 물고기와 수초들은 주변 환경에 민감하게 반응하는 만큼 수족관에서는 우선 pH 값을 결정해야 한다.

크고 작은 수족관 식구들을 잘 보살펴야 한다.

물고기를 키울 때는 pH 측정기를 비치한다. 전체적인 수치만 파악하려면 막대 형태로 된 지시약 시험지만으로 충분하다. 수초가 잘 자라도록 하기 위해서는 수족관 물의 pH 값은 최대 pH 7.5의 범위 내에서 움직여야 한다. pH 5~6 범위는 많은 수초의 경우 최적 상태인 것처럼 보인다.

물고기에게 적합하거나 최적의 pH 값을 유지하는 것은 민감하게 반응하는 아가미와 점막을 고려한다면 필수 사항이다. 따라서 수족관 물의 상태(담수냐 바닷물이냐, 따뜻한 물이냐 차가운 물이냐)를 명확히 정하는 것이 중요하다.

원칙적으로 식물이 광합성을 하기 위해 이산화탄소를 받아들이는 것과 물고기가 호흡하면서 이산화탄소를 배출하는 것 사이에는 균형이 유지되어야 한다. 물의 경도와 탄산의 강도가 문제 되
면 아래 식과 같은 평형반응에서 물의 경
도와 탄산칼슘의 함유량 그리고 (식물과 물
고기에 의해) 녹은 이산화탄소의 양으로 평
형과 pH 값이 어떤 영향을 받는지를 측정
할 수 있다. 이러한 복잡한 관계는 수족관을 다룬 서적을 참고하면 된다.

$$Ca^{2+}_{(aq)} + 2HCO_3^-{}_{(aq)} \rightleftharpoons CaCO_{3(s)} + CO_{2(g)} + H_2O_{(l)}$$

VIII

탄산

무기산은 일반적으로 이미지가 좋지 않지만 탄산 같은 유기산은 여전히 주목 받고 있고, 이미지도 나쁘지 않다. 왜냐하면 탄산은 '나쁜 산의 세계에 있는 선인'으로 통하기 때문이다. 우리 주변에서 볼 수 있는 식품의 포장지를 살펴보면 좋은 산이라는 이미지를 느낄 수 있을 것이다. 하지만 세상사가 다 그렇듯이 빛이 있는 곳에서는 그늘도 있기 마련이다.

탄산의 구조

탄산의 특징적인 그룹은 COOH기이다. 이 그룹을 '카복실기'라고 한다. 탄산은 전형적인 산인데, 이는 탄산이 카복실기에서 양성자를 쉽게 떼어낼 수 있는 것과 관련이 있다(산은 브뢴스테드 이론에 따르면 양성자주개이다).

탄산 중에서 가장 유명한 것은 식초산이다.

탄산의 특징적인 그룹은 COOH기 또는 카복실기이다.

$$CH_3 - C \overset{O}{\underset{O-H}{\diagdown}} \quad \text{식초산의 구조}$$

탄산의 양성자는 카복실기에서 떨어져 나온다. 이때 일반적으로 카복실이온
이 생긴다.
식초산의 경우, 이 이온을 '아세트산이온'이라고 한다.

$$CH_3 - C \overset{O}{\underset{O-H}{\diagdown}} \ + \ H_2O \ \rightleftharpoons \ CH_3 - C \overset{O}{\underset{O^-}{\diagdown}} \ + \ H_3O^+$$

무기산은 대개 산 수용액의 형태를 취하지만, 유기산은 – 특히 순수한 형태
로 – 고체 형태를 띠기도 한다. 식초산의 경우, 16℃ 이하에서 빙초산 형태
를 띠는데, 빙초산은 100% 식초산이다. 고체 형태를 띠는 이유는 분자가
카복실기 내에서 극성 결합을 해서 2개의 수소결합을 통해 서로 연결되기
때문이다.

$$H - C \overset{\overline{O} \cdots\cdots H - \overline{O}}{\underset{\overline{O} - H \cdots\cdots I\overline{O}}{\diagdown}} C - H$$

2개의 분자로 만들어진 화합물을 일반적으로 '**이합체**'라고 한다.

화학자들은 탄화수소를 유기화합물에서 파생된 '**알칸**'이라는 이름으로 부
른다. 이는 사슬 모양의 탄소와 수소의 화합물이다. 원래 탄소 수가 11개까지
인 탄화수소의 분자식과 대표적인 3개의 구조식을 소개하면 다음과 같다.

이름	구조식	알칸의 이름	분자식
메탄	$H-\overset{\displaystyle H}{\underset{\displaystyle H}{C}}-H$	메탄 에탄 프로판	C_1H_4 C_2H_6 C_3H_8
에탄	$H-\overset{\displaystyle H}{\underset{\displaystyle H}{C}}-\overset{\displaystyle H}{\underset{\displaystyle H}{C}}-H$	부탄 펜탄 헥산 헵탄	C_4H_{10} C_5H_{12} C_6H_{14} C_7H_{16}
프로판	$H-\overset{\displaystyle H}{\underset{\displaystyle H}{C}}-\overset{\displaystyle H}{\underset{\displaystyle H}{C}}-\overset{\displaystyle H}{\underset{\displaystyle H}{C}}-H$	옥탄 노난 데칸 운데칸	C_8H_{18} C_9H_{20} $C_{10}H_{22}$ $C_{11}H_{24}$

구조식을 보면 탄소 원자가 4가결합을 하고 있다는 것을 알 수 있다. 사슬은 CH_2 그룹을 중심으로 한 알칸의 **동족체**에서 계속 늘어난다. 일반식은 C_nH_{2n+2}인데, 여기서 n은 자연수를 의미한다. 8개의 탄소 원자로 이루어진 옥탄의

분자식에서 수소 원자의 수는 두 번째 식($2n+2$)을 이용해 쉽게 계산할 수 있다. 즉, 수소 원자의 수는 $n=8$을 대입하면 $2 \times 8 + 2 = 18$이다. 따라서 옥탄의 분자식은 C_8H_{18}이다. 옥탄의 존재는 주유소에서 보통 휘발유(OZ 91)와 슈퍼 휘발유(OZ 95)의 옥탄가를 통해 이미 알고 있을 것이다. 옥탄가의 의미에 대해서는 나중에 다시 살펴볼 것이다.

알칸의 또 다른 화합물로는 천연가스에 포함된 메탄가스, 가정이나 야영장에서 사용하는 프로판가스와 부탄가스 등이 있다.

국제 과학계에서 합의된 탄산의 이름은 이 알칸 계열에서 파생된 것이다.

이 때문에 탄산은 '**알칸산**'이라고도 한다. 하
지만 과학적으로 엄밀하게 말하면 탄산은 '1
탄산'이라고 해야 한다. 이는 탄산은 분자 속
에서 단 하나의 카복실기만 가지고 있기 때
문이다.

그런데 2개의 카복실기를 가진 탄산(2탄산)도 있고 3개의 카복실기를 가진
탄산(3탄산)도 있다. 이들에 대해서는 나중에 다시 다룰 것이다.

식초산의 전문적인 이름은 '에탄산'이다. 식초산이라는 이름은 사슬의 길이
와 관련해 에탄에서 파생되었다. 카복실기의 탄소 원자들이 계속 이어져 아래
의 표처럼 사슬 모양을 이룬다.

이름	분자식	구조식	염의이름
메탄산 (개미산)	$HCOOH$		메탄산염 (폼산염)
에탄산 (식초산)	CH_3COOH		에탄산염 (아세트산염)
프로판산 (프로피온산)	CH_3CH_2COOH		프로판산염 (프로피온산염)
뷰탄산 (버터산)	$CH_3CH_2CH_2COOH$		뷰탄산염 (부틸산염)

폼산(개미산, 메탄산: HCOOH)

아마 여러분은 한 번쯤 개미로 인해 곤란한 일을 겪었을 수도 있고 그 과정에서 개미산을 접해봤을 것이다. 이 곤충은 적을 만나면 개미산을 뿌려 자신과 동료를 보호한다. 개미는 자신을 공격하는 자가 있으면 입으로 물어 상처를 내 독을 주입한다. '폼산'이라는 이름은 개미를 뜻하는 라틴어 formica에서 유래했고 개미산은 개미에게서 최초로 뽑아냈지만, 이 산과 같은 화학반응을 하는 종류는 동물 세계에 널리 퍼져 있어 개미가 이 이름에 대해 특허권을 가진 것은 아니다. 벌처럼 양쪽에 2개의 투명한 날개를 가진 곤충들도 독이 든 개미산을 이용하는데 이때는 방어용만이 아니라 포획물을 마비시키는 용도로도 이용된다. 또한 해파리와 쐐기풀도 개미산을 사용한다.

현대에는 더 이상 개미로부터 개미산을 뽑아내지 않고 수산화소듐과 일산화탄소를 반응시켜 개미산의 소듐염, 즉 폼산소듐을 얻고 있으며 이 폼산소듐을 다시 황산과 반응시키면 개미산과 황산소듐이 만들어진다(이는 앞에서 말한 "강산은 염에서 약산을 뽑아낸다."는 원리의 또 다른 예이다). 따라서 오늘날에는 **류머티즘**을 앓는 부위에 개미를 풀어놓는 일은 더 이상 할 필요가 없다.

개미산은 류머티즘 치료제의 원료로 쓰이며 양봉업자들은 꿀벌응애(진드기)를 퇴치하기 위해 개미산을 이용한다. 또한 커피포트의 석회를 제거하거나 화장실의 살균, 석회 제거에도 개미산이 이용된다. 하지만 근래에 들어 석회 제거용으로는 개미산보다 약한 레몬산이 더 많이 이용되고 있다.

염 중에서 폼산소듐과 폼산칼슘은 방부제로 쓰이고, 폼산포타슘은 공항 활주로의 해빙제로 쓰인다(염화소듐을 이용할 수도 있는데, 이 경우는 부식의 위험이 따를 수 있다).

아세트산(식초산, 에탄산: CH₃COOH)

아세트산은 가장 유명한 카복실산이다. 거의 모든 카복실산이 알려져 있지만, 아세트산과 아세트산염은 특히 우리와 친근하다. 아세트산(E 260) 자체와 아세트산의 염인 아세트산포타슘(E 261), 아세트산소듐(E 262), 아세트산칼슘(E 263)은 조미료 재료로 중요한 역할을 하며 산화제(3%의 식초산) 과일과 채소를 통조림이나 유리병에 넣어 가공할 때나, 생선 통조림과 마요네즈, 샐러드 소스로도 쓰인다.

또한 아세트산은 화학산업의 여러 분야에서 기초 화학품으로도 중요한 역할을 한다. 전 세계에서 생산되는 아세트산의 1/5이 페트병 생산에서 반응제와 용매로 사용된다. 페트^{PET}는 폴리에틸렌테레프탈레이트$^{polyethylenetereph\ thalate}$의 약자이다. 이 플라스틱의 주요 원료는 테레프탈산으로 페트에 대해서는 나중에 다시 다룰 것이다.

프로피온산(프로판산: CH₃CH₂COOH)

프로피온산의 염은 포장된 빵이나 제과류에 곰팡이가 생기지 않도록 하는 역할을 한다. 이 용도로 쓰이는 것은 프로피온산소듐, 프로피온산포타슘, 프로피온산칼슘 등이다. 프로피온산 자체는 고약한 맛이 나서 부적합하지만 곡

곡물 창고.

식에 습기가 차는 것을 방지하는 역할과 함께 유해 유기물을 막아 곡식을 오래 보존할 수 있게 하고 벌레가 생기는 것을 막는다. 따라서 프로피온산을 이용해 곡식을 저장하는 것은 곡식을 말리는 방법보다 비용 면에서 훨씬 유리하다. 하지만 프로피온산을 이용할 때는 곡물 창고의 부식을 막는 조치를 해야 한다(곡물 창고는 대개 함석이나 철로 만들기 때문에 프로피온산에 닿으면 부식 위험이 있다). 물론 근래에는 창고를 만들 때 완충 장치를 설치해 프로피온산의 부식작용을 차단한다. 따라서 부식을 막는 조치가 더 이상 필요 없게 되었다.

참고 사항: 치즈의 구멍!? 고마운 프로피온산!

프로피온산은 발효과정에서도 생긴다. 초식동물의 되새김질하는 소화과정에서나 치즈를 만들 때 프로피온산이 나온다. 특히 스위스치즈 특유의 맛과 냄새를 내는 것이 바로 프로피온산이다. 스위스치즈를 만들 때 발효는 프로피온산 박테리

스위스(에멘탈)치즈.

아가 담당한다. 스위스치즈 생산과정의 첫 단계에서 미지근한 우유에 투입되는 이 박테리아는 저온의 치즈 생산공장에서 여러 달 동안 숙성시키는 과정 중에 프로피온산과 이산화탄소를 만든다. 이 과정에서 이산화탄소 때문에 치즈에 구멍이 생기게 된다!

뷰탄산(버터산: $CH_3CH_2CH_2COOH$)

뷰탄산은 가장 지독한 냄새가 나는 산 중의 하나이다. 오래된 버터(여기서 나오는 것이 뷰탄산이다)나 구토물(뷰탄산을 함유하는 경우가 많다)에서 나는 냄새를 맡아본 적이 있을 것이다. 뷰탄산은 구역질나는 땀 냄새의 원인이기도 하다. 뷰탄산은 금방 흘린 땀에는 함유되어 있지 않지만, 땀을 깨끗하게 씻지 않고 방치하면 피부에 있는 박테리아 때문에 형성된다.

뷰탄산은 우리의 코가 가장 민감하게 반응하는 물질 중의 하나로 순수 뷰탄산을 100억 배(!)로 희석해도 냄새를 맡을 수 있을 정도이다. 이렇게 뷰탄산에 대해 (지나칠 정도로) 민감하게 반응하는 이유에 대해서는 의견이 분분하다.

뷰탄산은 누군가의 냄새를 '참을 수 없게' 만들기도 하지만 (바로 이 때문에 우리는 혐오감을 드러낸다) 다른 한편으로는 남자친구나 남편의 땀에서 나오는 뷰탄산은 상대를 매력적으로 만든다는, 다시 말해 사랑의 묘약으로 여기게 한다는 이론도 있다.

그런데 우리 인간이나 다른 포유류 동물의 땀에 함유된 뷰탄산을 아주 좋아하는 동물도 있다. 바로 **진드기**이다. 진드기는 뷰탄산 냄새를 맡아도 나무나 풀에서 떨어지지는 않는다. 그러다 사람이 나무를 흔들면 떨어지면서 뷰탄산을 인식하게 된다. 앞에서 말했듯이 뷰탄산은 땀이 분비될 때 피부에서 서서히 생겨난다. 또한 우리 몸의 온도와 빛, 그늘도 중요한 역할을 한다. 기생충인 진드기가 영양분 섭취를 하기 위해서는 사람의 피가 필요하다. 진드기는 피를 빨아들일 때 인간에게 라임 보렐리아증^{lyme borreliosis}이나 뇌염^{tick-borne encephalitis}을 옮긴다. 라임 보렐리아증은 박테리아 감염으로 생기므로 조기에 발견하면 항생제로 치료할 수 있지만 뇌염은 바이러스 병이므로 예방주사를 맞아야 한다. 때문에 진드기 위험 지역에 살거나 그런 곳에 여행할 때는 예방주사를 맞는 것이 좋다.

진드기

하지만 역시 뷰탄산은 불쾌감을 불러오기 때문에 뷰탄산으로 모피가게나 창녀촌을 공격한 일도 있었고, 뷰탄산이 뿌려져 공연장이 마비된 일화도 있었다. 이유가 무엇이건 간에 이런 경우 그 장소에 있는 사람들을 위해 우선 뷰탄산 냄새를 제거해야 한다. 그런데 소란이 일어나면 대부분 성급하게 조처를 하는 바람에 사태가 더욱 악화된다(앞에서 말했듯이 물로 희석하는 것은 아무런 도움도 되지 않는다. 액체의 양만 늘어나 냄새가 더 많이 난다). 유일한 해결 방법은 119구급대를 불러 산을 중화시킴으로써 뷰탄산을 냄새가 나지 않는 뷰탄산염으로 만들어야 한다. 이는 양잿물로 산을 중화시킬 때와 같은 방법이다(중화와 염 형성). 하지만 그래도 문제는 남는다. 바로 뷰탄산을 뿌린 장소와 대상물의 처리이다. 뷰탄산이 묻은 모피 외투에 양잿물을 뿌리면 뷰탄산소듐으로 바뀌어 냄새는 없어지지만 모피 외투는 못쓰게 된다.

냄새가 제거되면 그다음에 할 일은? 바로 경찰을 불러야 한다! 비싼 모피 외투는 보상받아야 하니까!

이제 완전히 다른 상황을 살펴볼 차례이다. 믿기지 않을지도 모르지만 뷰탄산 화합물은 역한 냄새만 나는 것이 아니라 좋은 냄새가 나기도 한다!

화학에서는 성질의 변화도 주된 연구과제가 된다. 여러분은 어떤 냄새를 원하는가? 예를 들어 파인애플 냄새는 알코올인 에탄올과 반응하여 (촉매) 역할을 하는 약간의 황산만 있으면 만들 수 있다. 이 두 물질의 반응식은 다음과 같다.

여기서 생기는 화합물은 뷰탄산에틸로 파인애플 냄새가 난다. 이 반응은 앞에서 설명한 프로피온산의 경우에도 가능하다. 이때는 럼주 냄새가 나고, 화합물은 프로피온산에틸이다. 에탄올 대신 펜탄올(알칸의 하나인 펜탄에서 파생된 알코올)을 이용하면 사과 냄새가 난다. 이때 생기는 화합물은 프로피온산펜틸이다.

유기화학에서 탄화수소 유도체가 $-COO$기를 통해 또 다른 탄화수소 유도체와 결합하는 물질을 '**에스터**'라고 한다. 알코올에 의해 OH기가 카복실산의 $-COOH$기와 결합한다. 이 결합에서는 물이 떨어져 나가고(탈수되고) 전형적인 에스터기인 $R-COO-R'$가 생성된다. 앞의 R은 알코올이 결합해 에스터를 만드는 탄화수소 유도체이고, 뒤의 R(여기서는 R')은 카복실산의 탄화수소 유도체이다. 이러한 반응을 '**에스터화 반응**'이라고 한다.

역반응, 즉 에스터에서 알코올과 카복실산을 만드는 반응은 '**에스터 분해**'라고 한다. 이는 '**비누화 반응**'이라고도 한다. 이에 대해서는 이제부터 다루게 될 지방산과 관련해 다시 설명한다.

지방산

지방산은 화학적으로 카복실산에 속한다. 아세트산과 지방산의 결정적인 차이는 지방산의 카복실기가 훨씬 긴 탄소 사슬을 지니고 있다는 점이다. 지방산은 대부분 16~18개 사이의 탄소 원자를 포함하는 긴 탄소 사슬을 지니고 있다. 식물성이든 동물성이든 모든 지방산의 공통점은 지방(탄소 사슬)을 함유하고 있다는 것이다. 앞에서 설명한 뷰탄산도 지방 사슬을 가진 카복실산이다. 따라서 뷰탄산도 지방산에 속한다. 뷰탄산은 가장 단순한 지방산이고, 저급 지방산에 속한다. 지방에 대해서는 나중에 자세히 설명할 예정이며 여기서는 비교적 복잡한 구조인 고급 지방산에 초점을 맞추어 살펴본다.

지방산은 **포화 지방산**과 **불포화 지방산**으로 나눌 수 있다. 하지만 포화의 정도는 맛과 아무런 관계가 없다.

불포화 지방산은 탄화수소 사슬의 적어도 한 곳에서 탄소 원자 간의 이중결합이 있는 지방산이다. 지방산이 탄화수소 사슬 중에 여러 개의 이중결합을 갖고 있다면 이 지방산은 이가 불포화 지방산, 삼가 불포화 지방산 또는 다가 불포화 지방산이라고 한다.

포화 지방산은 탄화수소 사슬 중에 이중결합이 없는 지방산이다. 하지만 수소 원자를 몇 개 빼내면 이중결합이 생긴다. 탄화수소도 포화 탄화수소와 불포화 탄화수소로 나눌 수 있는데, 포화 탄화수소는 탄소 간의 결합이 모두 단일결합이고, 불포화 탄화수소는 탄소 간에 이중결합이나 삼중결합 같은 다중결합이 포함되어 있는 것을 말한다. 이렇게 포화 개념을 이해한다면 포화 지방산은 탄소 사슬에서 수소 원자를 더 이상 받을 수 없을 정도의 수소로 포화된 상태를 가리킨다.

포화 지방산은 탄소 사슬에 이중결합이 없다(예: 팔미틴산, 스테아린산). 불포화 지방산은 적어도 하나의 이중결합이 있다(예: 올레산). 여러 개의 이중결합을 가진 지방산은 다가 불포화 지방산이라고 한다(예: 리놀레산, 리놀렌산, 아라키돈산).

팔미트산(16:0)
$C_{16}H_{32}O_2$

스테아린산(18:0)
$C_{18}H_{36}O_2$

올레산(18:1)
$C_{18}H_{34}O_2$

리놀레산(18:2)
$C_{18}H_{32}O_2$

리놀렌산(18:3)
$C_{18}H_{30}O_2$

아라키돈산
(20:4)
$C_{20}H_{32}O_2$

리놀렌산은 다가 불포화 지방산으로 오메가 3 지방산 그룹에 속한다. 이 지방산 그룹은 혈관 질환과 혈중 지방농도를 낮추는 효과가 있기 때문에 점차 주목받고 있다. 이 점에 대해서는 나중에 다시 다룰 것이다.

아하! 이카복실산과 과일산

이제 유익한 기능을 하는 산을 살펴볼 차례이다.

카복실산의 특징 기는 COOH기로 **카복실기**가 2개 또는 3개가 있을 수 있다.

> 카복실산의 특징 기는 카복실기인데, 카복실기가 2개 존재하는 것은 '이카복실산', 3개 존재하는 것은 '삼카복실산'이라고 한다.

불포화 카복실산 중에는 이카복실산이나 삼카복실산 또는 그 이상의 여러 이중결합을 갖는 다중 카복실산도 있다. 물론 순수한 이카복실산과 삼카복실산은 얼마 되지 않는다.

옥살산(HOOC - COOH)

옥살산은 순수한 이카복실산에 속한다. 옥살산은 – 정확하게 말하면 – 원래 2개의 카복실기로 이루어진다. 이 때문에 옥살산은 이카복실산 중에서도 가장 단순하다. 옥살산에는 이중결합이나 수산기가 들어설 자리는 없다. 따라서 옥살산은 2개의 탄소 원자 길이로 되어 있으며, 알칸족인 에탄에서 파생된다. 옥살산은 2개의 카복실기를 지니고 있어 에탄과 산 사이에서 '디^{di}'라는 명칭을 얻은 것으로 '에탄디온산'이 원래 이름이다. 하지만 이 이름을 아는 사람은 거의 없으며 따라서 우리에게 익숙한 옥살산이라는 이름을 계속 사용하기로 한다.

아마도 여러분은 옥살산이나 **옥살산염**을 접해본
적이 있을 것이다. 이 산은 괭이밥에서 최초로
발견되었다(옥살산이라는 이름은 괭이밥의 라
틴어 학명인 Oxalis acetosella에서 유래한다).
혹시 괭이밥이나 수영(시금초)을 맛본 적이

수영.

있는가? 이 풀들의 신맛은 고농도의 옥살산에서 나온다.
어릴 적에 들판에서 놀다가 날카로운 풀에 손가락을 벤 경험이 있을지도 모
르겠다. 들풀 중에는 줄기의 모서리가 날카로운 것이 있는데, 이 부분에 옥살

산칼슘 결정이 축적되어 있다. 이 결정은 함부로
풀을 뜯지 못하게 보호하는 역할을 한다. 하지만
이 결정도 되새김질하는 초식동물에게는 아무런
소용이 없다. 예를 들어 소는 날카로운 풀에 대
처하는 무기가 있다. 바로 우둘투둘한 혀이다.
　옥살산은 독성을 지니고 있다. 옥살산염은 잘
녹지 않는 염이며, 음식물을 통해 지나치게 많은 양을 섭취하면 생명의 위험
을 초래한다. 한계치는 (몸무게의) kg당 600mg 정도이다. 독성을 띠는 이유는
옥살산이 체내 조직에 있는 칼슘(정확하게는 칼슘이온)과 결합해 옥살산칼슘 결
석을 만들기 때문이다. 이렇게 되면 체내 조직에는 칼슘이온이 부족해져 근육
마비가 오거나 특히 심장근육에 치명상을 입게 된다. 오줌은 혈액 속의 노폐
물과 수분이 신장에서 걸러져서 방광 속에 고여 있다가 요도를 통해 몸 밖으
로 배출되는 액체이다. 따라서 오줌은 – 간단하게 말하면 – 피의 필터 작용 결
과물로 볼 수 있다. 이러한 필터 기능은 신장의 혈관에 의해 수행된다. 때문에
옥살산칼슘 결석이 생기면 요로 결석으로 이어져 결국 신장이 손상된다. 그러
니 어린아이의 뼈와 치아가 성장하는 시기에 옥살산을 지나치게 흡수하는 일
은 피해야 한다.

옥살산은 루바브, 페퍼민트 차, 시금치, 카카오, 초콜릿 등에 들어 있다. 특히 양봉업자들은 옥살산의 독성을 잘 알고 있어 꿀벌응애(진드기)를 퇴치하기 위해 개미산이나 옥살산을 이용한다.

루바브.

페퍼민트 차.

카카오와 초콜릿.

아디핀산[헥산디온산: HOOC-$(CH_2)_4$-COOH]

아디핀산은 옥살산과 마찬가지로 순수한 이카복실산이다. 화학적으로 정확한 이름(헥산디온산)에서 알 수 있듯이 아디핀산은 6개의 탄소 원자로 구성된 탄소 사슬로 이루어진다. 첫 번째와 여섯 번째의 탄소 원자는 각각 카복실기를 이루고 있으며 그 사이에 있는 4개의 탄소 원자들은 각각 2개씩의 수소 원자를 지닌다[이 4개의 CH_2기는 약식으로 괄호를 이용해 분자식에 넣을 수 있다. 따라서 $-(CH_2)_4$는 $-CH_2-CH_2-CH_2-CH_2$를 뜻하며 각각의 CH_2기는 구조식의 지그재그선 앞에 온다].

아디핀산이 유익한 산에 포함되는 이유는 다른 산과는 다르다. 아디핀산은 **나일론** 생산에 필요한 두 가지 기본물질 중의 하나이다. 나일론의 생산과정이 화학적으로 어떻게 진행되는지는 나중에 자세히 살펴볼 예정이니 여기서는 다음과 같은 사실만 설명한다.

아디핀산에서는 '앞'과 '뒤'가 성질을 결정한다. 이 앞과 뒤는 각각 카복실기에 연결된다. 이렇게 탄소화합물의 성질을 결정하는 원자단을 화학에서는 '**작용기**'라고 한다. 한편으로 이 작용기는 화합물과 분자를 분류할 때 도움이 된다. 이에 대해서는 카복실산의 카복실기를 다룰 때 이미 설명한 바 있다. 하지만 이 작용기들은 **고분자** 형성에도 결정적인 역할을 한다. 화학에서는 특정한 작용기가 반응하는 특정한 반응식이 있다. 이 반응식으로 분자를 결합할 수 있다. 같은 반응기를 가진 구성요소가 있으면 이 반응식으로 결합할 수 있으며, 반응 후에는 성질도 달라진다. 이것이 화학 **합성**의 본질이며 나중에 몇 가지 예를 들어 구체적으로 살펴볼 것이다.

일반적으로 화학 합성(합성은 '합침'을 뜻하는 그리스어 synthesis에서 유래한다)은 원소나 단순한 화합물의 화학반응을 통해 새로운 성질을 가진 복잡한 물질을 만드는 과정을 뜻한다.

이러한 구성요소로는 아디핀산 외에도 **세바신산**(데칸디온산: $HOOC-(CH_2)_8-COOH$)이 있다. 세바신산은 아디핀산보다 4개의 CH_2기만큼 더 길며, 같은 반응식으로 다른 성질을 지닌 다른 물질 **나일론 610**(육백십이 아닌 육십으로 읽는다)을 만든다.

수산기를 지닌 카복실산은 '하이드록시산'이라고 한다.

하이드록시산의 특징 기는 수산(OH)기이다. 수산기는 카복실기와 연결해 나타낸다. 카복실기와 연결된 첫 번째 탄소 원자를 '알파 탄소 원자', 두 번째 탄소 원자를 '베타 탄소 원자', 세 번째 탄소 원자를 '감마 탄소 원자', 네 번째 탄소 원자를 '델타 탄소 원자'라고 부르며 그리스어 알파벳에서 유래하는 이 이름들은 오늘날까지도 그대로 사용되고 있다.

하이드록시산에서 OH기는 흔히 카복실기 다음의 첫 번째 탄소 원자에 온다. 따라서 '**알파하이드록시탄산**'이라고 부른다. 이 산은 영어 약자로 AHA$^{Alpha-Hydroxy-Acids}$라고 하기도 한다. 과일산은 거의 예외 없이 알파하이드록시산에 속한다. **과일산**은 과일 속에 자연적으로 포함되어 있고 과일의 신맛을 낸다. 과일산으로는 사과산과 만델산 외에도 **레몬산**, **유산**(젖산), **타타르산** 등이 있다. 또한 잘 알려져 있지는 않지만 스피르산 또는 살리실산이 있다.

타타르산은 2개의 OH기를 지니고 있어 '이하이드록시산(다이하이드록시산)'이라고 한다.

옥살산은 화학적으로 알파하이드록시산이 아닌 이카복실산에 속하지만, 각종 과일에 들어 있기 때문에 과일산으로 분류된다.

레몬산은 독특한 역할을 한다. 레몬산은 과일산 중에서 가장 흔하고 유명할 뿐만 아니라 과일산에 속하면서도 알파하이드록시산에 속한다(OH기는 두 번째 탄소 원자와 결합할 뿐만 아니라 카복실기 중의 하나와 결합한다. 이로써 OH기는 카복실기와 알파 위치에 있다). 이뿐만 아니라 레몬산은 3개의 COOH기를 지니고 있기 때문에 삼카복실산이기도 하다.

지금까지 설명한 카복실산의 이름과 소속을 표로 정리하면 다음과 같다. 이 표의 마지막에 있는 4개의 산은 이 장의 끝에 가서 다시 다룰 것이다.

이름	카복실산족			구조식	염의 이름
헥산디온산 (아디핀산)					아디핀염
데칸디온산 (세바신산)					세바신염
에탄디온산 (옥살산)	이카복실산				옥살산염
이하이드록시 뷰탄디온산 (타타르산)			알파 하이드록시 탄산 (AHA)		타타르산염
이하이드록시 프로피온산 (유산)					유산염
이하이드록시프로피 온-1,2,3- 삼카복실산 (레몬산)	삼카복실산	과 일 산			시트르산염 (구연산염)
(5R)-5-[(1S)-1,2- 이하이드록시에틸]- 3,4-이하이드록시-5- 하이드로푸란-2-온 (아스코르브산: L-(+)-아스코르브산)					아스코르 브산염
2-하이드록시- 벤조산 (살리실산: 스피르산)	방향족 카복실산		베타 하이드록시 탄산		살리실산염
페닐카복실산 (벤조산)					벤조산염
4-하이드록시뷰탄산 (감마 하이드록시뷰탄산: GHB)			감마 하이드록시 탄산		옥시산염

이하이드록시프로피온-1, 2, 3-삼카복실산(레몬산)

레몬산은 감귤류의 과일(레몬, 오렌지)뿐만 아니라 버찌, 사과, 배, 산딸기 같은 과일에도 들어 있다. 레몬산은 과일즙에 자연적으로 포함된 성분이며, 각종 식품(레몬주스와 과일 차)에 산화제로 투입되기도 한다. 레몬산은 다른 산과 마찬가지로 박테리아를 억제하는 산의 특성을 지니고 있어 방부제로 쓰이며, 석회를 녹이는 성질도 지니고 있어 석회 제거제로도 쓰이며 냄새가 좋아 세제에 투입되기도 한다.

카복실산은 고체 형태를 띨 수도 있다. 고체 카복실산은 3개의 카복실기와 극성 하이드록시기 사이에서 다양한 상호작용을 하는 레몬산에서 흔히 볼 수 있다. 레몬산은 물에 녹여 먹는 알약이나 분말에 투입된다.

참고 사항: 물에 녹여 먹는 알약은 어떤 작용으로 녹을까?

복합비타민이나 아스피린을 물에 녹여 먹을 때 또는 커피나 차에 설탕을 넣을 때 알약이나 설탕이 액체에 녹는 것을 보면 신기하다. 이때 부글부글 끓어오르는 기체는 이산화탄소이다. 그런데 이 기체는 어떻게 생기는 것일까? 이때 생기는 반응은 항상 똑같다.

$$3NaHCO_3 + C_6H_8O_7 \rightarrow C_6H_5Na_3O_7 + 3H_2O + 3CO_2$$

여기서 $C_6H_8O_7$은 레몬산(시트르산)의 분자식이다. $NaHCO_3$는 탄산수소소듐이라는 탄산염으로, 탄산수소소듐은 앞에서 베이킹파우더로 이용된다고 설명한 바 있다. 이 반응에서는 8개의 수소 원자 중에서 3개가 방출된다. 이 3개의 수소 원자는 3개의 카복실기에 들어 있는 수소 원자이다. 이 수소 원자들은 탄산수소소듐의 소듐이온 3개로 대체된다. 이 과정에서 시트르산소듐과 물, 이산화탄소가 생긴다.

그런데 이렇게 물과 이산화탄소로 분해되기 전에 먼저 탄산가스가 생긴다는 점을 유의해야 한다. 이 반응은 식초와 베이킹파우더가 반응해 탄산소듐을 형성하는 것과 유사한데 맛은 좋지 않은 편이다.

최근 물에 녹여서 먹는 알약이 청소년이나 젊은 층에서 다시 인기를 끌고 있다. 심지어 보드카 성분을 지닌 알약도 개발되어 시판되고 있다. 이 '보드카 알약'은 먼저 입에 넣고 보드카를 마신 다음, 삼키지 않고 얼마간 가만히 있어야 한다. 하지만 조심해야 할 것이 있다. 알코올 작용으로 취할 수 있다는 것 이외에도 또 다른 문제가 발생한다. 의약 성분과 보드카의 비율을 따져보면 의약 성분이 단연 우세하다. 이 의약 성분은 - 위산의 작용으로 - 위에서 계속 거품을 발생시켜 속이 부글부글 끓을 수 있다.

유산(이하이드록시프로피온산)

요구르트의 포장지를 살펴보면 내용물에 '우선성右旋性 L-(+)-유산'이 들어 있다고 표시되어 있다. 이것은 무엇을 뜻할까?

유산은 광학활성을 띠는 물질에 속한다. 중심 원자인 탄소 원자에 결합되어 있는 4개의 원자 또는 원자단이 각기 다를 때 이 탄소 원자를 화학에서는 '비대칭탄소' 또는 '카이랄탄소'라고 한다. 이런 탄소를 갖는 물질은 구조상 왼쪽 또는 오른쪽으로 편광 빛을 회전시킨다. 이러한 물질을 광학활성을 갖는다고 한다. 비대칭탄소에 결합하는 원자 또는 원자단의 순서만 바꾸면 화학식은 같지만 절대 겹쳐지지 않는 완전히 다른 물질이 생긴다. 이렇게 화학식은 같으나 겹쳐지지 않는 두 물질을 '**거울상 이성질체**enantiomer'라고 한다. 우리의 오른손과 왼손처럼 같은 모양을 하나 겹쳐지지 않는다고 해서 거울상 이성질체라고 하며 그래서 '**카이랄성**(손 모양)'이라고도 부른다. 카이랄성의 예는 자연에서나 일상생활에서 흔히 찾아볼 수 있으며, 인간의 몸도 오른손과 왼손, 오른발과 왼발처럼 그 자체가 거울상 이성질체 구조를 띠고 있다.

광학활성 이성질체의 겹쳐지지 않는 두 구조인 '우선성'과 '좌선성'이라는 말은 유산 분자가 오른쪽 또는 왼쪽으로 회전한다는 뜻이다. 하지만 이는 분자가 직접 회전한다는 것이 아니라 그 물질을 투과하는 편광빛이 회전한다는 뜻이다. 이 현상은 특수 기구인 편광계로 관찰할 수 있다.

우리 몸의 신진대사가 유산과 같은 거울상 이성질체를 구분한다는 것이 참으로 놀랍다. 인체는 우선성 L-(+)-유산을 선택적으로 좋아하는데, 이것을 섭취하면 좌선성 D-(−)-유산보다 훨씬 빠르게 분해한다. 또 다른 예는 나중에 다시 다루기로 한다.

광학활성 현상은 루이 파스퇴르[1822~1895]가 타타르산에서 발견했는데, 유산의 구조에서 더욱 명확히 드러난다.

탄소는 정사면체 구조이다. 화합물이 광학활성을 띠

루이 파스퇴르.

는 것은 중심 원자인 탄소 원자에 4개의 서로 다른 결합 파트너가 있는 경우 뿐이다. 유산의 결합 파트너는 카복실기(이 때문에 유산은 카복실산이다), 수산기 (이 때문에 유산은 하이드록시산에 속한다), CH_3기(유산은 프로판에서 파생되어 3개의 탄소 원자로 이루어진 탄소 사슬을 지닌다), 수소 원자이다. 따라서 **중심 원자**인 **탄소 원자**를 **비대칭(카이랄성)탄소**라고 한다. 왜냐하면 여러 결합 파트너를 다양한 색의 구로 표시하면 이 구들을 탄소 원자를 중심으로 한 정사면체 모양으로 배열할 두 가지 방법이 있기 때문이다. 이 두 가지 배열은 상이나 거울상과 같은 형태를 띠므로 서로 겹칠 수 없다. 이러한 현상을 '**카이랄성**'이라고 한다.

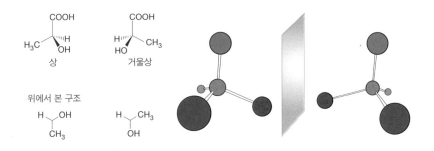

'카이랄chiral'이란 왼손과 오른손이 서로 겹칠 수 없는 거울상의 관계라는 것에 비유한 그리스어로, '손'을 의미한다. 이 개념은 그리스어(ceir: 왼손과 오른손이 서로 겹칠 수 없는 거울상의 관계에 있음)에서 유

래한다. 여러분의 손바닥 모양을 살펴보라. 두 손은 거울상과 마찬가지로 서로 겹쳐지지 않는다.

이러한 현상은 자연에서 흔히 볼 수 있다. 앞에서 말한 것처럼 우리 몸은 좌우가 거울상 이성질체로 되어 있다. 또한 거울상 이성질체를 선택적으로 활용한다. 우리 몸의 모든 단백질은 거울상 이성질체로 이루어져 있다. 이에 대해서는 나중에 다시 설명할 것이다.

단 하나의 예외를 제외하고 20개의 아미노산은 모두 광학활성 물질에 속한다. 아미노산 중에서 글리신만 탄소에 수소 원자 2개가 동시에 결합하여 광학활성을 띠지 못할 뿐 그 외에 우리 몸에 필요한 19개의 아미노산은 모두 광학활성 물질이다.

달팽이집은 오른쪽으로 회전하는 것과 왼쪽으로 회전하는 것이 같은 비율로 존재한다. 위에서 내려다보면 달팽이집의 나선은 오른쪽으로(시계 방향으로) 돌 수도 있고 왼쪽으로(반시계 방향으로) 돌 수도 있다. 또한 나선의 두 가지 형태 중에서 어느 한쪽이 월등히 많을 수도 있다.

예를 들어 포도밭에서 서식하는 식용 달팽이의 경우, 달팽이집의 나선이 오른쪽으로 도는 것과 왼쪽으로 도는 것의 비율은 20,000 : 1에 달한다. 이처럼 달팽이집의 종류가 두 가지 형태를 띠는 이유는 아직 밝혀지지 않았다. 이와 마찬가지로 인간이 주로 L-아미노산으로 이루어진 이유도 밝혀지지 않고 있다. 또 다른 예는 돼지의 고리 모양 꼬리인데, 돼지의 꼬리도 왼쪽으로 도는 것과 오른쪽으로 도는 것이 있다.

가정에서도 카이랄성 물건을 흔히 볼 수 있다. 나사는 대부분 오른쪽으로 나선형 홈이 파여 있다. 암나사(너트)를 죄거나 드릴로 나무에 구멍을 뚫을 때도 오른쪽으로 돌려야 한다. 따라서 나사 돌리기는 시계 방향으로 이루어진다. 나사를 반시계

오른쪽으로 나선형 홈이 파인 나사.

방향으로 돌리는 경우는 둥근 기계톱이나 전기 드릴로 작업할 때 선반에 고정하는 장치 정도로, 이 장치들은 왼쪽으로 나선형 홈이 파여 있다.

포도주병의 코르크 마개 따개는 오른쪽으로 나선형 홈이 파여 있다. 간혹 왼쪽으로 나선형 홈이 파인 장난감 코르크 마개 따개도 있다. 처음에는 누구나 포도주병을 열 때 코르크 마개 따개를 시계 방향으로 돌리려고 한다. 그런데 화학자들은 이 문제의 코르크 마개 따개를 잘 다룬다. 화학에서는 역방향 장치가 일반화되어 있어 익숙한 화학자들은 왼쪽으로 나선형 홈이 파인 코르크 마개 따개를 장난감으로 여기지 않기 때문이다. 가연성 가스가 든 가스통의 경우에도 왼쪽 나선형 개폐장치로 되어 있어 불연성 가스통의 개폐장치와 구분된다. 이런 개폐장치는 주의를 환기해 미리 위험을 방지할 수 있다.

일상생활에서 볼 수 있는 또 다른 예로는 알파벳 철자 p와 q, b와 d, 나선형 계단, 가위, 하나의 안전 자물쇠에만 맞는 안전 열쇠 등이 있다.

의약품 개발자들은 오래전부터 거울상 이성질체와 그 작용물질에 관심을 기울여 왔다. 영미권에서는 이러한 작용물질을 '카이랄성 의약품'이라고 한다. 이 작용물질에는 2개의 거울상 이성질체가 존재한다. 2개의 거울상 이성질체가 같은 비율(일대일)로 혼합된 것을 '**라세미혼합물**Racemat'이라고 한다('라세미'라는 말은 포도주산에서 유래하는데, 자세한 내용은 나중에 설명할 것이다. 편광계와 관련해 말하자면, 라세미혼합물은 측정할 때 편광 빛이 회전하지 않는다. 왜냐하면 2개의 거울상 이성질체가 각각 같은 양이 함유되어 카이랄성이 소실되기 때문이다).

앞에서 이미 말했듯이 우리 몸은 한 물질의 거울상 이성질체에 다양하게 반응한다. 이는 이 물질들에서 서로 다른 냄새와 맛이 나는 것으로 알 수 있다. 예를 들어 카르본carvone이라는 화합물도 거울상 이성질체인데, 이중 한 이성질체는 박하 향이 나고 또 다른 이성질체는 캐러웨이 향이 난다. 레몬화합물의 경우도 어떤 것은 레몬 향이 나고 또 어떤 것은 오렌지 향이 난다. 그 이유는 이들이 결합하는 수용체들이 달라서 각기 다른 향으로 인식되는 것이다.

타타르산(포도산, 이하이드록시뷰탄디온산)

보통 손님을 초대할 일이 있으면 여러 가지를 고려한다. 어떤 분위기를 연출할 것인가? 식사는 무엇을 준비할까? 또 와 인은 어떤 종류로? 와인을 마시기 전에 디 캔팅(병에 있는 와인을 마시기 전에 다른 용기 에 옮겨 따르는 것)을 해야 할까? 그런데 디 캔팅은 왜 할까? 그렇다. 와인도 숨을 쉬 어야 한다. 디캔팅을 하면 와인에 공기가 섞여 들어가 와인이 숙성된다. 하지만 디

캔팅의 효과에 대해서는 와인 전문가들 사이에서 논란이 있다.

점판암 위에 있는 술앙금.

그럼에도 디캔팅은 적어도 한 가지 장점이 있다. 와인의 침전물을 제거할 수 있다는 것. 포도주병에 는 고체 형태의 침전물인 (와인) 앙금이 남는다. 물 론 술앙금이 있다고 해서 와인의 질이 나빠지는 것 은 아니지만, 와인의 숙 성에 장애 요인이 될 수는 있다.

화학적으로 볼 때, 술앙금은 주로 타타르산포타슘 과 약간의 타타르산칼슘으로 구성된다. 이 둘은 타 타르산의 불용성 염이다. 타타르산은 이카복실산에

백포도주의 결정.

속하기 때문에 자동으로 2개의 양성자를 지닌다. 따라서 포타슘에서 1개의 양성자, 칼슘에서 2개의 양성자가 교환된다.

술앙금이 타타르산(포도산)보다 먼저 발견된 것은 그다지 놀랄 일이 아니다. 타타르산의 염인 술앙금이 거울상 이성질체라는 것을 발견한 사람은 파스퇴르로, 그는 포도주병 바닥에 침전된 타타르산 결정(타타르산소듐암모늄)이 모두 한 쪽으로 휘어져 있는 것을 관찰했다. 반면, 공장에서 생산된 타타르산은 양 방향으로 휘어진 결정이 섞여 있었다. 파스퇴르는 이 거울상 결정을 현미경으로 관찰해 최초로 라세미혼합물을 분리하는 데 성공했다. 타타르산소듐암모늄의 2개의 거울상 이성질체 용액을 '포도산'이라고 한다. 라세미혼합물은 포도산의 라틴어 이름$^{Acidum\ racemicum}$에서 파생된 것이다.

포도에는 주로 L-(+)-타타르산이 들어 있다. 타타르산과 타타르산염은 민들레, 사탕무, 후추, 파인애플 등에도 함유되어 있다. 거울상인 D-(-)-타타르산은 자연에서는 서아프리카에 서식하는 나무의 잎에서만 추출된다. 타타르산은 비대칭탄소가 2개이기 때문에 각각의 광학활성이 서로 반대가 되는 구조도 가능하다. 이 세 번째 형태는 - 앞에서 제시한 카복실산의 이름과 소속을 정리한 표에서 - 자연에서는 전혀 찾아볼 수 없으며, '메조타타르산'이라고 한다. 이 산은 화학반응을 통해서만 만들 수 있고 카이랄성을 띠지 않는다. 이 산이 카이랄성을 띠지 않는 것은 2개의 비대칭탄소가 서로 반대인 광학활성

을 띠므로 서로 상쇄되어 편광면이 회전하지 않기 때문이다(참조: 표의 점선).

타타르산은 청량음료나 젤리 같은 식품의 첨가물로 사용되는데, 이전에는 빵을 만들 때 발포

제로 사용되었다. 오늘날에는 탄산소듐과 함께 (레몬산의 대용물로) **베이킹파우더**의 성분으로 사용된다. 또한 타타르산은 석고나 시멘트에 첨가되기도 하는데, 굳는 작용을 지연시키는 역할을 한다.

이제부터 표에 나와 있는 카복실산 중에서 설명이 빠진 4개의 산에 대해 설명한다.

특수한 카복실산

지금까지 여러 가지 무기산과 유기산에 대해 배웠다. 무기산의 일반적인 정보, 가정에서 사용되는 산의 종류, 일상생활에서 접하는 산 그리고 카이랄성에 이르기까지 주제의 범위는 엄청나게 넓다. 이제 또 다른 특수한 카복실산을 살펴볼 차례이다.

끝없이 많은 산

앞의 카복실산의 이름과 소속을 정리한 표에서 카복실산을 개략적으로 살펴보았다. 다양하게 분류할 수 있다는 것은 동일하게 또는 서로 다르게 작용하는 카복실산의 종류가 많다는 것을 의미한다. 이렇게 종류가 많은 데서 특정한 그룹으로 분류하는 것은 쉬운 일이 아니다. 지금부터 설명할 카복실산들은 구조나 용도에서 특수성을 띤다.

향을 지닌 카복실산

누구나 '향'이라는 말을 들으면 우선 커피 향
이나 냄새가 좋은 에테르 기름을 떠올릴 것이다.
이는 역사적으로 보면 잘못된 것은 아니다. 왜냐
하면 화학구조를 몰라도 향이 나는 화합물은 사
실상 하나의 그룹으로 묶을 수 있기 때문이다.
우선, **방향족화합물**을 **방향 물질**과 혼동해서는
안 된다. 방향 물질이란 식물이나 동물에서 얻는
자연적인 향이나 화학적으로 합성된 물질을 말

한다. **방향족화합물**은 탄화수소로 이루어진 고리 형태의 분자로, 공명구조를
지니는데, 이 구조에서는 일정한 수의 전자들이 원자들 사이에서 자유롭게 이
동한다. 이 특수한 성질이 방향족화합물의 반응방식을 결정한다.

방향족화합물의 기초가 되는 물질은 벤젠이
다. 벤젠은 플라스틱, 의약품, 색소, 방향제 등
다양한 분야에 쓰이는 수많은 합성 기초물질이
다(이로써 방향족화합물이 방향 물질에 속한다는 것은
분명해졌다). 방향족화합물은 다양하게 쓰일 뿐만
아니라 특수한 반응방식을 갖고
있어 '벤젠화학'이라는 이름

을 얻기도 했다. 따라서 벤젠이 독일에서 연간 200만 t 이
상 소비된다는 것은 절대 놀라운 일이 아니다.

벤젠의 분자식은 C_6H_6이다. 벤젠은 6개의 탄소 원자가

육각형의 고리를 이루는데, 이는 방향족화합물에서 전형적으로 볼 수 있는 현상이다. 이 육각형의 각 모서리에 탄소 원자가 붙어 있다. 고리구조의 탄소 원자들은 공유전자에 의해 결합한다.

이 방향족 고리구조에는 또 다른 6개의 파이(π)결합전자가 있는데, 이 전자들은 탄소 원자 사이를 자유롭게 이동할 수 있다. 이러한 특성 때문에 방향족화합물에는 특수한 안정성이 유지된다. 따라서 벤젠의 구조식을 나타낼 때는 일반적인 배열 상태로 표시하지 않고, 독특한 방향족 고리로 표시한다(그림 참조).

벤젠은 유독성이 있으며 암을 유발한다. 특히 벤젠 증기는 독성이 매우 강하기 때문에 주유소의 급유기(휘발유가 폭발하는 것을 방지하기 위해 벤젠을 넣기 때문이다)에는 위험 표시를 붙여 주의를 환기한다.

벤젠의 고리 때문에 **벤조산(페닐카복실산)**은 방향족 카복실산에 속한다. 벤조산이 카복실산에 속하는 것은 고리에 연결된 카복실기를 보면 알 수 있다(이 구조에 대해서는 앞의 표 참조). 벤조산은 박테리아와 세균을 죽이는 효과가 있어 방부제(E 210)로 쓰인다. 벤조산소듐(E 211), 벤조산포타슘(E 212), 벤조산칼슘(E 213) 같은 벤조산염은 용해성이 있어 케첩, 겨자, 소시지, 마가린 등에 사용된다. 벤조산도 뷰탄산과 마찬가지로 황산의 작용으로 알코올과 에스터화 반응을 한다.

벤조산   메틸알코올   벤조산메틸에스터   물

이 반응으로 향이 좋은 방향 물질이 만들어진다. 또한 이 반응으로 방향

족화합물은 방향 물질이 될 수도 있다는 것이 분명해
진다!

물론 방향족 카복실산에도 '벤젠이카복실산'이라는
이카복실산이 있다. 앞에서 식초산을 설명할 때 테레프
탈산을 소개한 바 있다.

벤젠이카복실산은 테레프탈산과 마찬가지로 페트병
생산에 이용된다. 이 때문에 벤젠이카복실산은 – 앞에서
아디핀산과 세바신산을 다룰 때 설명했듯이 – 플라스틱을 합성하는 재료로 쓰
인다.

아마도 **아스피린**을 모르는 사람은 없을 것이다. 통증이 있거나 감기에 걸렸
을 때 **아세틸살리실산**이 톡톡히 제몫을 한다. 아스피린은 의약품 역사를 통
틀어 가장 성공적인 약품이라고 할 수 있다. 아스피린, 즉 아세틸살리실산은
살리실산을 바탕으로 생산된다. 살리실산이 지닌 해열과 진통 효과는 일찌감
치 – 1835년부터 – 알려졌다. 이즈음에 조팝나무에서 최초로 살리실산이 추출
되었다(살리실산이라는 이름은 '은버들'을 뜻하는 라틴어 Salix alba에서 유래한다. 조팝

조팝나무.

나무는 버드나무의 일종이다. 1829년에 이미 버
드나무의 추출액에서 살리실산을 얻기도 했다).

조팝나무는 땅이 축축할 정도는 아
니더라도 습기가 많은 산야에서 자란
다. 조팝나무는 장미과에 속하며 학명
은 Filipendula ulmaria이다. 이전에는
Spiraea ulmaria라는 이름으로 알려졌다.
이 때문에 살리실산을 '**스피르산**'이라고
도 한다. 아스피린이라는 이름은 아세틸
의 머리글자 A와 스피르산의 Spir(스피르)

펠릭스 호프만.

를 합쳐 만들었다. 하지만 순수한 살리실산은 위에 매우 자극적이어서 위의 점막을 손상한다. 그 때문에 살리실산의 대용물을 찾기 위해 많은 실험이 시도되었다. 독일 바이엘사의 화학자인 펠릭스 호프만은 살리실산에 아세틸기를 첨가해 살리실산의 단점을 극복했다. 이렇게 해서 아세틸살리실산이 탄생하였다. 이 물질은 1899년 2월 1일부터 '아스피린'이라는 이름으로 판매되기 시작했다(또 다른 기록에 의하면 아세틸살리실산의 탄생에는 펠릭스 호프만의 동료였던 아르투어 아이헨그륀이 지대한 역할을 했다고 한다).

참고 사항: 방향족화합물의 이름 짓기

살리실산은 벤조산에서 유도된 것으로 방향족 카복실산에 속한다. 따라서 살리실산은 하이드록시산이다. 원래는 알파하이드록시산이라고 할 수 있는데 살리실산은 카복실기(1차 치환체)의 바로 옆에 하이드록시기(2차 치환체)가 있기 때문이다.

하지만 방향족화합물은 사슬 모양의 분자와는 다른 독특한 방법으로 치환체의 위치를 표기한다. 즉, 고리에 붙는 원자나 원자단에 그리스어 접두어를 쓴다. 2차 치환체가 1차 치환체의 바로 옆에 있으면 접두어 ortho('바로' 또는 '곧장'을 뜻하는 그리스어)를 쓴다. 따라서 살리실산은 알파하이드록시산이 아니라 오쏘하이드록시산이다. 살리실산은 방향족 벤조산에서 나온 것이므로 정확하게 말하면 오쏘하이드록시벤조산(간단히 줄여서 o - 하이드록시벤조산이라고도 한다)이 된다.

따라서 앞서 설명한 테레[tere]프탈산은 '파라[para]프탈산' 또는 간단히 줄여서 'p - 프탈산'이라고 한

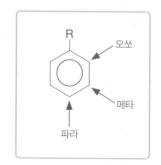

다. 그리스어 접두어 para(파라)는 '반대편'을 뜻하며, 구조상으로는 반대편의 치환체를 가리킨다. '테레'는 멀다는 뜻이므로 결국 '파라'와 같은 위치를 가리킨다. 2차 치환체가 오쏘와 파라 사이에 있으면 '하나를 건너뛴' 또는 '너머'를 뜻하는 그리스어 접두어 meta(메타)를 쓴다.

또한 치환체가 2개 이상 있으면 치환체의 위치를 표시하기 위해 번호를 붙인다.

1970년대에 이르러서야 아세틸살리실산의 효능이 밝혀졌다. 주된 효능은 프로스타글란딘의 형성을 막는 것이다. 프로스타글란딘은 세포조직이 손상되거나 염증이 생길 때 형성되는 생리호르몬이다. 아세틸살리실산은 이 조직의 혈액 농도를 낮추어 심장마비나 뇌출혈을 예방하는 역할도 한다(왜냐하면 아세틸살리실산은 혈액을 묽게 해 혈액 응고를 막는 작용도 하기 때문이다). 혈액이 묽어지면 혈소판이 엉겨 붙지 않기 때문에 혈액의 응고를 막을 수 있다. 혈액이 응고되면 심장근육 동맥이나 뇌동맥이 막힌다. 정상적인 경우, 프로스타글란딘은 혈액의 응고를 촉진하는데 아세틸살리실산이 프로스타글란딘의 형성을 막으면 프로스타글란딘은 혈액의 응고를 촉진할 수 없게 된다.

하지만 아스피린은 위 점막의 손상, 위통, 위종양 등 예기치 못한 부작용을 유발하기도 한다. 이러한 부작용이 나타나는 사람들에게는 순수한 아세틸살리실산보다 아세틸살리실산의 소듐염인 아세틸살리실산소듐이 적합하다. 만약 여러분이 이런 경우에 해당한다면 아세틸살리실산에 탄화수소소듐과 레몬산이 첨가된 약품을 이용하는 것이 좋다. 이런 약품에서는 아세틸살리실산이 탄화수소소듐과 반응해 아세틸살리실산소듐을 만든다. 아세틸살리실산소듐은 물에 잘 녹아 – 순수한 아세틸살리실산과는 달리 – 위에서 비교적 작은 결정을 형성해 순수한 아세틸살리실산보다 위 점막을 훨씬 덜 자극한다. 물론 이는 이 약품을 복용할 때 충분한 물을 섭취하는 것을 전제로 한다. 또한 문제가 생기면 중화제를 복용해 해결할 수 있다.

아스코르브산을 복용하는 것이 좋은가, 아니면 비타민 C?

어느 것이든 먹어야 한다! 이 둘은 화학적으로는 아무런 차이가 없으므로 섭취하는 것이 중요하다. 우리 몸은 스스로 비타민 C를 만들지 못하기 때문에 외부에서 받아들여야 한다. 성인이 하루에 필요한 비타민 C의 양은 약 100mg 이다. 중부 유럽과 서유럽에서는 과일과 채소에 많이 함유되어 있기 때문에 음식물 섭취로 이 양이 채워진다. 만약 까치밥나무 열매를 먹게 된다면 붉은색 까치밥나무 열매보다는 검은색 까치밥나무 열매를 먹는 것이 좋다. 검은색 까치밥나무 열매에는 붉은색 까치밥나무 열매보다 비타민 C가 5배 정도 많다. 독일에서 나는 과일 중에서 비타민 C가 가장 많이 들어 있는 것은 들장미(로즈힙) 열매로 100g당 1,200mg 이상의 비타민 C가 들어 있다. 레몬이나 오렌지에는 100g당 50mg의 비타민 C가 들어 있으며, 파프리카에는 레몬이나 오렌지의 2배가 들어 있다. 비타민의 일반적인 중요성에 대해서는 나중에 다시 설명할 것이다.

들장미 열매.

제임스 린드.

비타민 C를 충분히 섭취하지 않으면 생기는 질병 중에는 괴혈병이 있다. **괴혈병**은 18세기 중반까지 기세를 떨치다가 영국의 의사 제임스 린드[1716~1794]에 의해 라임 과즙으로 치료되었다. 괴혈병은 선원들에게 많이 발생했는데 종아리나 발에 종양이 생기고 잇몸에서 피가 났으며 치아와 머리카락이 빠졌다. 또한 관절이 부어올라 살짝 누르기만 해도 통증을 느꼈다. 비타민 C의 결핍은 결국 결체조직 이완을 초래해 심장마비로 죽는 경우가 빈번했다.

제임스 린드가 해결책을 찾은 후에는 장기간 배로 여행할 때 비타민 C를 어떻게 공급하는가가 관건이 되었다. 1768년에 제임스 쿡 선장이 세계 일주 항해에 나서자 제임스 린드는 맥 즙 원액과 소금에 절인 양배추, 오렌지와 레몬 과즙을 가지고 가도록 권했다. 덕분에 제임스 쿡 선장은 함께 항해한 선원 중에서 단 한 명도 괴혈병에 걸리지 않은 공으로 1776년에 영국왕립학회^{Royal Society}로부터 표창장을 받았다. 그

제임스 쿡.

뒤 1933년 헝가리의 생화학자 알베르트폰센트-죄르지 나지라폴트가 비타민 C가 괴혈병을 막을 수 있는 물질이라는 것을 입증했다(그는 그 공로를 인정받아 1937년에 노벨 의학상을 받았다).

알베르트폰센트 죄르지 나지라폴트.

아스코르브산이라는 이름은 not을 뜻하는 A와 괴혈병을 뜻하는 라틴어 scorbutus에서 파생되었다. 아스코르브산은 유산이나 타타르산과 마찬가지로 광학활성을 띤다. 아스코르브산은 2개의 비대칭 탄소 원자를 지니며 분자의 전체 구조도 비대칭이다. 이 때문에 거울상 이성질체의 관계가 타타르산보다 훨씬 복잡하다. 여기서는 일단 생물학적 활성을 나타내는 단 한 가지 형태가 있는데, 이것이 L-(+)-아스코르브산이라는 점만 밝혀둔다.

여기서 아스코르브산을 다루는 것은 나름대로 묘미가 있다. 카복실산의 이름과 소속을 정리한 표의 구조식을 자세히 살펴보면 다른 카복실산과는 달리 곧바로 눈에 들어오는 카복실기를 찾을 수 없다. 하지만 카복실기는 감추어져 있을 뿐 존재하기는 한다. 카복실기가 붙은 탄소와 수산기가 붙은 탄소가 이중결합으로 연결되어 있다. 화학자들은 이를 '**비닐카복실산**'이라고 한다.

비닐카복실산

이중결합의 수산기는 양성자를 내준다. 이렇게 설명하기 시작하면 다시 산에 관한 주제로 돌아가고 만다. 하지만 이 분야에서만 아스코르브산이 특수한 반응을 하는 것은 아니다. 아스코르브산은 복잡하기는 하지만 안정된 구조 때문에 라디칼 제거제와 항산화제antioxidant(산화방지제)로 반응한다.

항산화제의 작용은 화학자가 아니라도 경험할 수 있다. 현명한 요리사는 채소 샐러드에 약간의 레몬즙을 떨어뜨린다. 이때 자연적으로 포함된 비타민 C가 산화 과정으로 생기는 사과나 바나

나의 변색을 막는다. 이 때문에 아스코르브산은 다양한 식품에 방부제(E 300)로 투입된다. 이는 아스코르브산의 염인 아스코르브산소듐(E 301)과 아스코르브산칼슘(E 302)에도 적용된다. 이들은 레몬주스, 농축 우유, 잼, 소시지 등의 첨가물로 이용된다. 이 첨가물은 항산화제 효과보다는 오히려 환원제의 성질을 띤다. 즉, 아스코르브산은 화학 구조상 다른 모든 화학물질 또는 다른 많은 화학물질보다 전자를 먼저 내준다. 따라서 아스코르브산은 환원제로 작용하며 스스로 쉽게 산화된다. 아스코르브산은 다른 화합물들이 환원되도록, 다시 말해 전자를 얻을 수 있게 돕는다. 아스코르브산의 전자를 주는 능력이 소진된 이후에 비로소 다른 (보호)물질 또는 화합물은 전자를 줄 수 있거나 주어야 한다. 아스코르브산은 공기 중의 산소에 의한 보호물질의 산화를 막는 작용을 하는데, 이 작용으로 인해 '항산화제'로 불린다. 하지만 아스코르브산으로도 채소 샐러드의 변색을 완전히 막지는 못하고 다만 지연시킬 수 있을 뿐이다.

라디칼 제거제로서의 비타민 C의 역할은 흔히 항산화제로서의 작용과 동일하게 취급되기도 한다. 하지만 라디칼 제거제로서의 작용은 문자 그대로 매우 깊다. 그 이유는 작용하는 곳이 세포의 내부, 특히 유기체에 제공할 에너지를 마련하는 **미토콘드리아**이기 때문이다. 이 과정에서는 산소가 필요한데, 산소는 호흡을 통해 들어와 피를 매개로 각 세포로 전달되며 양성자, 전자와

함께 결국 물을 만든다. 하지만 이 세 가지 요소의 비율은 신진대사가 엄청나게 많이 진행되기 때문에 항상 최적의 상태는 아니다. 따라서 전자의 수가 적당하게 채워지지 않는 산화 물질이 생긴다. 이러한 물질을 화학에서는 **'라디칼**radical**'**이라고 한다.

라디칼은 1개 또는 여러 개의 자유(결합되지 않은)전자를 지니고 있다. 자유전자들은 보충되어야 하기 때문에 이 분자들은 다른 분자로부터 전자를 빼앗으려고 시도한다. 라디칼은 이름대로 과격하게 반응을 일으키며 유기체에 위험을 초래한다. 따라서 라디칼은 조직세포의 독이라고 할 수 있다. 이러한 라디칼이 과도하게 발생함으로써 조직세포가 늙어가고, 암에 걸리며, 각종 퇴행성 질환이 생긴다. 비타민 C는 라디칼의 생성을 억제하며, 라디칼 산화 물질에 부족한 전자를 전달해 무력하게 만든다. 그 때문에 조직세포는 라디칼의 공격을 막아낼 수 있다. 하지만 비타민 C가 이 싸움을 홀로 수행하는 것은 아니다. 비타민 E와 베타카로틴이 라디칼에 맞서 함께 싸우고, 셀레늄, 아연, 코엔자임 등이 가세하기도 한다. 또한 신선한 음식을 골고루 섭취하면 라디칼을 물리칠 가능성이 커진다.

감마하이드록시뷰탄산(GHB): 산의 어두운 면

이 구조식을 보면 "아무것도 아니네. 뭐가 이렇게 단순해?"라고 말할지도 모른다. 사실 이는 상대적으로 단순한 구조로 이루어진 물질이다. 좀 더 자세히 살펴보면 하이드록시산의 구조식이라는 것을 알 수 있다. 이 종류의 카복실산은 매우 단순한 유형이라는 것은 앞에서 이미 살펴보았다. 과일산, 타타르산, 유산, 레몬산 등과 같은 그룹에 속한 알파하이드록시산이 그것이다. 그런데 이 물질이 산의 어두운 면을 나타내는 이유는 무엇일까? 우선 수산기의 위치에 주목해보자. 수산기는 카복실기와 달리 알파 위치에 있지 않고 감마 탄소 원자에 있다. 따라서 이 구조식의 물질은 감마하이드록시산이다. 이 물질은 바로 감마 탄소 원자에 수산기가 있는 뷰탄산이다. 감마하이드록시뷰탄산은 줄여서 'GHB'라고 하며, 탄소 사슬의 길이는 알칸족 뷰탄에서 파생된다.

감마아미노뷰탄산도 뷰단산으로 만든다. 감마아미노뷰탄산은 그리스어 철자 γ로 쓰고, 산의 영어 약어로 'GABA'라고 표시한다. GABA는 인간의 뇌에 있는 신경전달물질이다.

GABA는 감마 위치에 수산기 대신 아미노기가 있다. 아미노기는 질소 원자가 결정적인 역할을 하는 또 다른 작용기이다. 아미노기의 화학식은 $-NH_2$이다. 아미노기의 카복실산 물질들은 '아미노산'으로 불린다. 아미노산은 원래 아미노카복실산이지만, 간단히 줄여서 **'아미노산'**이라고 한다. 이에 대해서는 나중에 자세히 살펴볼 것이다.

GHB와 GABA는 서로 유사하다. 1960년대 초에 이 물질을 발견한 화학자들에 의해 GHB에서는 GABA의 아미노기가 수산기로 교체되어 있다.

1970년대까지 GHB는 의학 분야에서 마취제로 사용되었다. GHB의 마취 효과는 두 물질의 구조적 유사성으로 설명된다.

GABA는 신경세포 사이의 접합부인 **시냅스**에

시냅스.

서 신경전달물질로 작용한다. 시냅스에서는 신경세포 사이의 신경 신호가 전달되는데, 시냅스는 신경 신호를 조절하는 기능도 한다.

시냅스에서는 흥분시키는 신호와 억제하는 신호가 조절된다. 이러한 조절 기능 때문에 - 노골적으로 말하자면 - 우리는 특정한 정보를 걸러낼 수 있다. 그렇지 않다면 넘쳐나는 정보의 파도에 휩쓸려 정신을 차리지 못할 수도 있다. GABA는 억제하는 신호를 전달한다. 억제하는 GABA 신호의 일부가 약한 농도(0.5~1.5g)의 GHB 섭취에 의해 가로막히면 GHB는 환호한다. GHB는 불안을 없애고 억눌린 상태를 극복하게 하며 기분을 좋게 한다. 또한 여유와 사교성을 키우는 작용을 하는데, 이 때문에 GHB는 청소년과 청년들 사이에서 **환각제**로 애용된다.

GHB는 (약 2.5g까지) 농도를 높이면 정신을 몽롱하게 해서 기분 좋게 만들며, 피로감을 느끼지 않게 하는 효과가 있어 GHB를 섭취하면 밤새 춤을 추며 환락에 빠지게 된다. 또한 자주 또는 규칙적으로 섭취하면 심리적으로나 육체적으로 중독 현상이 나타난다. 그러다가 GHB 섭취를 중단하거나 양을 줄이면 금단 현상이 생겨 몸을 떨거나 땀이 나고 불안감을 느끼며 수면 장애나 구토가 유발된다.

농도가 더 높아지면 결국 GHB의 어두운 면이 확연히 모습을 드러낸다. GHB는 다른 물질(예: 아편과 유사한 물질, 알코올)과 함께 섭취하면 갑작스럽게 잠이 몰려와 수면제 같은 역할을 한다. 이 물질을 섭취하고 잠이 든 사람은 여간해서는 깨울 수 없고 경우에 따라서는 호흡이 중단되어 죽음을 맞게 된다!

GHB는 2000년대에 이르러 성범죄용으로 악용되면서 '**데이트 강간 약물** date rape drug'로 악명을 떨치고 있다. 이 물질은 음료수나 술에 섞어 - 대개 소듐염의 형태로 - 마시는데, 이렇게 하면 염 특유의 맛이 사라진다. GHB를 마신 사람은 약 15~30분이 지나면 온몸이 나른해지면서 의식을 잃게 된다. GHB는 대개 섭취 후 12시간이 지나면 신진대사로 인해 우리 몸에서 완전히 빠져나가기 때문에 추적하기가 매우 어렵다. 이런 여러 가지 부정적인 이유로 이 물질은 의약 분야 이외에서는 취급이 금지되어 있다.

매우 특이한 산: 아미노산

앞에서 이미 설명했듯이 GABA는 아미노산에 속한다. 이 감마아미노뷰탄산은 뇌에서 억제 작용을 하는 신경전달물질로서 카복실기와 아미노기를 지니는데, 아미노기는 카복실기에 대해 감마 위치에 있다.

먼저 아미노산의 일반적인 성질과 구조를 살펴보겠다. 그런 다음 아미노산이 식품에서 얼마나 중요한 역할을 하는지를 밝힐 것이다. 아미노산이 단백질의 구조에서 어떠한 역할을 하는지는 영양소를 다루는 장에서 살펴볼 것이다.

아미노산의 일반적인 성질과 구조

> 아미노산들은 음식물을 통해 우리 몸에 들어온다. 우리 몸을 이루는 유기체는 20개의 아미노산으로 구성된다. 이중 12개는 다른 영양분을 원료로 우리 몸에서 합성되고, 나머지 8개는 합성되지 않아 반드시 음식물로 섭취해야 한다. 따라서 이 8개의 아미노산을 '필수아미노산'이라고 한다.

여기서 아미노산을 복수로 말한 이유는 다양한 아미노산이 있기 때문이다. 기본적으로 우리 몸을 이루는 유기체의 구조에는 20개의 아미노산이 관여한다. 여기서 '구조'라는 개념은 특히 몸의 단백질을 가리킨다. 이 때문에 **단백질 아미노산**'이라는 표현을 쓰기도 한다. 단백질이 아닌 아미노산도 250개가 넘지만, 이들은 우리가 다룰 대상이 아니다.

아미노산은 음식물을 통해 섭취하는 단백질의 주요 성분이다. 서유럽과 중부 유럽의 음식물 섭취 상황을 보면 모든 아미노산은 충분한 양으로 섭취된다고 할 수 있다. 여기서 '충분한'이라는 표현은 매우 적합하다. 왜냐하면 우리의 소화 시스템이 단백질을 다시 아미노산으로 분해하기 때문이다. 이 아미노산은 다시 우리 몸을 이루는 단백질로 합성되기도 한다. 또한 우리 몸은 자체적으로도 아미노산을 합성할 수 있다. 하지만 이렇게 합성되는 것은 총 20개의 아미노산 중에서 12개뿐이다. 나머지 8개는 반드시 음식물을 통해 섭취해야 하기 때문에 이 8개의 아미노산을 '필수아미노산'이라고 한다.

'충분한'이라는 표현은 음식물 섭취 상황을 염두에 둔 것이지만, 그렇다고 항상 균형 있는 음식물 섭취가 이루어지는 것은 아니다. 서유럽의 식사는 주로 고기로 채워진다. 그런데 필수아미노산은 주로 식물성 식품에 들어 있다.

아미노산은 산을 이루는 카복실기와 **아미노**(NH₂)**기**라는 작용기를 지닌다. 아미노기는 하이드록시산의 수산기와 마찬가지로 카복실기에 대해 알파, 베타, 감마, 델타의 위치에 있을 수 있다. 이러한 각 위치에 따라 아미노산은 알파 아미노산, 베타 아미노산, 감마 아미노산, 델타 아미노산으로 구분된다. 단백질 아미노산은 모두 **알파 아미노산**이다.
글리신 이외의 다른 아미노산은 모두 광학활성을 띤다. 아미노산은 광학활성에 따라 L형과 D형으로 나눌 수 있다. 단백질 아미노산은 모두 L형 아미노산이다. 아미노산들은 상호 간에 **펩타이드결합**으로 연결되어 있다.

따라서 모든 아미노산은 각각 적어도 하나의 카복실기와 아미노기로 구성된다. 이 두 기가 같은 탄소 원자에 있다면 이 아미노산은 알파 아미노산이다. 글리신을 제외한 다른 아미노산들은 광학활성을 띤다. 이는 탄소 원자에 카복실기와 수산기 이외에 2개의 각각 다른 치환체가 결합해 있다는 것을 전제한다. 가장 단순한 아미노산인 글리신의 경우는 중심 탄소 원자에 2개의 수소 원자가 결합하고 있어서 4개의 치환체가 모두 다르다는 조건을 만족하지 못하여 광학활성을 띠지 못한다. 하지만 다른 모든 단백질 아미노산에서는 중심 탄소 원자의 2개의 수소 원자 중 하나는 서로 다른 것으로 치환된다. 이 치환체는 나머지를 뜻하는 'R'로 약칭된다.

치환체 R은 복잡한 구조를 띨 수 있다. 치환체의 종류와 구조에 따라 단백질 아미노산은 다시 여러 그룹으로 분류된다. 이 치환체에서 또 다른 카복실기를 가진 아미노산들은 모두 산성 아미노산에 속하고, 치환체에서 또 다른 아미노기를 가진 아미노산들은 염기성 아미노산에 속한다. 아미노기는 질소 원자에 비공유전자쌍이 있어 염기성을 띰에 따라 이 아미노기는 양성자와 결합할 수 있다.

아미노산의 두 이성질체 중에서 L형 아미노산만 단백질 아미노산이다. 우리 몸에서 단백질 합성에 참여하는 모든 분자는 카이랄성을 띠기 때문에 L형 거울상 이성질체만 인식할 수 있다.

따라서 글리신 이외의 모든 단백질 아미노산은 알파 아미노산으로 분류할 수 있으며, 광학활성을 띤다. 영양소를 다룰 때 이에 대해서 다시 살펴볼 것이다.

단백질 아미노산과 단백질 합성에 참여하지 않는 다른 모든 아미노산의 공통점은 서로 결합할 수 있다는 것이다. 이 결합으로 아미노산의 사슬인 '**펩타이드**'가 생긴다. 펩타이드의 길이는 접두어로 구분된다. 2개의 아미노산이 참여하면 '**다이펩타이드**', 3개의 아미노산이 참여하면 '**트리펩타이드**', 4~10개까지의 아미노산이 참여하면 '올리고펩타이드'가 생긴다. 음식물을 통해 섭취되는 단백질은 적어도 100개의 아미노산 사슬로 이루어진 **폴리펩타이드**를 구성한다.

아미노산의 결합 과정은 다음과 같다. 하나의 아미노산 분자에 결합해 있는 아미노기와 또 다른 아미노산 분자에 결합해 있는 카복실기가 반응하면 물과

2개의 아미노산으로 구성된 1개의 새로운 분자가 만들어진다. 이 새로운 분자를 '다이펩타이드', 반응 결과 이루어진 결합을 **펩타이드결합**'이라고 한다.

하지만 아미노산은 우리 몸의 단백질을 만드는 일만 하는 것이 아니다. 일부 필수아미노산의 경우는 우리 몸의 신진대사에서도 중요한 역할을 한다. 필수아미노산으로는 발린, 루신, 아이소루신, 페닐알라닌, 트레오닌, 트립토판, 메티오닌, 라이신이 있다(어린아이의 경우에는 이 8종 이외에도 히스티딘과 아르기닌이 추가되어 총 10종의 필수아미노산이 있다).

발린, 루신, 아이소루신, 페닐알라닌은 신경계의 전달물질이고, 트레오닌과 트립토판은 호르몬의 중요한 기초물질(혈액순환을 통해 신호를 전달하는 중요한 물질)이다. 필수아미노산이 결핍되면 전염병에 걸리기 쉬운 데 이는 필수아미노산이 직·간접적으로 물질의 구성과 작용에 관여하고 면역계를 강화시키기 때문이다.

그런데 필수아미노산의 결핍을 잘못된 음식물 섭취나 편식의 탓으로 돌릴 수만은 없다. 육체적 또는 정신적인 병에 걸리면 비축된 아미노산이 줄어들게 된다. 심한 스트레스, 지나친 다이어트, 격렬한 스포츠 활동 등에 의해서도 필수아미노산은 손실된다. 이러한 현상은 현대사회의 부산물이기도 하기 때문에 아미노산 보충제가 점점 주목받고 있다. 아미노산 보충제가 운동선수들의 근육을 강화시키는 작용을 한다(하지만 부작용도 동반된다)는 것은 오래전부터 알려져 있다.

이제 식품에 포함된 아미노산에 대해 살펴볼 차례가 되었다.

주의: 페닐알라닌 함유!

껌이나 음료 같은 식품의 포장지에서 페닐알라닌이 함유되어 있다는 문구를 본 적이 있을지도 모르겠다. 하지만 이 문구를 보고 놀랄 필요는 없다. 유럽연합 국가들에서는 페닐알라닌이 함유된 식품은 포장지에 반드시 표기해야 한다. 이렇게 하는 이유는 특정한 사람들에게는 페닐알라닌의 섭취량이 결정적인 의미가 있기 때문이다.

껌.

특정한 사람들이란 유전적으로 신진대사 장애를 가진 사람들을 말한다. 신생아들은 태어난 지 며칠

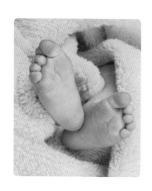

이 지나면 유전자 검사를 받게 되는데, 대개 발뒤꿈치에서 피를 뽑아 검사한다. 선천성 신진대사장애증을 가진 신생아들은 음식물과 함께 섭취한 페닐알라닌을 완전히 분해하지 못한다. 이런 경우 페닐알라닌은 모유나 아기 우유에 들어 있으므로 가능한 한 빠르게 체외로 배출되어야 한다. 이러한 대사작용이 이루어지지 않으면 페닐알라닌이 혈액 속에 축적됨으로써 뇌의 발육이 저하되어 뇌가 정상적인 기능을 하지 못한다. 이 질환을 '페닐케톤뇨증$^{phenylketonuria: PKU}$'이라고 한다.

페닐케톤뇨증에 걸린 아이들은 적어도 사춘기가 지날 때까지는 – 이 시기가 되면 뇌의 발육이 완료된다 – 페닐알라닌이 거의 들어가 있지 않은 음식을 먹는 식이요법을 해야 뇌가 정상적으로 발육한다. 따라서 자연적으로 페닐알라닌이 풍부하게 함유된 음식(고기, 소시지, 닭고기, 생선, 땅콩,

이 식품들은 금지!

달걀, 치즈, 우유, 곡물 등)은 피해야 한다. 또한 아스파탐 같은 감미료가 들어 있는 식품도 피해야 한다 (그 이유에 대해서는 곧 알게 된다). 페닐케톤뇨증 환자는 이처럼 먹지 말아야 할 식품의 종류가 매우 많으며 먹어도 되는 식품은 레몬,

버찌, 포도, 딸기 같은 과일과 오이, 토마토, 당근, 비트 같은 채소이다. 이들이 먹어도 되는 식품의 종류는 상대적으로 많지 않다.

이 식품들도 금지!

이것들은
먹어도 된다!

아스파탐: 감미료인가, 아니면 유해물질인가?

아스파탐의 감미도는 설탕의 약 200배에 달한다. 이렇게 감미도가 높기 때문에 아스파탐은 설탕의 과다 사용을 줄여준다. 아스파탐은 화학적으로 2개의 알파 아미노산인 L-아스파트산과 L-페닐알라닌으로 구성된 다이펩타이드의 메틸에스터이다. 이 다이펩타이드는 혀에 단맛을 남긴 후 소화기관에서 다시 2개의 아미노산으로

아스파탐.

분해된다. 메틸에스터에서는 알코올의 하나인 메탄올도 생긴다. 하지만 이때 생기는 메탄올은 양이 아주 적어 소화에는 아무런 문제가 되지 않는다.

껌을 포함해 '페닐알라닌'이 들어 있는 모든 식품은 페닐케톤뇨증 환자에게

는 유해물질이다. 그런데 1980년대부터 아스파탐의 섭취는 페닐케톤뇨증 환자 이외의 사람들에게도 위험할 수 있다는 우려가 제기되었다.

유럽연합 국가들에서 하루에 허용되는 아스파탐 양은 몸무게 kg당 40mg이다. 따라서 몸무게가 70kg인 사람은 하루에 250개 이상의 당의정을 먹거나 25L 이상의 라이트 콜라를 마셔도 된다. 하지만 아스파탐에는 부작용이 따르는데, 가벼운 두통에서부터 알레르기, 백혈병, 뇌종양이나 암을 유발하는 합병증에 이르기까지 아주 다양하다.

유럽연합이 부작용에 대한 우려를 불식시키기 위해 2009년 초까지 실시한 연구에 따르면 아스파탐의 하루 허용치를 바꿀 이유는 없는 것으로 드러났다. 이와 관련해 전문가들은 1960년대에 행한 쥐 실험을 근거로 아스파탐의 위험성을 지적하는 일은 터무니없다고 말한다. 당시 실험쥐에게 투여한 아스파탐의 양은 정상적인 양을 훨씬 초과한 4,000 당의정에 달했다.

페닐케톤뇨증 환자는 아스파탐 섭취를 금해야 하지만, 일반인들은 ─ 우려가 아직은 완전히 불식되지 않았으므로 ─ 이 물질을 섭취해야 할지, 얼마나 많은 양을 섭취해야 할지는 스스로 결정해야 한다. 하지만 이러한 결정은 모든 물질에 해당하는 것은 아니다.

단맛, 신맛, 짠맛, 쓴맛 그리고 감칠맛!

글루타민산은 단백질을 구성하는 알파 아미노산 중의 하나이다. 과연 글루타민산은 감칠맛이 날까? 아니라고? 그렇다면 글루타민산염을 생각해보자. 이제 거의 정답에 가까워졌다! 글루타민산소듐은 감칠맛이 날까? 정확하게 말하면 감칠맛이 나는 것은 화학조미료이고, 글루타민산소듐은 화학조미료의 일종이다. 화학조미료로 쓰이는 것은 종류가 많다. 화학조미료의 공통점은 단맛, 신맛, 짠맛, 쓴맛 이외에도 아직 잘 알려지지 않은 다섯 번째 맛인 '감칠

맛'을 낸다. 감찰맛은 영어로 umami라고 하며, 일본어 'うまい(맛있다)'에서 유래한다.

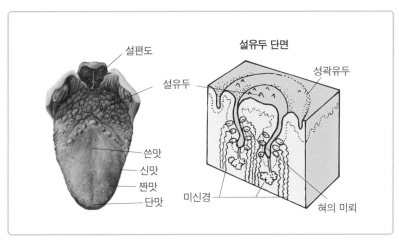

맛을 느끼는 혀의 구조.

그런데 요리에 화학조미료를 쓰는 이유는 무엇일까?

식품업체들은 화학조미료를 첨가함으로써 비용을 절감한다. 그중 글루타민산소듐은 지속적으로 공복감을 느끼게 해 계속해서 음식을 섭취하도록 유도한다. 이 때문에 과다한 체지방을 가진 사람들이 늘어나고 있다.

인스턴트식품의 95% 이상(!)에 글루타민산염이 들어 있다. 때문에 글루타민산염은 포장지에 명시하도록 법으로 정해져 있고, 보통 E 600에서 E 625 사이의 숫자로 표시된다(예: 글루타민산모노소듐, 글루타민산모노포타슘, 글루타민산칼슘, 글루타민산마그네슘). 하지만 유감스럽게도 글루타민산염의 양이 아주 적을 때는 간단히 양념 또는 혼합양념으로 표시되어 소비자의 눈을 속인다.

그러니 여러분이 화학조미료를 어떻게 판단하든 부작용에 대해서는 주목할 필요가 있다.

위험 인식과 예방?

가정에서도 화학제품을 쉽게 접할 수 있다. 화학제품은 순수한 화학물질이 아니라 화합물이 혼합된 것으로, 특정한 화학적 성질을 띠며 용도도 일정하다. 창고나 부엌에 있는 화학제품을 살펴보라. 사용설명서나 포장지를 보면 함유물 이외에도 취급 주의 지침이나 위험 표지가 적혀 있다.

이제 여러분의 건강과 직결된 문제를 다룰 차례이다. 우선 안전 수칙을 지키지 않았을 때 여러분의 건강에 어떤 위험이 발생하는지를 배우게 된다. 또한 여러분의 가정에 있는 물질과 여러분이 먹는 음식에 들어 있는 물질들이 어떤 위험을 안고 있는지 그리고 이러한 위험에 대처하는 방법도 배우게 될 것이다.

위험 표지를 주의 깊게 살펴보라!

우리 주변에는 수많은 표지가 있다. 교통 표지는 도로에서 어떻게 행동해야 할지를 알려준다. 가격 표시는 무엇을 살 수 있는지(또는 살 수 없는지)를 말해준다. 화재 예방 및 경고 표지, 지시 표지, 금지 표지, 구조 표지 등 종류가 매우 다양하다. 이 표지들은 대개 글로 나타내는 경우는 드물고 **상징**으로 표시되며, 해당 사항에 주의를 환기하고 정보를 제공한다.

경고 표지는 장애물이나 위험 상황을 알려준다. 예를 들면 실족이나 추락 위험을 경고하는 표지가 있다.

 미끄럼 위험을 경고하는 표지로, 예를 들어 마트 바닥에 물기가 있어 미끄러져 넘어질 수도 있음을 알려준다.

 이 표지는 전압 위험을 경고하며, 주로 전신주 같은 전기시설에 부착된다.

화재 경고 표지는 공공건물 등 화재 위험이 있는 곳이나 소방시설이 있는 곳 (화재 신고기나 소화기 같은 소방시설)에 부착된다.

  이 두 표지는 소화기와 소방호스를 가리킨다.

지시 표지는 (일터에서) 스스로 보호(예: 소음 방지)하기 위해 지켜야 할 사항을 알려주며, 도로교통에서도 이용된다.

  왼쪽 표지는 보행자가 이용하는 길을 나타낸다. 오른쪽 표지는 소음 방지 도구를 착용할 것을 지시한다.

구조 표지는 (호텔 등의) 비상구나 구조 시설 또는 구조 장비를 가리킨다.

 화살표 방향에 비상구가 있음을 나타낸다.

 이 표지가 있는 곳에는 구급함이 설치되어 있다.

 눈을 씻을 수 있는 시설이 있음을 나타낸다.

금지 표지는 위험을 초래할 수 있는 행동이나 사물을 경고한다.

 여기서는 흡연이 금지된다.

 여기는 보행자가 지나갈 수 없다.

 여기서는 휴대전화 사용이 금지된다.

이 표지들은 모두 특정한 형태와 색을 지닌다. 누구나 여기에 소개된 표지들을 실생활에서 한 번쯤은 접해본 적이 있을 것이다.

이제 화학제품의 용기에 붙어 있는 표지들을 상세히 살펴보기로 하겠다.

가정생활에서 발생할 수 있는 위험

> **위험 표지**는 물질의 위험한 성질을 나타내며, 이러한 물질을 '**위험물질**'이라고 한다. 여기서의 위험은 화학물질에서 나오는 구체적인 위험을 말한다. 위험 표지에는 부호, 위험 상징, 위험 신호, 안전 지침 등이 있다. 위험 신호는 위험물질로 인해 구체적으로 어떤 위험이 발생하는지를 알려주며, 안전 지침은 위험물질을 안전하게 다루는 방법을 제시한다.

 위험 표지는 가정에서 흔히 볼 수 있는 표지 중 하나로, 다양한 부호와 그림이 사용된다. 예를 들어 **Xn**은 '건강에 해로운 물질', **Xi**는 '인체를 손상하는 물질'을 뜻한다(또 다른 경우는 아래 설명 참조).

Xi에 속하는 물질은 'R'로 시작하며 R 36, R 37, R 38, R 41이 있다. 인체를 손상하는 성질이 겹칠 때는 사선으로 표시된다. 예를 들어 R 36/37/38은 '눈, 호흡기관, 피부를 손상한다'는 뜻이다. 환경청에 따르면 일반적으로 이 물질들은 "피부나 점막에 잠깐 닿거나 반복적으로 닿을 때 염증을 유발할 수 있다."고 한다.

R 20, R 21, R 22, R 65, R 68(흡입 또는 섭취 경로를 손상하는 물질), R 48(흡입 또는 섭취 경로를 손상하는 물질)도 '건강에 해로운 물질'인 **Xn**에 속할 수 있다. 환경청에 따르면 이 물질들은 "흡입하거나 피부에 스며들면 죽음을 초래하거나 건강에 심각한 해를 가져올 수 있다."고 한다.

R 42와 R 43은 위험 표지인 '**민감한 반응을 초래하는 물질**'이 될 수도 있다. 환경청에 따르면 이 물질들은 "흡입하거나 피부에 스며들면 과민반응을 유발해 건강 장애가 나타난다."고 한다. 또한 이 물질은 알레르기 반응을 유발

하기도 한다.

이런 위험 표지는 흔히 볼 수 있다. 가연성 기체나 액체(램프용 기름, 라이터용 휘발유), 가연성 물질의 혼합물(오븐 청소용 세제나 두발용 스프레이) 등에 표시된다. 이 물질들은 **F**와 **F+**로 구분되는데, F는 '약가연성 물질', F+는 '초가연성 물질'을 뜻한다. 오븐 청소용 세제에는 부탄(프로판과 섞어 쓰기도 한다)이 사용된다. 부탄은 직접 청소 작용을 하는 것이 아니라 세제를 내뿜는 역할을 한다. 위험 표지가 붙은 물질들은 앞에서 설명한 위험물질(대개 '인체를 손상하는 물질')에 속하기도 한다. 따라서 2개의 위험 표지가 붙는 경우가 흔하다.

지금부터 다룰 위험물질들의 위험도는 매우 높다. 위험 표지 'C'는 '부식작용을 하는 물질'을 뜻한다. 이 물질들은 앞에서 설명한 위험물질들이 가진 위험도 갖고 있다. 따라서 앞의 위험 표지를 반복해서 부착하지는 않는다! 산성 수용액과 알칼리성 수용액의 부식 성질에 대해서는 앞에서 설명한 바 있고, 취급할 때 주의사항도 언급했다. 위험 표지에서 산성 수용액과 알칼리성 수용액은 인체 조직뿐만 아니라 다른 물질도 공격한다는 것을 알 수 있다. 이러한 위험물질들을 사용할 때는 피부나 눈, 옷 등에 닿지 않도록 주의하고 안전조처를 해야 한다. 또한 주변에 있는 사람들에게도 주의를 환기해야 한다("어린아이의 손에 닿아서는 안 된다!")

이러한 물질의 위험 표지에는 주변에 있는 사람들의 보호가 중요한 역할을 한다. 위험 표지 'N'은 '주변 환경에 위험한 물질'을 뜻한다. 환경청에 따르면 이 물질은 "환경에 유입되면 즉각 또는 이후에 환경적인 피해를 초래할 수 있다."고 하니 동물과 식물 모두 피해를 볼 수 있다. 이는 상징에 죽은 나무와 물고기가 표시된 것에서도 알 수 있다.

가정에서 볼 수 있는 '주변 환경에 위험한 물질'로는 살충제, 제초제, 곰팡이 제거제, 방부제 등에 들어 있는 물질이다. 따라서 이 물질들을 다룰 때는 사용자의 안전에 대한 주의가 요망된다. 또한 이 물질들을 하수구나 땅에 버리는 일은 삼가야 하고, 폐기할 때는 정해진 규칙에 따라야 한다.

 위험 표지의 등급을 매긴다면 이것이 최상이다. 해골 표시는 그 자체만으로도 의미전달이 확실하다. 이 물질들은 **T**와 **T+**로 구분되는데, T는 '독성 물질', T+는 '급성 독성 물질'을 뜻한다. 이 물질들은 최상의 위험이므로 **Xn**, **Xi**, **C**의 성질을 추가로 갖고 있어도 중복 표시하지 않는다[예외: 독성 물질이 암을 유발하거나^{cancerogen} 유전형질을 변형시키며 ^{mutagen}, 생식을 방해하는^{reproduktionsstoxisch} 작용을 할 때는 **T**와 해골 표시 옆에 **C**를 붙인 다]. 이 물질들을 통틀어 **CMR-물질**로 칭하기도 한다.

환경청에 따르면 **T**와 **T+**로 표시되는 물질들은 "(매우) 적은 양이라고 할지라도 흡입하거나 피부에 스며들면 죽음을 초래하거나 건강에 심각한 해를 초래할 수 있다."고 한다. '적은 양으로 생기는 독성'과 '매우 적은 양으로 생기는 급성 독성'의 한계치는 몸무게 kg당 25mg이다. 이 물질이 한계치 이하에서 이미 독성을 나타내면 강한 독성 물질이고, 한계치를 초과하면 - 몸무게 *kg* 당 200mg까지 - '단순' 독성을 띨 뿐이다.

이 물질들은 어떻게 다루어야 할까? 가장 좋은 방법은 아예 사용하지 않는 것이다! 이 물질들에는 손도 대지 않는 것이 좋다. 하지만 어떤 이유에서건 이 물질에 접촉했다면 당장 의사에게 달려가야 한다!

일반 가정이라면 독성 물질을 구입할 일은 없을 것이다. 혹시 약사나 화학자로 일하면서 독성 물질을 보관했을 수도 있고, 독성 물질을 취급하는 회사 건물을 매입했을 수도 있다. 아무튼 가정에서 이런 물질을 발견했다면 폐기

처리에 전력을 다해야 한다. 전문가의 도움을 받거나 폐기물을 처리하는 전문 회사에 맡기는 것이 바람직하다!

GHS: 화학물질 분류 및 표지에 관한 세계 화학물질분류체계

앞에서 위험 상징에 대해 배웠기 때문에 원래는 다른 주제로 넘어가야 한다. 그러나 범세계적으로 진행되고 있는 혁신 물결도 빼놓을 수 없다. 화학물질의 분류 및 표시에 관한 세계 화학물질분류체계Globally Harmonized System of Classification and Labelling of Chemicals, 즉 화학물질의 유해성 정보를 전달하는 수단인 경고 표지 및 물질안전보건자료에 적용하는 국제기준으로 **GHS**가 마련되었다. 전 세계적인 건강보호와 환경보호 차원에서 각 나라의 화학물질분류체계가 국제기준으로 통일된 것이다. 이러한 분류 및 표시 기준이 없었던 나라들은 이제 국제기준에 맞출 수 있게 되었다. 국가별 제반 규정이 달라서 화학물질의 국제 교역 시 어려움을 겪는 일이 많았지만, 이제 전 세계적으로 통일된 시스템을 이용할 수 있게 되었다. 일부 나라는 독성 물질의 위험도를 조사하기 위해 직접 동물실험을 해야 했지만, 이제 그러한 실험도 그 규모가 대폭 줄어들었고 화학물질의 교역도 편리해졌다.

1992년, 브라질의 리우데자네이루에서 개최된 유엔환경개발회의에서 위험 관리를 세계적으로 통일하는 것이 합의되었고, 2003년에는 유엔UN의 공식 문건인 **'퍼플북**Purple Book'으로 발표되었다. 그때까지 통용된 위험 표지들은 2008년 12월 31일에 공표된 유럽연합 법령에 따라 일시적으로만 유효성을 가지며, 2010년 12월까지는 모든 물질을 GHS에 따라 표시해야 한다. 이미 사용된 표지들은 2017년까지만 사용할 수 있다. 따라서 새로운 표지들이 자리 잡을 때까지는 아직 시간이 더 필요하고, 그때까지는 옛 표지와 새 표지가 병행되어 사용된다.

국제기준이 마련되기는 했지만, 타협 없이는 새로운 기준을 적용하기가 쉽지 않다. GHS에서도 어느 한 나라의 기준이 선호되는 분야가 있다. 지금까지는 '저가연성 물질'과 '초가연성 물질', 기체, 액체, 고체의 성질을 모두 하나의 표지로 나타냈지만, GHS에서는 따로 표시된다. 따라서 위험의 종류가 15개에서 28개로 늘어났다.

새로운 위험 상징들을 다음과 같이 표로 정리했다. 옛 표지와 새 표지의 대조표는 이 책의 끝 페이지에 수록되어 있다.

물리화학적 위험

1	폭발물	
2	인화성 가스	
3	인화성 에어로졸	
4	산화 가스	
5	고압가스	
6	인화성 액체	
7	인화성 고체	
8	자가반응물질과 혼합물	
9	발화성 액체	
10	발화성 고체	
11	자가발화성물질과 혼합물	
12	물과 접촉하면 인화성 가스를 발생시키는 물질과 혼합물	

13	산화성 액체	
14	산화성 고체	
15	유기 과산화물	
16	금속 부식성	

건강 위험

17	독성(낮은 수준의 위험)	
	독성(높은 수준의 위험)	
18	피부 부식성	
	피부 자극성	
19	눈 부식성(심한 눈 손상 위험)	
	눈 자극성	
20	피부 민감성	
	호흡기 민감성	
21	유전형질 변형	
22	발암성	
23	생식 장애	

24	일회성 폭발 이후의 신체기관 독성	
25	반복 폭발 이후의 신체기관 독성	
26	호흡기 장애	

환경 위험

27	수생 환경의 독성	

유럽에서 표시되는 추가 위험

28	오존층 위험	

집과 정원, 냄비와 난로에 숨어 있는 위험

언론에서 화학이 화제의 대상이 될 때 그 내용은 대부분 부정적이다. 그러니 소비자의 머릿속에 그려지는 화학에 대한 이미지는 비판적일 수밖에 없다. 화학제품이나 화학혼합물이 유발하는 문제는 지난 몇십 년에 걸쳐 어떤 한 나라의 차원이 아니라 전 세계적인 차원에서 거론되었다. 대표적인 예로 프레온 가스와 이산화탄소를 들 수 있다.

건강을 위협하는 요소는 대개 근래에 발견되었기 때문에 '숨어 있다'고 할 수 있다. 화학물질로서의 벤젠은 이미 17세기 후반에 발견되었지만, 구조는 19세기 말에 가설이 세워졌고 20세기 말이 되어서야 과학적으로 입증되었다. 화학자들은 대를 이어가며 이 화학물질을 연구했다. 잠재적인 위험이 얼마나 큰지에 대해서는 알려지지 않았고, 안전시설이나 장비도 제대로 갖춰지지 않았다. 용매를 차단하는 장갑만 갖추었어도 벤젠이 피부세포로 스며드는 일은 피할 수 있었을 것이다. 또한 호흡기를 보호하는 장치나 실험실에 환기장치만 있었어도 벤젠의 독성이 배출되는 증기를 들이마시는 일을 피할 수 있었을 것이다. 벤젠은 어떤 경로를 통해 인체로 들어오는지에 상관없이 암을 유발하거나 유전형질을 손상한다.

벤젠은 방향족 물질에 속한다. 이 물질 그룹은 집과 정원 분야를 다룰 때 좀더 주의 깊게 살펴볼 것이다. 냄비와 난로 분야에서는 우리가 먹는 음식물에들어 있는 물질과 우리 몸에서 전환되는 물질, 첨가과정에 의해 위험요소를갖는 물질을 배우게 된다. 그런데 집과 정원에 있는 물질, 냄비와 난로와 관계되는 물질에는 공통점이 있다. 바로 이 물질들에서 우리 모두 피할 수 없는 위험이 발생할 수 있다는 것이다.

이와 관련해 미리 한 가지 비판적인 언급을 하고자 한다. 화학산업에 대해고발자의 입장을 취하는 것은 정당하다. 하지만 다음과 같은 질문도 항상 되새겨보아야 한다. 즉, 우리의 일상적인 음식물 섭취방식과 소비습관 때문에화학물질로 인한 위험이 더 커지는 것은 아닐까? 근래에 대세를 이루는 '절약이 미덕'이라는 소비자의 자세와 이익을 극대화하려는 생산자들의 태도 때문에 질적으로 가치가 떨어지는 생산품이 시장에 범람하는 것은 아닐까? 이러한 문제는 식품 분야와 기타 소비재 분야에 공통으로 적용된다.

악은 언제 어디에나 존재한다

이제부터 다루게 될 물질들은 **방향족화합물**에 속한다. 이 화합물은 **고리 형태의 유기화합물**이다. 탄소 원자와 수소 원자로 이루어진 기본 구조 이외에 여러 파생물에는 산소 원자와 질소 원자도 고리 형태일 수 있다(예: 다중 고리형 방향족 물질). 고리 또는 다중 고리에는 여러 작용기가 결합한다[예: 메틸(CH_3)기, 니트로(NO_2)기, 카복실($COOH$)기 등].

주의사항: 이 물질들은 겉으로 보기에는 서로 유사하지만, 생성과정과 위험요소는 매우 다르다. 이 물질들의 유사성은 시각적일 뿐 화학적인 것은 아니다.

위의 주의사항은 특히 다음과 같은 두 가지 방향족화합물에 적용된다.

PAH는 연기로 피어오른다

PAH는 다환多環 방향족 탄화수소polycyclic aromatic hydrocarbon를 말한다. 이 물질에서는 특히 '다환'이라는 명칭에 주목해야 한다. 대개 이 물질에는 적어도 2개의 방향족 고리가 있다. 일부 PAH는 암을 유발한다.

100개 이상이나 되는 PAH 화합물 중에서 일부는 암을 유발한다. 왜냐하면 이 물질들은 유기체에서 화학적 전환을 거친 후 유전형질분자DNA와 지속적으로 결합하기 때문이다. 이러한 결합은 세포분열과정을 방해하여 암을 유발할 수 있다.

그렇다면 PAH는 어디서 볼 수 있을까? 놀랍게도 우리 주변 어디에나 존재한다!! 여러 가지 버섯이나 동물 또는 식물이 PAH를 만들 수 있는데, 우리 주변에 있는 PAH는 주로 인간에 의해 만들어진다.

광산.

PAH는 산소가 충분하지 않은 모든 연소과정에서 생기는데 화학자들은 이를 '불완전연소' 또는 '열분해'라고 한다. 상대적으로 높은 온도 때문에 PAH를 이루고 있는 탄소 원자와 수소 원자가 (존재하지 않는) 산소와 결합해 CO_2와 H_2O를 만드는 것이 아니라 자체적으로 결합해 더욱 큰 분자를 만든다. 이러한 열분해의 예는 코크스 제조장에서 찾아볼 수 있다. 코크스를 만들 때 석탄에서 부산물로 타르가 나왔는데, 타르에는 PAH 화합물이 풍부하게 들어 있었다.

독일에서는 1970년대 이후 도로를 건설할 때 타르를 사용하는 것이 금지되었다. 하지만 과거의 짐은 절대 가볍지 않다. 이는 과거에 지은 코크스 제조장 건물을 철거하는 데 엄청난 비용이 들기 때문이다. 철도 시설이나 정원의 계단 등에도 여전히 타르의 흔적이 남아 있다.

오늘날에는 더 이상 타르를 사용하지 않는다.

하지만 PAH 화합물은 과거에만 사용된 것이 아니라 오늘날에도 그 출처를 찾을 수 있다. PAH 화합물은 유기물이 연소하는 곳이라면 어디서나, 즉 석탄 난로, 목재 난로, 기름 난로, 발전소, 기타 여러 산업 분야에서 볼 수 있다 (PAH는 굴뚝청소부들에게 피부암을 유발한다는 의심을 받고 있다!) PAH는 연소과정 때문에 그릴이나 담배 연기에도 존재한다(그래서 폐암과 간접흡연은 계속해서 여론의 주목을 받는다). PAH는 도로에서도 찾아볼 수 있는데, 자동차의 배출가스와 타이어 자국에도 나타난다. PAH는 고무혼합

물인 타이어의 연성재로 사용될 뿐만 아니라 도구의 고무 손잡

이나 해변용 고무 샌들, 시계 밴드 등에도 사용된다. 때문에 이 물건들을 장기간 사용하면 피부 접촉을 통해 PAH가 피부에 스며들 수 있다.

　　1950년대와 1960년대에는 타르(즉, PAH)가 함유된 접착제가 사용되었다. 주로 거실 벽에 목재 합판을 붙일 때 사용되었는데, 독일에서는 특히 주둔 미군의 집을 건축할 때 많이 쓰였다(예: 코블렌츠와 라인 강 인근 지역). 이렇게 타르가 함유된 접착제가 마르거나 오래되면서 먼지 상태로 방의 가장자리나 틈새로 파고들어 건강에 심각한 해를 입혔다. 그러다 1990년대에 이르러서야 PAH의 위협을 받지 않고 안전하게 거주할 수 있도록 접착제를 제거하기 시작했는데 엄청난 비용이 들었다.

여러분은 자신이 사는 주변 환경이나 전 세계 어느 곳에서건 PAH를 피할 수 없다. 물론 어떤 형태의 연기(담배 연기!)일지라도 앞에서 말한 PAH가 함유된 제품을 구입할 때 안전검사를 통과했는지 검토할 수는 있다. 안전검사 인정서가 붙어 있는 제품은 생산자가 법적으로 허용된 PAH 함량을 준수했다는 표시이다.

아직도 그릴로 고기를 구워 먹는가?

벤조피렌(또는 벤조[a]피렌이라고도 한다)은 가장 유명한 PAH 물질이다. 벤조피렌의 구조 는 5개의 벤젠고리가 각 모서리에서 결합하고 있는 모습을 나타낸다.
벤조피렌은 PAH의 주요성분이기 때문에 앞에서 벤젠에 대해 말한 모든 사항이 적용된다.

여기서 벤조피렌을 따로 떼어 설명하는 이유는 모든 PAH 중에서 가장 유명하고 가장 많이 연구된 화합물이기 때문이다. 벤조피렌이 암을 유발한다는 사실은 다양한 연구를 통해 입증되어 그릴 파티 등이 논란을 불러일으키고 있다. 벤조피렌은 유기물(고기류의 지방질)이 불에 탈 때 생기며 암을 유발한다.

벤조피렌은 주로 숯을 이용해 그릴에 고기를 구울 때 생긴다. 고기의 지방질이 열의 작용으로 녹아 달아오른 숯이나 불에 떨어진다. 이 과정에서 생기는 벤조피렌은 증기와 연기에 스며들어 굽고 있는 고기에 축적된다. PAH(주로 벤조피렌)는 특히 고기나 소시지의 불에 탄 껍질에 많이 들어 있다.

그릴을 사용하는 사람들은 숯을 써야 할지, 가스나 전기를 이용해야 할지 또는 고기 밑에 알루미늄 포일이나 그릴
용 접시를 놓아야 하는지에 대해 논쟁한
다. 그런데 여러분이 어떤 선택을 하든지
간에 몇 가지 원칙적인 질문을 던져야 한
다. 여러분은 이미 잘 알려진 이러한 위험
을 얼마나 심각하게 받아들이고 있는가? 또한 심각하게 생각한다면 위험을
최소화하기 위해 어떤 조처를 하고 있는가?

그릴 요리를 좋아하는 사람들은 연기가 모락모락 피어오르는 그릴의 묘미
를 포기하고 싶어 하지 않는다. 그런 마음 때문에 그릴에 대한 논쟁을 중단해
버리기 일쑤이다. 결정적인 주장은 다음과 같다.

"우린 늘 이렇게 해왔단 말이야!"

"그릴로 고기를 구워먹었다고 죽은 사람은 없어!"

하지만 유감스럽게도 우리는 모든 것이 연루되는 세계 또는 환경에서 살고
있다. 이 세상에 몇 가지 물질을 예외로 둘 수 없다. 원칙적으로 우리는 이러
한 물질이 주는 부담을 짊어져야 한다. 산업화와 결부된 생산과정은 커다란
흔적과 상처를 남겼다. 이러한 부담 - 이는 그릴 옹호론자들에 대항하는 논거
로 제기될 수 있다 - 과 폐해를 잘 알고 있다면 우리의 잘못된 행동으로 더욱
가중시켜서는 안 된다.

이런 말조차 효과가 없다면 적어도 다음과 같은 사항에 주목해야 한다. 목
탄 그릴을 사용할 때는 잘 구워진 목탄을 쓰고, 그릴 판에는 알루미늄 포일이
나 접시를 깔아야 한다. 이렇게 하면 고기를 굽는 시간이 길어질지라도 고기
의 지방질이 녹아 목탄에 곧바로 떨어지는 일은 피할 수 있다. 더욱 바람직한
것은 간접적인 그릴 방법이다. 즉, 측면에서 열을 방출하는 닭고기 그릴을 이
용하면 된다. 고기를 격자 살대에 고정하고 지방질이 녹으면서 나오는 기름방
울은 바닥에 깔아둔 접시에 떨어지도록 한다. 또는 좌우에 그릴을 설치하고

중간에 고기를 놓는 방법을 이용할 수도 있다. 그러면 기름방울이 그릴에 직접 떨어지지 않고 닭고기 그릴과 마찬가지로 바닥의 접시에 모인다.

간접적인 그릴 방법이 불가능한 경우에는 돌을 먼저 구운 다음 벌겋게 달아오른 돌을 그릴 판에 놓고 고기를 구울 수도 있다. 이렇게 하면 연기가 피어오르지 않는 장점이 있다. 명심할 것은 어떤 그릴 방법을 선택하든 고기의 지방질이 녹은 기름방울이 숯불에 떨어져서는 안 된다.

그릴을 사용할 때 온갖 방법을 동원했지만 고기나 소시지가 불에 타버렸다면 불에 탄 부위는 잘라내고 먹어야 한다! 벤조피렌이 발암물질이라는 것을 다시 한 번 상기하자!

이렇게 탄 소시지는 먹어서는 안 된다!

잔류성 유기오염물질(POP)과 12개의 유해물질

PAH와 벤조피렌의 유독성에 대해 알게 되어 끔찍한 생각이 든 사람은 이제 각오를 단단히 해야 한다. 좀 더 심각한 물질이 등장한다(물론 터널의 끝에 이르면 빛이 보이긴 한다).

화합물 중에는 독성을 띠는 것이 많은데, 이 모든 것은 사람이 만들었다. 다이옥신도 그중 하나이다. 다이옥신은 POP(잔류성 유기오염물질: Persistent Organic Pollutants)에 속한다. 다이옥신 이외에도 POP에 속하는 것으로는 PCB(폴리염화바이페닐: Polychlorinated Biphenyl)와 **12개의 유해물질**이 있다.

POP는 – 화학 구조상 – 주로 방향족화합물의 성질을 지니고 있으나 통일성을 띠지는 않는다. 대부분 추가로 할로겐 원자(염소 원자와 플루오린 원자)와 결합한다.

POP를 하나의 그룹으로 묶는 이유는 환경과 관련해 비슷한 특성을 나타내기 때문이다.

- POP는 자연에서 잘 분해되지 않는다. 분해가 되는 경우도 매우 느리게 진행된다(강한 잔류성).
- POP는 독극물 또는 환경오염물질로 작용한다(독성과 급성 독성).
- POP는 주로 음식물을 통해 인체(유기체)로 유입되어 축적된다.
- POP는 순환 효과(잔류성 유기오염물질들이 공기 중으로 증발한 후 증발과 침전을 되풀이하는 현상)를 나타내기 때문에 물이나 대기를 통해 멀리 떨어진 지역까지 전파된다.

12개의 유해물질은 전 세계적으로 규제되고 있다. 이러한 규제는 2001년에 이르러 스톡홀름 협약으로 구체화되었다. 독일은 이 협약을 비준한 최초의 국가 중 하나이다. 이미 전 세계적으로 163개국이 협약에 가입했다.

12개의 유해물질은 어떤 독성을 지니고 있을까? 유해물질에 속하는 것으로는 곰팡이제거제인 헥사클로로벤젠(HCB), 8개의 살충제[이 살충제 중의 하나가 DDT(다이클로로 다이페닐 트라이클로로에테인)]이다. 독일에서는 1977년에 DDT의 생산과 판매가 금지되었다. DDT의 살충 효과는 이미 1930년대 말에 발견되었는데, 그 후 생산하기가 쉽고 포유동물에게는 독성이 적어 전 세계적으로 큰 인기를 끌었다. 그 때문에 농업과 임업 분야에서 식물보호제로 투입되었는데, 주로 유해 곤충을 겨냥했다. 그중에서도 특히 병원균을 옮기는 곤충을 박멸하는 데 큰 효과를 발휘했다. 말라리아를 옮기는 아노펠레스모기(학

질모기)를 DDT로 박멸하자, 말라리아에 걸리는 환자
수가 급속히 줄어들었다. 하지만 세계보건기구^{WHO}
는 지구상에서 말라리아의 완전한 퇴치 목표를
달성하지 못했다. 모기 같은 해충들이 DDT에
대한 내성을 갖추었기 때문이다.

아노펠레스모기.

　DDT는 오늘날에도 사용되고 있지만, 이전과는 달리 사용 규모가 줄어들었
다. 지금은 해충의 피해를 입은 집의 벽에 살포되는 정도이다. 모기는 피를 빨
아들인 후 벽에 붙기 때문에 이 부위에만 DDT를 뿌린다. 스톡홀름 협약에 따
르면 DDT의 살포는 병원균을 옮기는 곤충에게만 사용하도록 허용된다.

매.

　많은 나라에서 DDT를 금지한 이유는
DDT가 먹이사슬의 끝까지 영향을 미쳐 모
유에서도 검출되기 때문이다(물론 오늘날에는
검출량이 크게 줄어들었다). DDT의 부작용이
널리 알려진 것은 DDT 효과로 매나 독수리
같은 맹금류의 알껍데기가 얇아진 사실이 드
러나면서부터이다. 예를 들어 맹금류 중에서
매의 한 종류(학명: Falco pergrinus)는 멸종 위
기에 처해 있다.

　12개 유해물질의 사용을 금지하려는 노력
이 강화된 것은 1976년 7월 10일에 이탈리아의 세베소^{Seveso}에 있던 익메사
^{ICMESA}라는 회사의 화학공장에서 일어난 사고 때문이다. 의료용 비누를 생산
하던 중에 안전밸브가 파열되어 염소가스와 다이옥신을 포함한 유독성 화학
물질이 대기 중으로 방출되었다. 이 사고는 화학물질의 생산과 관리에 대해
전 세계적으로 주의를 환기한 계기가 되었다.

　다이옥신은 다이옥신류(폴리클로로 다이벤조다이옥신: PCDD)와 퓨란류(폴리클

로로 다이벤조퓨란: PCDF)의 두 가지로 분류된다.

PCDD의 기본 구조는 다음과 같다.

2개의 염소 원자 중에서 하나는 1번 탄소 원자에 결합한다. 다른 탄소 원자는 2, 3, 4, 6, 7, 8번 또는 9번과 결합할 수 있다. '폴리클로로'라는 말은 1~4번과 6~9번 탄소에 염소 원자(경우에 따라서는 다른 할로겐 원자)가 다수(최대 8개)로 연결될 수 있다는 것을 뜻한다. '다이벤조'라는 말은 2개의 벤젠고리가 연결된다는 것을 뜻하고, '다이옥신'이라는 말은 벤젠 2개가 2개의 산소 다리로 연결되어 있음을 뜻한다.

이 예는 가장 독성이 강하다고 알려진 다이옥신 2, 3, 7 ,8 - 테트라클로로 다이벤조 - 파라 - 다이옥신(2, 3, 7, 8 TCDD 또는 세베소 다이옥신)을 나타낸다. 이 그림에서는 4개(각 벤젠고리에 2개씩 있기 때문에 4를 뜻하는 '테트라'라는 용어가 쓰인다)의 염소 원자가 대칭적으로 결합해 있다. 벤젠고리는 산소 다리에 대해 '파라' 위치에 있다.

PCDF의 기본 구조는 다음과 같다.

여기서도 염소 원자의 결합은 다양한 형태를 띤다. PCDD와는 달리 PCDF에서는 2개의 벤젠고리가 산소 원자 1개의 다리로 결합한다.

이 예는 2,3,7,8 - 테트라클로로 다이벤조퓨란(2, 3, 7, 8 TCDF)이다(여기서

'파라'가 붙지 않는 이유는 벤젠고리가 1개의 산소 다리와 관련해 염소 원자 4개 모두에 대해 '파라' 위치에 있지 않기 때문이다).

다이옥신은 (약 300~600℃ 사이의) 모든 연소과정에서 발생한다. 연소과정에서는 염소 또는 염소화합물과 유기 탄소화합물이 참여한다. 다이옥신은 목표물이 아니라 원치 않는 부산물이다. 예를 들어 종이나 철, 식물보호제, 클로로페놀을 생산하는 과정에서 납과 염소를 함께 태울 때 다이옥신이 발생한다. 클로로페놀은 살균 및 소독제로 사용된다. 다이옥신은 암을 유발하는 요소를 찾거나 독성이 태아에게 미치는 영향을 알기 위해 동물(쥐나 햄스터) 실험에 투입된다.

12개의 유해물질이라고 말하는 것은 사실상 축소된 표현이다. 앞에서 살펴본 기본 구조에서도 알 수 있듯이 결합 형태에 따라 200가지 이상의 화합물이 만들어질 수 있다. 다이옥신은 홀로 나타나는 경우는 전혀 없고, 항상 그룹으로 개개 화합물의 혼합물 형태를 띤다. 따라서 다이옥신은 여러 PCDD와 PCDF를 포괄한다.

유독성 화학물질 방출사건 이후 '세베소'는 '화학물질을 다루거나 생산할 때 생길 수 있는 위험'과 동의어가 되었다. 세베소 사고에서 사람은 죽지 않았지만, 새나 작은 동물들이 많이 죽었다. 세베소 주민에게 나타난 증상은 염소여드름^{chloracne}이었다. 이것이 세베소 주민에게 어떤 의미가 있었는지는 2004년 우크라이나 대통령인 빅토르 유시첸코의 사례에서 짐작할 수 있다.

유시첸코는 독극물의 희생자였다. 그는 자신도 모르게 - 2009년에 발표된 연구 결과에 따르면 - 세베소 다이옥신(2, 3, 7, 8 TCDD)에 중독되었다. 유시첸코의 몸에 축적된 다이옥신의 농도와 응축도를 감안하면 유시첸코가 자연적이거나 우연한 경로로 섭취했을 가능성은 배제된다. 따라서 유시첸코는 독극

물 테러의 희생자일 가능성이 매우 높다. 그의 몸에서는 정상치의 5만 배나 되는 다이옥신이 검출되어 죽음은 겨우 면했지만, 얼굴이 크게 변형되었다.

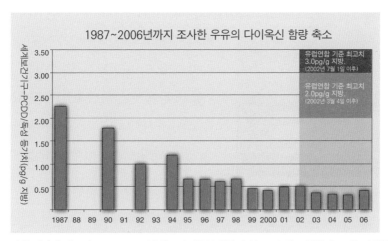

우유를 조사한 결과에 따르면 1987~2006년에는 다이옥신 함량이 약 80% 정도 줄었다. 또한 다이옥신 등가 치는 우유 지방 g당 2.3pg(피코그램)에서 0.4pg으로 줄었다. 따라서 평균적인 다이옥신 중독치는 유럽연합 기준보다 낮다.

출처: 연방보건청, 프라이부르크 화학연구청, 뮌스터 화학연구청, 올덴부르크 니더작센 소비자보호청 및 식품안전청, 오버쉬라이스하임 바이에른 보건위생청 및 식품안전청의 연간보고서

세베소 사고 때문에 다이옥신에 대한 경각심이 높아지면서 국제기구의 노력으로 다이옥신 함량이 1980년대 말 이래 약 80% 정도 낮아졌다.

이전에 다이옥신을 배출한 시설 - 쓰레기 소각장, 도로, 화장장 - 들은 일관되고 철저한 환경정책의 영향으로 통제를 받고 있다. 그럼에도 과거의 오염이 남긴 후유증은 너무도 크다. POP 특성 상 문제가 끊임없이 나타난다. 예를 들어 아일랜드와 스위스 등에서 다이옥신에 오염된 쇠고기가 출현했다는 보도가 나오고 있다. 이러한 사례에서 나타나는

다이옥신의 수치는 항상 한계치를 초과한다.

다이옥신과 POP는 여전히 우유나 유제품, 고기와 소시지, 대기 등에서 검출되고 있다. 2009년 중반부터 독일에서는 양의 간이 화제가 되었다. 양의 간이 다이옥신의 한계치를 초과하여 판매금지 조처가 내려졌다. 원인은 아직 밝혀지지 않았으나, 연방 리스크 관리청은 양의 간을 먹지 말도록 경고했다.

베를린에 있는 연방 리스크 관리청.

양의 간에서는 다이옥신 이외에도 다이옥신과 유사한 PCB가 검출되었다. PCB도 여러 화합물의 혼합물이다.

PCB는 폴리염화바이페닐Polychlorinated Biphenyl의 약자이다. 바이페닐은 다음과 같은 구조에서 특성이 드러난다.

2개의 벤젠고리가 전자쌍을 통해 서로 결합하고 있다. 이 경우, 벤젠고리는 2개의 치환체 같은 역할을 한다.

각 고리에는 각각 5개의 염소 원자가 결합할 수 있다. 이 구조식에서 '거울상'의 위치는 각각 같은 번호로 표시되는데, 추가로 콤마(대시)가 붙는다(예: 2'와 2). 결합하는 염소 원자의 수와 상호 간의 위치에 따라 200개 이상의 화합물이 생길 수 있다. 이때 염소 원자의 결합상태와 2개의 벤젠고리의 공간적인 위치에 따라 다이옥신과 유사한 독성이 생긴다. 그 결과물이 **다이옥신과 유사한 PCB**이다. PCB는 독성이나 병을 유발하는 성질에서 다이옥신과(세베소 다이옥신인 2, 3, 7, 8 TCDF와도!) 유사하다. 따라서 2006년에 유럽연합 차원에서 사료와 식품에 대한 PCB의 한계치를 정한 것은 올바른 조처였다.

다이옥신은 생산과정에서 의도하지 않게 생기는 부산물이다[따라서 다이옥신은 uPOP에 속한다. 여기서 u는 unintentionally produced(의도하지 않게 생산된)에서 유래한다]. 하지만 PCB는 처음부터 의도한 생산물이다. PCB는 1920년대 말부터 대규모로 생산되었다. PCB는 인화성이 없고 전도성을 띠지 않는 성질 때문에 축전지와 변압기에 사용되었고, 전선을 감싸는 외피의 가소제로도 사용되었다.

1980년대부터 PCB의 사용이 금지되었다. 하지만 PCB가 함유된 제품(전자기기, 전선 절연물, PCB가 함유된 축전지와 변압기, PCB가 함유된 건축자재)의 폐기는 여전히 문제가 되고 있다. 잔존 쓰레기에서 이 물질을 분리하여 폐기하는 것도 신경 써야 하지만, 이 폐기물을 소각할 때 정화시설이나 지하 저장소에도 세심한 주의를 기울여야 한다. 독일은 비공식적으로 '쓰레기 분리의 세계 챔피언'이지만, PCB가 함유된 쓰레기가 일반 쓰레기에 섞여 들어가는 문제는 완전히 해결하지 못했다. PCB가 함유된 쓰레기의 처리는 이제 전 세계적인 문제이며, 아직은 유럽연합 차원에서만 만족스러운 수준에 도달해 기술적이고 경제적인 차원에서 국제적인 협력이 필요하다.

위험물질의 약칭

CMR 물질	Cancinogen: 발암 물질 Mutagen: 유전자 변형 물질 Reproduction disrupto: 생식 장애 물질
GHS 화학물질의 분류 및 표시에 관한 세계화학물질분류체계	Global: 세계적 Harmonized: 조화 System: 시스템

CFC 염화불화탄소(흔히 프레온가스 라고 한다)	Chloro: 염화 Fluoro: 불화(플루오르화) Carbon: 탄소
PAH 다환 방향족 탄화수소	Polycyclic: 다환(多環) Aromatic: 방향족 Hydrocarbon: 탄화수소(예: 벤조피렌)
POP 잔류성 유기오염물질	Persistant: 잔류성 Organic: 유기 Pollutant: 오염물질
	예) PCB: 폴리염화바이페닐 　DDT : 다이클로로 다이페닐 　　　　　　　　　　　　　　　트라이클로로에테인 Poly: 폴리 Chlorinated: 염화 　　　Dichloro: 다이클로로 Biphenyl: 바이페닐 　　　Diphenyl: 다이페닐 　　　　　　　　　　　　Trichloroethane: 트라이클로로 　　　　　　　　　　　　　　　　에테인
uPOP 의도하지 않게 생산된 POP	unintentionally: 의도하지 않게 생산된
	예) 다이옥신 　　　　　　　　PCDF: 폴리클로로 다이벤조퓨란 PCDD: 폴리클로로 다이벤조다 　　　　　이옥신 　　　　　Poly: 폴리 　　　　　　　　　　　　Chloro: 클로로 Poly: 폴리 　　　　　　Dibenzo: 다이벤조 Chloro: 클로로 　　　　Furan: 퓨란 Dibenzo: 다이벤조 Dioxin: 다이옥신
	예) 2, 3, 7, 8-테트라클로로 다이벤 　2,3,7,8-테트라클로로 다이벤조 조- 다이옥신(2,3,7,8 TCDD 또는 　파라- 퓨란(2,3,7,8 TCDF) 세베소 다이옥신)

PFC 과불화탄소	Per: 과 Fluoro: 불화 Carbon: 탄소	
	예) 과불화탄산 **PFOA**: 과불화옥탄산 　Per: 과 　Fluoro: 불화 　Octanoic: 옥탄 　Acid: 산	과불화술폰산 **PFOS** 　Per: 과 　Fluoro: 불화 　Octane: 옥탄 　Sulfonic acid: 술폰산
	예) **PFT**: 과불화 계면활성제 　Per: 과 　Fluoro: 불화 　Teside: 계면활성제	**AFFF**: 수성막 형성 폼 　　(예: 화재 진압 방화제) 　Aqueous: 수성 　Film: 막 　Forming: 형성 　Foam: 폼
PTFE 폴리테트라 플루오르 에틸렌 (프랑스 듀퐁사의 테프론)	Poly: 폴리 Tetra: 테트라 Fluoro: 플루오르 Ethylene: 에틸렌	
PBT 물질 잔류성 생체 축적 독성물질	P: 잔류성 B: (먹이사슬을 통해 유입되어 축적되는)생체 축적 T: 독성물질	

음식물에 들어 있는 화합물

이제부터는 '냄비와 난로' 분야에서 설명할 수 있는 물질들을 살펴볼 것이다. 이 물질들은 생산과정이나 경작과정에서 식품에 잔여물로 남는 화합물 또는 '냄비와 프라이팬'에서 요리할 때 생기거나 생길 수 있는 물질을 말한다.

앞에서 살펴본 벤조피렌도 원래는 이 물질에 속하지만, 방향족이라는 특성상 PAH와 함께 다루었다.

갈색은 건강에 좋지 않다 - 지나치게 갈색을 띠면 위험하다

잠깐 생각해보자. 식품은 요리과정에서 언제 갈색이 될까? 원칙적으로 식품은 가열하면 갈색으로 변한다. 끓일 때는 항상 물이 있어야 하고, 물은 100℃에서 끓기 시작한다. 경우에 따라서는 온도가 120~200℃에 도달하기도 한다.

이처럼 높은 온도에 도달하기 위해서는 지방이 필요하다. 빵을 구울 때는 반죽에 지방이 들어가고, 지질 때는 프라이팬에 지방을 두르며, 튀길 때는 액체 형태의 지방에 식품을 담근다. 따라서 식품이 먹음직스럽게 갈색으로 변하

물은 100℃에서 끓는다.

는 전제조건은 높은 온도이다. 또 다른 전제조건으로는 설탕이나 전분이 있어

야 한다. 설탕은 캐러멜화 작용으로 갈색이 된다(주의하지 않으면 금세 검은색으로 변한다). 빵은 토스터에서, 케이크는 오븐에서, 감자튀김은 튀길 때 갈색이 된다.

설탕과 전분은 탄수화물의 일종인데, 이는 이름만으로도 알 수 있다. 탄수화물에서는 탄소와 수소가 중요한 역할을 한다. 이 둘은 1:1의 비율로 들어 있다(탄수화물에 대해서는 나중에 다시 다룰 것이다). 갈색으로 변하는 과정을 이해하기 위해서는 한 가지 사실만 알면 된다. 즉, 긴 전

분 사슬은 고리 형태의 당^{glucose} 분자가 여러 개 결합하여 이루어진다. 전분이 당 분자로 이루어졌다는 사실은 흰 빵이나 굽지 않은 토스트 빵을 입에 넣고 잠깐 물고 있거나 씹어보면 알 수 있다. 얼마 지나지 않아서 달콤한 맛을 느끼게 되는데, 이는 침에 들어 있는 효소가 빵에 들어 있는 전분을 당으로 분해하기 때문이다.

갈색으로 변하게 하는 – 냄새 또는 향을 내게 하는 – 또 하나의 전제는 단백질이 있어야 한다. 단백질은 아미노산으로 이루어지며, 곡물이나 감자에 들어 있다. 단백질은 곡물이나 감자뿐만 아니라 밭에서 생산되는 다른 농작물의 번식에도 도움을 주며, 식물의 '배아'가 최적의 상태로 커

나갈 수 있도록 한다. 배아에는 전분뿐만 아니라 단백질도 들어 있다. 120℃ 이상으로 가열하면 탄수화물과 특정한 아미노산의 반응에서 다음과 같은 물질들이 생긴다.

메일라드 반응은 프랑스의 화학자 루이 카미유 메일라드$^{1878~1936}$의 이름에서 유래한다. 메일라드는 20세기 초에 이 반응을 발견했다. 아래 그림의 반응은 육각형의 당 분자(글루코스)를 나타낸다. 여기서는 당 분자가 아미노산과 반응하여 물이 떨어져 나온다.

루이 카미유 메일라드.

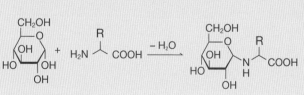

R은 아미노산의 치환체를 의미한다. 당과 반응하는 아미노산의 종류에 따라 각기 독특한 냄새(예: 구운 빵 냄새, 고기 냄새, 캐러멜 냄새)가 난다. 하지만 대부분 매우 많은 화합물의 혼합물이며, 냄새가 뒤섞여 하나의 향을 내게 된다. 또한 굽거나 튀긴 물질이 갈색으로 변하는 것도 메일라드 반응 때문이다. 마찬가지로 특히 높은 열이 가해지면 아미노산의 종류에 따라 고리가 여닫히는 반응, 다시 말해 아미노산 치환체의 해체와 변화가 생긴다. 이 과정에서 매우 많은 화합물이 생길 수 있다.

아스파라진 같은 특정한 아미노산에서는 높은 열을 가하면 **아크릴아마이드**가 생길 수 있다. 이는 고약한 냄새가 나서 음식 맛을 상하게 한다.

아크릴아마이드는 2002년, 스웨덴의 화학자들에 의해 최초로 검출되었고 감자튀김과 비스킷, 케이크, 토스트 빵, 과자 칩, 크래커 등에 들어 있다는 사실이 드러났다. 또한 동물실험을 통해 아크릴아마이드가 암을 유발하고 신경계를 손상할 수 있다는 사실도 밝혀졌다.

2002년에 스웨덴에서 연구 결과가 발표되었지만, 아크릴아마이드가 인간에게 미치는 위험 정도는 아직 확실하게 밝혀지지 않았다. 장기간에 걸친 실험 결과가 나오지 않았고 구체적인 데이터도 부족하다. 이 때문에 아직도 허용 한계치가 설정되지 않고 있으며, 매년 연방 연구소(예: 연방 소비자보호 및 식품안전청)의 추정치만 발표되고 있다. 독일의 생산자들은 이 추정치를 준수하고 있다.

그런데 빵이나 케이크를 근래에 들어서 굽기 시작한 것은 아니다. 아크릴아마이드는 이미 오래전부터, 아마도 인간이 불을 이용해 요리하면서부터 우리 몸속으로 들어왔다고 보는 것이 옳을 것이다. 그러니 이 물질 때문에 건강이 손상될 수도 있다는 것이 명확하게 밝혀진 것은 아니라고 할지라도 위험을 과소평가해서는 안 된다. 가능하다면 이 물질이 함유된 식품은 피해야 하며, 태우지 말고 갈색으로 요리하는 원칙에 따라야 한다.

감자는 한 번 삶은 다음에 튀기는 것이 좋다.

갈색의 정도가 약할수록 아크릴아마이드는 덜 생긴다. 따라서 요리할 때는 온도를 낮추는 것이 좋고, 온도가 높을 때는 요리 시간을 줄이는 것이 바람직하다. 그리고 감자튀김, 과자 칩, 크래커 등과 같은 식품의 섭취량을 줄여야 한다. 감자튀김을 만들 때는 감자를 삶은 다음에 튀기는 것이 아크릴아마이드의 함량을 줄이는 방법이다. 가장 좋은 방법

은 높은 온도에서 튀기는 것을 피하고 삶거나 쪄서 먹는 것이다.

시금치는 건강에 좋지만 한 번 데운 시금치를 다시 데우면 위험할 수 있다

한 번 데운 시금치는 식은 다음에 다시 데우면 안 된다고 한다. 그 이유를 아는가? 이는 시금치 속에 함유된 물질과 두 번째 데우는 단계 사이의 시간 그리고 데우는 과정과 관련이 있다.

시금치, 루콜라, 비트, 근대 등에는 다른 채소에 비해 **질산염**이 많이 들어 있다. 질산염(NO_3^-)은 질산(HNO_3)의 구경꾼이온으로, 오래 보관하거나 오랫동안 따뜻한 상태로 두면 **질산염이온**(NO_2^-)으로 전환된다. 질산염이온은 아질산(HNO_2)의 구경꾼이온으로, 그 자체로 유기체에 유독성을 띠어 혈액에서 산소 공급을 담당하는 혈색소인 헤모글로빈의 산소 결합을 방해한다.
또한 질산염이온이 위에 도달하면 위산이 있어 단백질 분해물인 아민과 결합해 암을 유발하는 **니트로사민**을 만든다.

비트.

루콜라.

　반응 사슬인 질산염-질산염이온-니트로사민은 철저히 차단해야 한다. 생후 6개월 이내의 유아가 섭취하면 매우 위험하다. 따라서 유아에게는 시금치나 비트를 먹여서는 안 된다. 이는 단순히 식은 시금치를 다시 데워 먹이지 말라는 의미가 아니다. 이러한 금기는 유아뿐만 아니라 모든 사람에게 적용되는 사항이다. 혈액에 질산염이온의 함유량이 많으면 유아의 경우 청색증이 나타날 수 있다. 청색증에 걸린 유아는 호흡곤란을 겪거나 심할 경우에는 사망에 이른다. 왜냐하면 유아는 헤모글로빈의 질산염이온을 제거하는 보호 시스템을 갖추고 있지 못하기 때문이다.

　독일에서 질산염의 평균 섭취량은 하루에 약 130mg이다. 약 70%는 채소, 20%는 마시는 물, 나머지 약 10%는 소금에 절인 고기 등을 통해 섭취하게 된다. 유아에게 물을 줄 때는 질산염의 농도가 높지 않도록 주의해야 한다. 물론 대안은 있다. '유아가 마시기에 적합한'이라고 표시된 물을 구입하는 것이다.

유아용 물은 질산염이 L당 10mg을 초과해서는 안 된다.

식수가 질산염으로 오염된 이유는 특히 농업 분야에서 자연 비료 또는 인공 비료를 너무 많이 사용하기 때문이다. 비료의 성분인 질산염은 물에 녹기 때문에 지표면에 고인 물이나 지하로 스며드는 물과 함께 지하로 내려가는데, 결국 이 물을 우리가 식수로 이용하는 것이다. 식수는 한계치(L당 50mg)를 넘어서면 안 되며, 한계치를 초과할 경우는 특수 설비로 정수된다.

소금에 절인 고기는 질산염으로 가공하는 데 이때 식품첨가제로 사용하는 것이 질산포타슘(E 251), 아질산소듐(E 250), 아질산포타슘(E 249)이다. 이러한 첨가제가 가미된 염은 '클로스트리듐 보툴리눔^{Clostridium botulinum}'이라는 혐기성 박테리아가 소시지류를 오염시

소금에 절여 훈제한 햄.

키는 것을 막는다. 이 가공은 원래 일종의 방부 처리방법이다. 클로스트리듐 보툴리눔 박테리아는 **보툴리눔 독소**를 만들 수 있기 때문에 아주 위험하다. 이 독소는 강력한 천연 독소 중의 하나이며 소량으로도 질식사를 유발할 수 있다.

고기는 기원전 2200년경부터 소금으로 방부 처리되었다. 당시로서는 고기를 장기간 보존하는 유일한 방법이었지만 염장법은 이후 전기를 이용해 냉장하는 방법이 생겨나면서 더 이상 쓰이지 않게 되었다.

하지만 독일에서 생산되는 소시지류의 90%(!)에 질산염 첨가제가 가미된 절임용 소금을 넣는 것은 이러한 방부 효과 때문만은 아니다. **절임용 소금을** 넣으면 소시지의 맛이 좋아지고 색도 붉은색을 띠며 빛이나 공기 때문에 변색하지 않는다.

이렇게 질산염이 가미된 소금을 사용하는 데는 소비자의 기호도 한몫을 한다. 도대체 누가 변색하거나 신선해 보이지 않는 소시지를 사겠는가? 오랫동

안 유지해온 습관은 쉽게 극복할 수 없는 법이다. 그런데 소금의 사용량을 줄여도 문제는 여전히 남는다. 생선 통조림과 치즈에도 소금이 들어가기 때문이다. 그래서 그릴용 소시지나 흰 소시지, 저민 고기 등에는 소금 사용이 금지되어 있다.

양상추.

그렇다면 질산염 섭취를 어떻게 막을 것인가? 우리에게 질산염을 공급하는 것은 대부분 채소이다. 그렇다고 채소를 먹는 것을 완전히 포기할 수는 없다. 하지만 다음과 같은 방법을 이용하면 질산염의 양을 줄일 수 있다.

질산염이 적게 함유된 채소를 사면 되는데, 이러한 채소로는 당근, 감자, 꽃양배추, 브로콜리, 오이, 파프리카, 토마토, 양파 등이 있다. 또한 질산염을 많이 함유한 시금치, 비트, 양상추, 무의 섭취량을 줄이거나 완전히 먹지 않는 것이다. 아니면 이 채소들은 한 번 데우고 나서는 다시 데우지 말아야 한다. 또는 이 채소들을 80℃로 가열하면 질산염을 절반으로 줄일 수 있다. 그리고 유기농 채소를 먹는 것도 도움이 된다. 유기농 채소는 비료를 거의 사용하지 않거나 적은 양의 비료를 사용하기 때문에 질산염 섭취를 줄일 수 있다. 따라서 텃밭에서 채소를 키운다면 유기농법으로 재배하는 것처럼 비료의 양을 줄이는 것이 바람직하다!(아래의 설명과 같이 비료를 쓰지 않아도 식물은 자생적으로 질산염을 만들기 때문에 유기농 채소를 먹는 것이 도움이 안 된다는 학설도 있다-옮긴이).

아침에 채소를 수확하는 것은 좋지 않다!

텃밭에서 키운 채소는 늦은 오후나 초저녁에 수확하는 것이 좋다! 이유가 뭘까? 식물은 자신의 단백질을 늘리기 위해서 질산염이 필요하다.

식물의 단백질 합성은 햇빛을 받으면 진행된다. 햇빛에 오래 노출될수록 단백질이 늘어난다. 따라서 식물은 질산염을 저장할 기회가 없어진다. 식물은 질산염을 줄기(줄기는 물이 전달되는 통로이다)에 저장한다. 양상추의 경우, 질산염이 저장되는 장소는 바깥쪽 잎이다. 따라서 양상추를 먹을 때는 적어도 이 바깥쪽 잎은 떼어내고 먹는 것이 좋다. 또한 양상추는 여름에 먹는 것이 건강에 좋다. 앞에서 말했듯이 여름에는 햇빛을 받는 시간이 겨울보다 상대적으로 길어 질산염이 훨씬 적게 함유되어 있기 때문이다.

질산염 첨가제가 가미된 소시지류나 고기류에도 적은 양이기는 하지만 니트로사민이 들어 있다. 그런데 이 식품들을 가열하면 단백질에 함유된 아미노산에서 아민이 다량 형성되기 때문에 니트로사민의 양은 많이 늘어난다. 특히 문제가 되는 것은 이 식품들을 치즈와 함께 가열할 때이다. 이때 질산염 첨가제에서는 질산염이온이, 치즈에서는 아민이 만들어진다. 그중에서도 치즈를 많이 사용하는 피자는 니트로사민 폭탄(!)이 될 수도 있다.

우리 몸의 중금속

우리 주변에 있는 물질들은 우리가 섭취하는 음식을 오염시킨다. 지금까지 언급된 물질들은 주로 유기물이었다. 바로 앞에서 말한 물질들도 무기물인데, 유기물과 무기물의 경계는 여기서도 확연히 드러난다. 이제부터 다루게 될 물질은 중금속이다. 중금속과 경금속은 밀도로 구분한다는 것은 앞에서 이미 설명했다. 우리의 건강을 위협하는 유기화합물들은 대부분 복잡한 분자구조를 띠고 있지만, 중금속은 주로 1가 이온으로 이루어진다. 이 이온들은 금속이온이기 때문에 (+)전하를 띠는 양이온이라는 것은 쉽게 알 수 있을 것이다. 전하를 띠지 않는 금속 원자들은 중요한 역할을 하지 않는다. 여기서 말하는 금속은 주로 무기질이다.

영양생리학에서는 일부 중금속을 '**미량원소**trace element'라고 한다. 미량원소들은 생물의 신진대사에 관여하는 효소의 주요성분으로 없어서는 안 되는 물질이다. 이 때문에 미량원소들은 '**필수무기원소**'로 불리고, 여기에 속하는 것으로는 아연, 주석, 구리, 철, 셀레늄 등이 있다. 철은 혈색소인 헤모글로빈의 형성에 관여하는 만큼 우리 몸에 충분히 공급되지 않으면 빈혈이 생긴다. 빈혈은 피가 부족하다기보다는 산소 공급 기능에 장애가 생겨 조직 세포에 충분한 산소를 공급하지 못하는 경우를 가리킨다. 다시 말해 빈혈은 혈액 속에서 산소 공급을 담당하는 헤모글로빈이 부족하다는 뜻이다. 우리 몸은 산소가 충분히 공급되지 않으면 활력이 떨어지고 쉽게 피로를 느낀다. 미량원소 중에는 비소처럼 독성을 띠는 것이 있다.

작은 양으로도 강한 독성을 띠는 **중금속**으로는 **수은**(Hg), **납**(Pb), **카드뮴**(Cd)이 있다. 중금속들은 이미 살펴본 유기화합물들과 마찬가지로 배기가스, 먼지, 폐수, 침전물 등에 섞여 우리가 먹는 음식에 들어간다. 따라서 항상 가까이에서 우리의 건강을 위협한다. 또한 우리 몸에는 아무런 도움도 되지 않고 간과 신장을 손상한다. 이들은 장기간에 걸쳐 유기체에 축적되어 해로운 작용을 한다.

납은 다양한 경로를 통해 먹이사슬로 들어온다. 처음에는 납 성분을 지닌 먼지가 각종 과일이나 채소의 표면에 쌓인다. 납 먼지가 쌓이기 쉬운 곳은 길고 미세한 털이 나 있는 잎이나 과일의 표면이다. 대표적인 것으로는 배추나 샐러드류, 복숭

아, 딸기 등이 있다.

우리 몸에서는 납 양이온이 헤모글로빈에 붙어 몸 전체로 퍼져 나간다. 특히 납 양이온은 뼈와 치아에 들어 있는 인산염이온과 결합해 용해되지 않는 화합물을 만든다. 이렇게 해서 납은 장기간에 걸쳐 유기체에 축적되며 다시 분해되는 데 오랜 시간이 걸린다. 체내로 들어온 납이온이 분해되는 데는 거의 30년 정도나 걸린다!

납 중독 증상으로는 처음에는 두통과 가벼운 현기증 그리고 구토가 나타난다. 납 중독에 걸린 사람은 매사에 흥미가 없어지고 우울증이 생길 수 있다. 특히 고대 로마에서는 납으로 만든 수도관을 이용했는데, 이 때문에 식수가 오염되어 사람들은 만성적인 납 중독에 시달렸다. 네로 황제도 납 중독으로 사망했다는 말이 전해지고 있다.

배기가스에 의한 오염은 유연휘발유의 판매가 중단된 1970년대 초부터 지속적으로 줄어들었다. 또한 쓰레기 소각장에서도 공기정화장치를 설치해 대기오염을 줄이고 있다.

카드뮴은 납처럼 식물의 잎이나 표면에 쌓이는 것이 아니라 식물 속에 축적된다. 카드뮴은 공기나 땅을 통해 흡수되어 식물 속으로 들어간다. 따라서 야생버섯의 경우 씻어도 카드뮴이 떨어져나가지 않는다. 바다에서 카드뮴은 다른 많은 중금속과 마찬가지로 먹이사슬을 통해 축적되는데, 조개나 게, 물고기 등의 먹이인 플랑크톤이 카드뮴 역시 잘 흡수한다. 특히 물의 정화를 담당하는 조개가 카드뮴에 오염되는 경우가 많다. 카드뮴은 납처럼 육지에 사는 동물의 간과 신장을 손상한다. 따라서 카드뮴에 오염되는 것을 줄이기 위해서는 야생버섯이나 조개를 비롯한 어류 섭취를 절제하거나 피하는 것이 좋다. 야생버섯은 먹기 전에 균습(균모 밑에 있는 우산살 모양의 주름)을 제거해야 한다. 카드뮴 중독은 간과 신장의 손상과 구토, 설사, 치아의 노란 줄무늬로 나타난다.

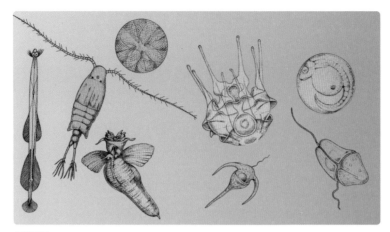

플랑크톤.

수은은 땅이나 물에서 미생물을 통해 유독성이 훨씬 강한 메틸수은으로 전환된다. 수은은 유기 메틸기와 함께 물질의 비극성을 띠는 부분을 차지한다. 비극성을 띠는 부분은 지방에 녹기 때문에 결국 수은은 지방조직과 먹이사슬에 축적되어 물고기(참치, 황새치, 고래)나 달걀, 우유, 고기 등을 오염시킨다. 따라서 지방질을 함유한 물고기는 피하는 것이 좋다.

수은은 유기체에 축적되어 인간의 경우, 중추 신경 장애를 초래하고 체내의 단백질 합성을 방해한다. 또한 수은에 중독되면 청각과 시각이 손상된다. 메틸수은은 자신의 조직 성분에 대해 면  역을 일으키거나 과민반응을 보이는 자가면역을 유발하며, 당뇨병과 다발성 경화증의 원인이 된다.

수은은 이전에 온도계, 수은등, 살균제, 식물보호제 등에 사용되었지만, 1980년대 말 이후 사용 빈도가 많이 줄었다. 그럼에도 에너지 절약 전구에는 아직 사용되고 있어 이에 대해 찬반 의견이 엇갈리고 있다.

화학은 우리 삶을
편하게 한다

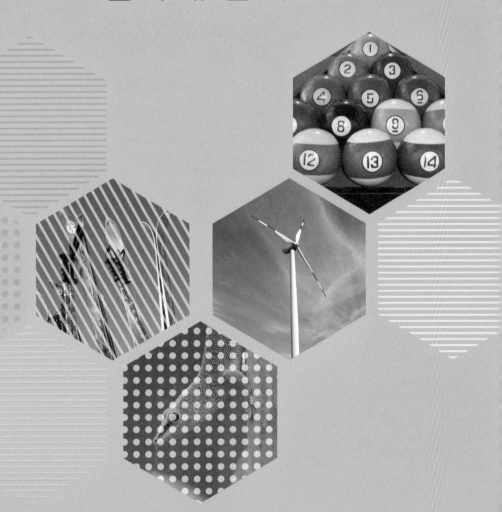

　화합물은 우리의 건강에 위험요소가 될 수 있는데 이러한 위험을 원천적으로 막을 수는 없지만 줄일 수는 있다. 앞에서 살펴보았듯이 PAH, POP, PFC, 아크릴아마이드, 니트로사민 등과 같은 12개의 유해물질이 있다는 것은 엄연한 사실이므로 취급할 때 주의를 기울여야 하고, 이러한 물질이 발생하는 원인을 파악해 대처함으로써 피해를 최소한으로 줄일 수 있다. 이 책이 여러분에게 이러한 위험에 대해 경각심을 주어 현명하게 대처하는 데 도움이 되기를 바란다.

　갈수록 알레르기와 암 질환이 늘어나고, 값싼 제품을 선호하는 소비자들의 풍조 때문에 식품의 질이 떨어지고 있다. 식품이 유행하는 주기가 점점 짧아지고 값은 싸지는 경향이 나타나면서 생태학적인 원칙이 지켜지지 않으며 식품원료도 점점 고갈되고 있다.

　이러한 생각과 풍조가 대세를 이루지 않기를 바라며 이러한 위험을 막기 위한 정책 입안자와 집행자들의 노력이 절실하게 요구된다.

이제부터는 우리의 일상생활에 도움을 주고 우리 삶을 윤택하게 해주며, 경우에 따라서는 화사하게 만들어주는 화합물에 대해 살펴볼 것이다.

플라스틱: 합성수지

플라스틱은 다음과 같이 정의된다. **"플라스틱은 고분자 유기물질로서 천연물질이나 저분자 물질을 중합하여 만든다."**

따라서 플라스틱의 합성은 유기화학의 일부이며, 주요성분은 이미 앞에서 설명한 원소인 CHONS[탄소(C), 수소(H), 산소(O), 질소(N), 황(S)]이다. 이 화합물의 **뼈대**를 이루는 것은 탄소이며 추가로 결합하는 원소는 할로겐족에 속하는 플루오린과 염소이다.

간단히 요약하면 다음과 같다.

단위체 + 단위체 + 단위체 + 단위체 + ⋯ = **중합체**

단위체^{monomer}란 중합체의 원료가 되는 기본 물질(작은 분자, 저분자)을 말하고, 중합체^{polymer}란 중합반응으로 생성되는 분자량이 큰 물질을 말하는데 중합체를 '고분자^{macromolecule}'라고도 한다. 저분자는 상대적으로 작은 (비금속) 원자들로 이루어진 유기화합물을 뜻한다. 단위체는 자연에서 얻거나 화학적으로 합성한다. 단위체의 자연적 원료는 주로 석유이며 플라스틱화학은 석유와 떼려야 뗄 수 없는 관계이다. 이렇게 단위체를 화학적으로 중합하여 얻는 중합체를 '합성고분자'라고 한다.

자연에는 원래부터 고분자의 형태로 존재하는 물질들이 많이 있다. 이들을 **'천연고분자'**라고 한다. 천연고분자로는 탄수화물, 지방, 단백질, 유전형질 분자, DNS 등이 있다. 단, 천연고분자를 '인공적으로' 변성시킨 것도 플라스틱에 속한다.

개개의 단위체가 서로 결합하는 것은 플라스틱 합성의 기본이다. 이제 특정한 플라스틱의 합성방법에 대해 설명하겠다. 플라스틱의 성질은 단위체와 결합방식의 선택에 따라 결정된다.

플라스틱의 종류는 합성방법과 역학적인 성질에 따라 구분되며 이 성질은 중합체 사슬의 구조와 결합으로 결정된다. 플라스틱의 종류로는 우선 열가소성 플라스틱이 있다[열가소성 플라스틱은 **thermoplastic**이라고 하는데, 그리스어 thermos는 '열'을 뜻하고, plasso는 '형성하다' 또는 '만들다'를 뜻한다]. 이러한 명칭이 붙게 된 것은 열이 가해질 때 변형되는 성질을 지니고 있기 때문이다. 단, 이때 가해지는 열은 너무 높아서는 안 된다. 지나치게 높은 열이 가해지면 고분자가 분해되기 때문이다. 분해는 중합체 사슬, 즉 플라스틱을 형성하는 개개 원자들 사이의 공유결합이 해체되는 것을 의미한다. 이는 탄소화 과정, 즉 연소 과정과 같다. 해체가 일어나는 것은 탄소 이외의 모든 원자를 방출하기 때문이고, 이는 색이 검게 변하는 것으로 알 수 있다. 따라서 플라스틱을 가공할 때는 분해되기 전의 온도까지만 높여야 한다. 이때 서로 느슨하게 결합한 중합체 사슬들이 위치를 바꾸며 형태가 변형된다.

고분자 중에는 약간의 가지를 가진 경우도 있으나, 전체적으로 긴 사슬 형태로 된 열가소성 플라스틱은 온도를 가하면 변형이 가능하다.

어느 플라스틱이나 결정성 부분과 비결정성 부분을 함께 가지고 있다. 결정성 부분은 사슬들이 촘촘히 배열하여 밀도가 높고, 비결정성 부분은 사슬들이 불규칙하게 저밀도로 엉켜 있다. 결정성 부분이 많으면 '결정성 고분자', 비결정성 부분이 많으면 '비결정성 고분자'라고 한다. 비결정성amorphous이라는 말은 그리스어로 '형태가 없는'이라는 뜻이다.

비결정성 열가소성 플라스틱에서는 비교적 낮은 온도에서도 중합체 사슬이 이동할 수 있다. 이 열가소성 플라스틱은 전체적으로 딱딱하지 않으며 역학적 유연성을 지닌다.

결정성 열가소성 플라스틱은 비교적 딱딱하며 유연성
이 떨어진다. 이는 중합체 사슬이 부분적으로 조밀하고
평행하게 연결되어 있기 때문이다. 따라서 사슬 사이의
결합력이 강해 사슬의 이동이 - 역학적으로든 열적으로든
- 쉽지 않다. 여기서 '결정'이라는 표현을 쓴 것은 앞에서
배운 소금(염) 결정과는 다르다. 고분자에서는 반대 전하
를 띠는 이온들도 없고, 이온이 전자기적

인 힘으로 서로 끌어당기지도 않는다. 대신 중합체 사슬이
서로 평행하게 규칙적으로 배치되어 모여 있는 형태로 결
정을 이룬다. 이는 유리병 속에 든 구슬이나 콩을 생각하
면 이해하기 쉽다. 유리병 속의 구슬들은 항상 자신보다
아래에 있는 구슬들 사이로 규칙적으로 이동한다. 그래서
구슬들이 규칙적으로 배치되는 것이다.

유리병 속의 콩은 규
칙적으로 배치된다.

이 두 가지 형태의 열가소성 플라스틱 중에서 어떤 형태
를 취하는지는 단위체의 선택 또는 이 단위체들이 서로 반응하는 반응조건에
따라 결정된다.

사슬 형태를 가지는 열가소성 플라스틱과 달리 **열경화
성 플라스틱**은 그물 모양의 구조로 되어 있다. 중합체 사
슬들이 서로 연결되어 3차원 그물 모양을 이루며 온도가
올라가도 그물 구조 자체에는 변화가 없고 중합체 사슬의

이동도 없다. 따라서 이 플라스틱은 변형되기 어려우며 아주 높은 분해온도에
도달하면 화학적으로 분해된다. 열경화성 플라스틱은 열가소성 플라스틱에
비해 강도와 내열성이 강하다.

플라스틱을 역학적인 성질에 따라 구분할 때는 열가소성 플라스틱과 열경

화성 플라스틱 이외에도 **탄성중합체**^{elastomer}가 있다. 탄성
중합체는 구조 면에서 보면 열가소성 플라스틱과 열경화
성 플라스틱의 중간 형태이다. 탄성중합체는 중합체 사슬
이 그물 모양을 이루기는 하지만, 그물 눈이 촘촘하지 않
다. 이 때문에 탄성중합체는 '**고무 탄력성**'이라는 독특한 성질을 지닌다. 즉,
힘을 가하면 늘어났다가 힘을 제거하면 다시 원래 위치로 돌아간다. 다시 말
하면 중합체 그물의 망이 늘어났다가 원래 그물 형태로 되돌아가는 것이다.
탄성중합체는 3차원 그물 구조이기 때문에 열가소성 플라스틱에 속하지 않
는다.

플라스틱 합성의 종류

> 플라스틱 합성에 사용하는 중합반응에는 **부가중합**과 **중부가반응**, **축합중합**
> 이 있다. 이 세 가지 방법으로 합성된 플라스틱을 각각 **부가중합체**, **중부가**
> **중합체**, **축합중합체**라고 한다.

　중합체를 형성하는 세 가지 반응을 설명하겠다. 축합중합과 중부가반응은
특정한 작용기에 의하여 중합반응이 진행되고, 부가중합은 이중결합을 가진
단위체를 원료로 중합반응이 진행된다.
　이제 차례대로 설명하겠다. **부가중합반응**에서는 **적어도 하나의 이중결합**
을 가진 단위체가 **연쇄반응**을 통해 결합한다.

부가중합.

부가중합^{addition polymerisation}은 라디칼 또는 이온을 통해 결합이 이루어진다. 이것을 '**라디칼중합**' 또는 '**이온중합**'이라고 한다(이온중합은 다시 **양이온중합**과 **음이온중합**으로 구분된다). 이온중합에서는 첫 반응(연쇄반응의 시작)에서 특정한 화학물질(개시제)에 의해 양이온과 음이온이 생성된다. 이들 이온은 활성화된 단위체로서, (음이온에서) 아직 활성화되지 않은 단위체에서 과잉 전자들을 방출하거나 (양이온에서) 아직 활성화되지 않은 단위체에서 결핍 전자들을 보충하려 한다. 활성화된 단위체가 아직 활성화되지 않은 단위체와 결합할 때마다 음이온 성질 또는 양이온 성질이 아직 활성화되지 않은 단위체에 전달된다. 이렇게 되면 결합한 두 단위체(비로소 이합체가 되었다)는 다시 활성화된다. 이제 이합체는 단위체 사냥에 나서서 과잉 전자를 방출하거나 결핍 전자를 보충한다. 이렇게 연쇄반응이 계속 이어져(연쇄성장반응 또는 연쇄부가반응) 결국 중합체 사슬이 만들어진다. 이 반응은 반응 용기에 자유 단위체가 더 이상 존재하지 않을 때까지 계속된다. 만약 결핍 전자를 메우거나 과잉 전자를 받는 특정한 화합물(정지제)이 첨가되면 연쇄반응을 중단하게 된다(**정지반응**).

라디칼 중합반응도 개시반응, 성장반응, 정지반응이라는 세 단계를 거친다. 이온중합과는 달리 개시반응에서 전하를 띤 분자가 생성되지 않고, 비공유(결합하지 않은)전자를 지닌 분자가 생성된다. 이러한 화합물을 '**라디칼**'이라고 한다. 라디칼 단위체는 한 번 생성되면 결핍 전자를 보충 받으려는 성질을 지닌다. 라디칼중합이든 이온중합이든 상관없이 중합반응은 중간 단계나 부산물 없이 연속적으로 진행된다.

중부가반응^{polyaddition}은 작용기에 의해 중합반응이 진행되지만 부산물 없이 진행된다. 단위체의 중부가반응에서는 작은 분자들이 떨어져 나오지 않는다. 물론 단위체들은 양쪽에 작용기를 지니기 때문에 서로 결합하여 이합체, 사합체 등 **소중합체**^{oligomer}(단위체는 아니나 아주 큰 중합체가 아닌 중간 크기의 중합체를 '올리고머'라고 하고 펩타이드의 경우 '올리고펩타이드'라고 한다)들이 먼저 형성된다. 따라서 중부가반응은 단계 없이 또는 연속적으로 진행되는 것이 아니라 중간 단계인 소중합체를 거쳐 중합체로 진행된다.

중부가반응.

두 단위체 중의 하나는 튀어나온 꺾쇠괄호 모양의 분자 2개를, 또 하나는 움푹 들어간 꺾쇠괄호 모양의 분자 2개를 지닌다. 이런 방식으로 튀어나온 꺾쇠괄호 모양의 단위체는 양쪽 끝에서 움푹 들어간 꺾쇠괄호 모양의 단위체와 결합하고, 움푹 들어간 꺾쇠괄호 모양의 단위체는 다시 튀어나온 꺾쇠괄호 모양의 단위체와 결합한다. 이렇게 연쇄반응이 이어지는데, 이는 화학적으로 전자쌍의 결합을 의미한다. 전자쌍은 작용기에 따라 주고받는 성질을 띠며, 여기서도 전자주개와 전자받개의 원리가 적용된다.

축합중합^{polycondensation}은 합성방법 중에서 유일하게 부산물이 생기는 반응으로, 단위체들 사이에 형성되는 화합물에서 물이나 염화수소 같은 작은 분자들이 떨어져 나온다.

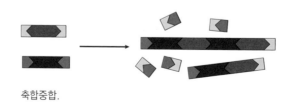

축합중합.

이 그림에서 알 수 있듯이 떨어져 나온 분자들은 여러 단위체의 원자들이 합쳐진 것이다. 예를 들어 2개의 카복실기 또는 2개의 수산기를 지닌 이카복실산과 다이올 같은 분자는 물이 떨어져 나가면서 서로 결합한다. 이는 **에스터를 형성하는 반응**이다. 그림으로 나타낸 예에서는 작용기가 없기 때문에 단지 2개의 분자가 서로 결합하지만, 이카복실산과 다이올은 분자당 2개의 작용기가 있다. 이카복실산에서 접두어 '이^{Di}'는 바로 이 사실을 말해준다. 이 경우에는 계속해서 작용기가 방출되어 결합을 이어 나간다. 결합하는 것은 개개의 단위체 또는 길이가 서로 다른 단위체 사슬이다. 이 때문에 사슬 성장은 중부가반응처럼 단계 없이 또는 연속적으로 진행되는 것이 아니라 단계를 거치며 불연속적으로 사슬 길이가 성장한다. '**폴리에스터**'는 대개 축합중합으로 만들어진다.

플라스틱은 생성방법과 역학적인 성질에 따라 구분되기 때문에 종류가 매우 다양하다. 다음 표를 보면 플라스틱의 종류가 얼마나 다양한지를 알 수 있다.

이 표도 단지 일부에 지나지 않는다. 표에 나온 몇 가지 플라스틱에 대해 자세히 살펴보기 전에 역사의 바퀴를 뒤로 돌려 플라스틱의 초기 형태에 대해 잠깐 설명하겠다.

합성 방법	단위체	중합체	약자/명칭/상품이름	용도	재활용 식별기호	역학적 성질
부가 중합 반응	$H_2C=CH_2$	고압과 300℃에서의 폴리에틸렌	LDPE(저밀도 폴리에틸렌)	병, 포일, 비닐봉투	04 PE-LD	주로 열가소성 플라스틱
		정상 압력과 60~120℃에서의 폴리에틸렌	HDPE (고밀도 폴리에틸렌)	쓰레기통, 보호헬멧	02 PE-HD	
	$H_2C=CH-CH_3$	폴리프로필렌	PP	밧줄, 섬유, 상자	05 PP	
	$H_2C=CHCl$	염화비닐 수지(HDPE 와 유사하게 제조)	경질 PVC	산업용 파이프 일반적으로 화학 물질에 내성이 강하다.	03 PVC	
		가소제 첨가 PVC	연질 PVC	인조가죽, 포일, 벽지, 일반용 파이프, 호스		
	$H_2C=CHC_6H_5$	폴리스타렌	PS	스트로폼, 단열재	06 PS	
	$H_2C=CHCN$	폴리아크릴로나이트릴	PAN 드랄론, 올론	합성섬유		
	$H_2C=C(CH_3)COOCH_3$	폴리메틸메타크릴레이트	PMMA 플렉시 유리	각종 소비재	07 O	
	$CH_2=CH-CH=CH_2$	부타디엔('부나') (합성고무)	BR(부타디엔 고무) 〔고무〕	자동차나 자전거의 호스, 정원 호스, 전선 절연재		탄성 중합체
	$CH_2=C(CH_3)-CH=CH_2$	폴리이소프렌 (천연고무)	IR(이소프렌 고무) 〔고무〕	자동차 타이어, 수술용 고무장갑, 고무 밴드		
	$F_2C=CF_2$	사플로오르화에틸렌 수지	PTFE, Teflon	코팅, 파이프, 포일		소수성, 내마모성
	아크릴로나이트릴, 1,3부타디엔 스티렌	아크릴로나이트릴-부타디엔-스티렌	ABS	휴대전화, 전자계산기, 드릴기계, 레고 조각	07 O	비결정성 열가소성 플라스틱

합성 방법	단위체	중합체	약자/명칭/상품이름		용도	재활용 식별기호	역학적 성질
축합 중합 반응	테레프탈산 (1,4벤젠 이카복실산) 에틸렌글리콜 (1,2-에탄디올)	폴리에틸렌 테레프탈레이트	PET	폴리에스터 (PES)	페트병, 포일, 폴리에스터섬유, 플라스틱	♲ 01 PET	열가소성 플라스틱
	폴리에틸렌 알루미늄	금속화된 폴리에틸렌 테레프탈레이트	MPET		구조덮개 (예: 자동차 구급상자용)		
	포스겐 (카복실산유도체) 비스페놀 A (비스페놀 유형의 다른 단위체)	폴리카보네이트	PC		CD와 DVD, 안경알, 광학렌즈, 비행기, 유리창, 헬멧		열가소성 플라스틱
	헥사메틸 덴디아민, 아디프산, 카프로락탐	폴리아마이드	나이론, 케블라		합성섬유(예: 브레지어, 여성용 속옷), 칫솔모, 전선을 묶는 끈	♲ 07 O	열가소성 플라스틱
	폼알데하이드, 멜라민	멜라민 수지	PM		식기, 전기부품		열경화성 플라스틱
	폼알데하이드, 요소	요소 수지	UF		합판용 접착제		
	폼알데하이드, 페놀	페놀 수지	PF		전기용품, 절연재		
	규소, 모노염화메탄, 물 또는 메탄올	실리콘	실리콘 액체		건축자재를 접합시키는 규산 함유 첨가제		탄성 중합체
			실리콘지방		틈을 막는 플라스틱		
			실리콘수지		배출관의 녹 방지제, 플라스틱 방부제		
			실리콘고무 (실리콘 탄성중합체)		우유병 젖꼭지, 의료용 호스, 이음매를 채우는 물질, 탄성 있는 빵틀		
중부가 반응	다이아이소사이안산	폴리우레탄	PUR (탄성 폴리우레탄)		열 차단 스펀지, 양탄자, 매트리스, 스웨터, 전기 소켓, 수영복		열가소성 플라스틱, 탄성중합체(드물게는 열경화성 플라스틱)
	에폭시드 에피클로로히드린 다이올	에폭시수지	EP		선박용 접착제, 선박용 부식방지제, 가정용 접착제, 도료		열경화성 플라스틱

플라스틱의 역사

천연고분자에서 변성된 물질도 플라스틱에 속한다. 이러한 물질들은 대개 천연물질을 화학적으로 변성시켜 만든다. 19세기 후반에 들어와 급속도로 진행된 산업화로 기존의 물질과는 다른 새로운 재료들이 요구되었다. 이 시기에 발견되거나 발명된 플라스틱으로는 인조섬유, 셀룰로이드, 갈랄리트, 고무, 에보나이트 등이 있다.

인조섬유의 원료는 셀룰로오스이다. 이 천연고분자는 탄수화물에 속하며, 목재와 면화의 성분이다. 목재는 종이 생산에 이용되므로 결국 종이가 인조섬유의 재료인 셈이다.

종이를 염화아연 또는 황산용액에 넣으면 셀룰로오스섬유가 용액에 젖어 부드러

면화.

워진다. 용해 과정을 거치면서 종이의 표면에는 셀룰로오스수화물이 생겨 단층이 만들어지는데, 이 단층들은 염화아연 또는 황산용액에서 연화된 후 서로 압착되어 엉겨 붙는다. 셀룰로오스 또는 종이의 질, 용해 시간에 따라 다양한 재질의 인조섬유가 생성된다. 인조섬유는 건조시킨 다음 자르거나 구멍을 뚫어 압착해서 가공한다. 이렇게 하면 질기고 딱딱한 물질이 만들어지는데, 이전에는 고무나 가죽을 대신해 트렁크나 끈 또는 단추를 생산할 때 사용되었고, 근래에는 틈새를 채우는 고리나 전기기구의 재료로 사용된다.

열가소성 플라스틱에 속하는 **셀룰로이드**가 19세기 후반에 생산된 것은 당

하이엇의 당구공.

구와 밀접한 관련이 있다. 셀룰로이드를 발명한 존 웨슬리 하이엇[1837~1920]은 그 당시 당구공의 재료였던 상아를 대체할 재료를 찾아 다녔다. 상아는 값이 비쌀 뿐만 아니라 어느 정도 사용하면 부위마다 닳는 정도가 제각기 달랐다. 하이엇은 당구공의 재료로 셀룰로오스를 골라 실험에 들어갔다. 그는 셀룰로오스에 질산과 황산의 혼합물을 넣었다. 질산은 오늘날에도 유기화합물로 니트로(NO_2) 화합물을 만들 때 사용된다. 이렇게 해서 생성된 것이 **니트로셀룰로오스**이다. 이는 1840년대 중반부터 - 니트로화하는 시간에 따라 - **콜로디온** 또는 **콜로디온면**으로 사용되었다. 콜로디온면은 불을 붙이면 순식간에 타는 성질을 지니고 있다. 이 때문에 콜로디온면은 추진 탄약으로 사용되며, 니트로화가 오래 지속되면 **트리니트로셀룰로오스**의 형태를 띠면서 질소 성분이 많아진다. 오늘날 콜로디온면은 의학 분야에서 작은 상처의 봉합제로 사용된다. 디니트로셀룰로오스는 트리니트로셀룰로오스보다 질소 성분이 적다. 왜냐하면 니트로화하는 시간이 짧기 때문이다. 하이엇은 디니트로셀룰로오스 이외에도 천연재료인 장뇌(캠퍼)도 이용했는데, 이는

장뇌나무.

에테르 기름이나 여러 가지 식물(예: 월계수)에 들어 있다. 장뇌는 하르츠 지역의 장뇌나무에서 많이 추출되며, **가소제**로 사용되었다(가소제에 대해서는 나중에 다시 설명할 것이다). 셀룰로이드로 만든 당구공은 상아에 비해 값이 싸고 쉽게 닳지 않는다. 오늘날 당구공은 주로 페놀폼알데하이드 수지(페놀 수지)로 만든다.

1880년대에는 롤필름 카메라가 발달했다. 롤필름은 투명 셀룰로이드로 만

초기의 카메라.

든다. 셀룰로이드로 필름뿐만 아니라 장난감(예: 인형), 빗, 안경테 등을 만들었는데, 여러 가지 단점이 드러났다. 콜로디온면과 마찬가지로 모두 불에 쉽게 타는 성질을 지니고 있었던 것이다. 롤필름은 1950년대까지 사용되었는데, 불에 쉽게 타는 성질 때문에 옛 사진을 보관한 서고는 항상 화재의 위험이 따랐다. 롤필름은 불이 붙으면 마치 폭발물이 터지듯이 무섭게 불이 번졌다. 그래서 과거에는 영사기에 걸린 롤필름이 뜨거운 열을 받아 발화되면서 극장에 화재가 발생하는 일이 비일비재했다. 이 때문에 독일에서는 롤필름을 연방폭발물보호법으로 엄격히 규제하고 있다! 이에 대한 대처방안으로 강구된 것이 셀룰로이드에 아세틸셀룰로오스로 만든 안전필름을 넣어 위험을 제거하는 것이었다. 오늘날 극장에서 사용되는 필름은 PET

탁구공.

로 만든다. 요즘도 셀룰로이드로 만드는 제품들이 있는데 화재 위험을 방지하기 위해 첨가제를 넣는다. 탁구공이나 기타 연주용 피크도 셀룰로이드로 만들며, 북 표면도 셀룰로이드로 덮어씌운다.

갈랄리트(인조각질)는 우유로 만든다. 즉, 갈랄리트의 원료는 천연고분자인 탄수화물이 아니라 단백질인 **카세인**(라틴어 caseus는 '치즈'를 뜻한다)이다. 소나 양 또는 염소의 젖에 들어 있는 이 단백질 성분은 원래 치즈를 생산하는

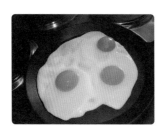

데 이용되지만, 산으로 응고시켜 플라스틱을 생산할 때도 이용된다. pH 값이 너무 낮으면 폴리펩타이드 사슬에 있는(펩타이드를 형성하는 것은 아니다!) 개개의 아미노산 사이에 상호작용이 중단된다. 이 때문에 우유 단백질이 응고되어 굳는다.

이러한 현상은 불에 가열할 때도 일어나는데, 이는 프라이팬에 달걀을 부칠 때 경험해보았을 것이다.

우유가 산화될 때도 응고현상이 나타난다. 젖산(유산)박테리아에 의해 생성되는 젖산이 우유의 pH 값을 낮추면 우유 단백질이 굳어진다. 또한 우유와 감미료를 커피에 넣어 마실 때도 우유를 먼저 넣은 다음에 감미료를 넣으면 이러한 응고현상이 나타난다. 감미료는 고체 형태의 레몬산을 넣어 만든 것인데, 레몬산은 커피에 용해된다. 용해 과정에서 레몬산 때문에 pH 값이 낮아지면 우유에 들어 있는 우유 단백질이 응고되어 커피에 작은 흰색 덩어리가 생기게 된다.

갈랄리트를 생산할 때는 산을 가해 카세인을 응고시키고 폼알데하이드를 넣는다. 이렇게 하면 축합중합반응으로 갈랄리트가 생성되는데, 이는 1897년에 빌헬름 크리세와 아돌프 슈피텔러가 최초로 만들었다. 갈랄리트는 열경화성 플라스틱이다. 이 때문에 갈랄리트는 굳어지기 전에 변형시켜야 하며, 굳어진 다음 연마하거나 닦아서 광택을 낸다. 하지만 이는 간단한 작업이 아니다. 왜냐하면 갈랄리트는 쉽게 부서질 수 있기 때문이다.

갈랄리트는 단추나 우산 손잡이, 보석 상자 등의 재료로 사용되었으나, 제2차 세계대전 이후에는 단점이 보완되고 값도 싼 합성수지로 대체되었다. 합성수지가 갈랄리트보다 값이 쌌던 이유는 우유 대신(그 당시에는 우유보다 값이 싼) 석유를 원료로 이용했기 때문이다. 하지만 최근에는 석유 값이 올라 다시 우유를 원료로 사용하는 추세이다.

아마도 여러분이 플라스틱에 대해 배우기 전까지만 해도 **고무**를 플라스틱의 일종이라고는 생각하지 않았을 것이다. 플라스틱 중에서 그다지 큰 비중을 차지하지 않는 탄성중합체는 고무

폐타이어.

탄성을 지닌 물질로, '고무'라는 이름으로 불린다. 따라서 고무는 '탄성'의 동의어라고 할 수 있다. 탄성이 나타나는 물질은 고무지우개, 풍선, 고무 밴드, 일회용 장갑, 각종 구기 종목에 쓰이는 공, 타이어 등이다. 실리콘고무, 연성 PVC, 폴리우레탄 등도 고무로 불리기도 하지만 이러한 중합체들은 화학적으로는 서로 구분되어야 한다. 이에 대해서는 나중에 다시 다룰 것이다.

좁은 의미에서 고무는 흔히 **천연고무**와 연관 지어 말한다. 이런 경우는 특히 고무나무의 유지성 식물 즙을 지칭한다.

고무지우개.

단백질 층에 싸인 천연고무 입자가 물속에 떠 있는 액체인 유지성 식물 즙을 '**라텍스**'라고 부르기도 한다. 라텍스는 적어도 5~6년 이상 된 나무의 껍질을 칼로 긁어 나오는 끈적끈적한 액체를 가공해 만든 것이다.

고무 추출.

고무나무의 즙을 가공해 안정시킨 라텍스는 100kg짜리 둥근 고체 또는 (드물기는 하지만) 가루 형태로 판매된다. 세계 최대의 라텍스 공급 국가는 태국, 인도네시아, 말레이시아이다.

두 차례의 세계대전을 치르면서 천연고무가 부족해지자 특히 제2차 세계대전 때에는 합성고무를 생산하기 위한 새로운 방법이 모색되었다. 천연고무는 중합체인 이소프렌[2메틸-1, 3부타디엔, 구조식: $CH_2=C(CH_3)-CH=CH_2$]과 다른 단위체의 이중결합에서 얻은 화합물이지만, **합성고무**는 스티렌($CH=CHC_6H_5$)과 1, 3부타디엔(구조식: $CH_2=CH-CH=CH_2$)의 중합반응으로 얻은 화합물이다. 현재는 합성고무가 전체 고무 수요의 약 60%를 차지하고 있으며 천연고무와 합성고무를 합치면 고무 전체의 약 3분의 2가 자동차용 타이어 생산에 사용되고 있다.

자동차 타이어와 고무의 역사는 찰스 굿이어[1800~1860]와 떼려야 뗄 수 없는 관계가 있다. 이러한 역사는 과학 지식과 진보가 우연의 산물이며, 개인의 노력이 반드시 영광스러운 결실로 보답되지 않는다는 사례를 보여준다. 차례대로 살펴보자.

굿이어는 화학자라기보다는 기업가였다. 그는 천연고무의 탄성과 물이 스며들지 않는 성질을 알게 되었다. 고무의 역사는 기원전 1000년까지 거슬러 올라갈 정도로 이미 널리 알려져 있었고 마야인들과 아스텍인들도 일상생활에서 사용했다. 천연고무의 성질에 대해서는 17세기와 18세기에 책을 통해 유럽인들에게 알려졌다. 천연고무로 방수제품을 만드는 인도인들과 고무로 만든 공으로 놀이를 즐긴 마야인과 아스텍인에 대한 이야기는 유럽인들의 관심을 끌었다. 중남미 유적지 중에서 약 1,500곳 이상의 지역에서 공놀이를 하던 운동장이 발견되었다. 운동장에는 수직 또는 약간 비스듬하게 세운 벽이 있었다. 공놀이는 천연고무로 만든 공을 벽 상단에 설치된 돌로 만든 링에 넣는 게임이었던 것으로 짐작된다. 이러한 공놀이(예: 울라마, 폭타폭, 페롤타 등으로 불렸다)는 스쿼시나 축구의 원시적인 형태로 통한다.

스쿼시.

천연고무를 이용한 실험은 18세기 말에 이르러 고무지우개의 발명으로 이어졌다. 19세기 초에는 터펜타인에 용해한 고무를 첨가해 비옷을 만들었다. 굿이어는 이 시기에 성장기를 보냈다. 그는 기업가로서 천연고무의 단점을 개선하려고 노력했다. 높은 온도에서는 연해져 끈적거리고, 낮은 온도에서는 딱딱하게 굳어 부서지기 쉬운 천연고무는 또한 팽창시키면 처음 상태로 되돌아가지 않았다. 천연고무는 오늘날 우리가 알고 있는 고무의 탄성을 지니고 있지 않았던 것이다.

굿이어는 고무에 대한 연구에 골몰하며 여러 가지 화학물질을 이용해 실험하던 중, 우연히 천연고무 덩어리와 황을 혼합한 물질을 뜨거운 난로 위에 떨어뜨렸다. 그 결과 만들어진 고무는 천연고무와는 달리 악조건에서도 탄성을 유지한다는 사실이 밝혀졌다. 또 다른 보고에 따르면, 굿이어의 아내는 남편이 실험에만 몰두하자 화가 난 나머지 굿이어가 실험하던 황이 묻은 고무 덩어리를 난로 속에 던져버렸고 이렇게 해서 새로운 고무가 탄생했다고 한다. 진실이 무엇이든 간에 굿이어는 우연히 고무에 열을 가하면서 황을 첨가하는 **가황공정**^{vulcanization}을 발견했다. 가황공정이란 화학적으로 높은 온도에서 천연고무의 (단위체의 주성분이 이소프렌인) 중합체 사슬들을 **황으로 다리를 놓아** 결합시키는 과정이다.

이렇게 해서 만들어진 고무는 천연고무에 비해 탄성이 오래 지속되었고, 팽창시켜도 처음 상태로 되돌아갔다. 말하자면 플라스틱 상태에서 탄성체 상태로 바뀐 것이다. 게다가 이 물질은 잘 끊어지지 않고 팽창력도 강하며 쉽게 닳지도 않았다. 황다리가 많이 조직될수록 - 이는 가황 시간과 황의 양에 따라 달라진다 - 고무는 더욱 강해진다. 이러한 맥락에서 굿이어는 가황고무의 발명자로 통한다. 굿이어는 여러 가지 특허를 받았지만, 이 특허권은 19세기 말에 자동차산업이 발달하면서부터 비로소 중요성을 띠게 되었다. 애석하게도 굿이어는 가난하게 살다가 60회 생일이 되기도 전에 세상을 떠나고 말았다.

굿이어의 이름은 110년 이상 수많은 자동차 타이어에 붙었고, 자동차 경주인 포뮬러 1$^{Formula One}$에도 등장한다. 굿이어는 죽은 이후에야 명성을 얻게 되었는데, 이는 1898년에 독일계 미국인 프랭크 사이버링과 찰스 사이버링이 가황공정의 발견자인 굿이어를 기념하기 위해 자신들이 설립한 회사 이름을 '굿이어 타이어 앤드 러버 캠퍼니$^{Goodyear\ Tire\ \&\ Rubber\ Company}$'라고 지은 데 영향이 크다.

이 회사는 불과 13명의 직원이 자전거와 마차의 타이어를 생산했고, 1908년부터는 컨베이어 벨트로 자동차를 대량생산한 포드자동차에 **모델 T**의 타이어를 납품했다. 이 자동차는 '틴 리치'로 불리며 유명해졌는데, 당시 전 세계에서 가장 많이 팔린 자동차였다.

틴 리치.

1972년에야 폴크스바겐^{Volkswagen}사의 딱정벌레차VW-K뢰er가 포드 모델 T를 제치고 판매 1위 자리를 차지했다.

현재 굿이어사는 자동차 타이어뿐만 아니라 비행기 타이어와 골프공, 테니스공, 장난감, 수송관 등도 생산하며 전 세계적으로 10만 명 이상의 직원을 거느리고 있다. 굿이어사는 브릿지스톤, 미쉐린, 피렐리 등과 함께 세계적인 타이어 생산회사이다.

현재 생산되는 엄청난 양의 타이어가 천연고무로 조달되지 않는 것은 분명한 사실이다. 전체 고무시장에서 합성고무는 약 60%를 차지한다. SBR이라는 합성고무는 스티렌과 1,3부타디엔이라는 2개의 단위체를 중합하여 만든다. 2개의 단위체로 생산하는 반응을 '**공중합**', 그 공중합의 결과물을 '**공중합체**^{copolymer}'라고 한다. 스티렌과 1,3부타디엔으로 만든 SBR은 Styrene

Butadien Rubber(스티렌부타디엔고무)의 약자로, 합성고무 중에서 가장 많이 생산, 사용되고 있는 대표적인 합성고무이며 타이어, 호스, 벨트, 패킹 등에 사용된다.

또 다른 합성고무로는 **CR**(클로로프렌)이 있는데, 이는 Chloroprene Rubber 의 약자이다. CR은 단위체인 클로로프렌[$CH_2 = C(Cl) - CH = CH_2$]으로 만들어 지는데 클로로프렌중합체는 가황 과정에서 산화아연 또는 산화마그네슘과 기타 첨가제를 조절해 만든다. CR은 뒤퐁사의 제품이름인 '**네오프렌**'으로 유명하다. CR은 열에 강하고 유기 용매에 잘 녹지 않아서 자동차의 벨트, 연료의 고무 호스, 개스킷 등에 사용된다.

바닥에 들러붙은 껌.

오늘날에는 **껌**도 합성고무로 만든다. 과거 마야인들은 천연고무로 껌을 만들었다. 껌의 원료는 대개 소화되지 않으며 불용성인 열가소성 중합체이다. 따라서 껌은 씹고 난 후 포장지에 싸서 쓰레기통에 버려야 하고, 실수로 삼키게 되면 그대로 몸 밖으로 배출된다. 껌의 재료는 폴리이소부틸렌, 폴리에틸렌, 폴리비닐에틸에테르, 폴리비닐아세테이트 등으로, 이 물질들에 설탕 또는 대체설탕, 감미료, 방향제 등이 첨가된다. 껌은 합성중합체에 파라핀과 밀랍을 가미하여 생산한다. 중합체에 밀랍 같은 첨가제를 섞으면 껌의 플라스틱 성질도 변한다. 이는 포장형태나 포장방법에 따라 조절된다(예: 사각형 껌 또는 사탕 모양의 껌). 또한 껌이 입안에서 얼마나 부드럽게 씹어지는지, 풍선을 불 수 있는지 또는 얼마 후 굳어지는지 등도 이러한 조절에 따라 달라진다.

흥미롭게도 앞에서 설명한 폴리비닐아세테이트(약자로는 PVA 또는 PVAc)는 접착제의 주요성분이다. 접착본드는 폴리비닐아세테이트를 용매인 아세톤/메틸아세테이트에 녹인 것이다. 접착제가 마르면 용매가 증발하고 PVA - 중합체 사슬이 접착 성분과 결합한다. 따라서 접착제 튜브를 제대로 닫지 않았을 때 흘러내리는 접착제 방울과 껌 사이에는 연관성이 있다고 볼 수 있다. 하지만 껌이 없다고 접착제 방울을 씹어서는 안 된다!

위에서 설명한 합성고무들은 근래에 생성된 것이다. 마지막으로 '역사적인' 플라스틱을 하나 더 소개하고자 한다. 바로 **에보나이트**이다. 에보나이트도 고무로 만든다. 이는 고무에 다량의 황을 가하여 비교적 장시간 가열하여 얻어지는 수지상의 열가소성 물질로, '경질고무'라고도 한다. 에보나이트라는 이름은 영어 'ebony(흑단)'에서 유래했는데 강도, 기계적 가공성, 화학적 안정성, 전기 절연성 등이 뛰어나다. 피아노의 검은 건반은 이전에는 흑단으로 만들었지만 현재는 흑단 값이 비싸 에보나이트로 대체하고 있다. 또한 피아노의 흰 건반은 이전에는 상아나 뼈 또는 목재로 만들었지만 오늘날에는

셀룰로이드(PMMA, 폴리메틸메타크릴레이트, 플렉시 유리가 가미된다)나 특수물질(네오텍스나 WPC와 같은 목재 플라스틱 합성소재)로 대체되었다.

일상생활의 조력자

플라스틱을 일일이 나열하면 그 수는 헤아릴 수 없을 정도로 많다. 이들 플라스틱을 모두 설명하려면 이 책의 분량이 엄청나게 늘어날 것이다. 하지만 반드시 알아두어야 할 플라스틱으로 한정하는 것은 어렵지 않다. 일상생활에서 접하는 빈도수와 역학적 특징 그리고 합성방법에 따라 분류하고 각각의 대표적인 물질을 꼽으면 **ABS, LDPE, HDPE, PET, PUR**로 압축할 수 있다.

이제부터 이 물질들에 대해 살펴볼 것이다. 아울러 플라스틱 가공, 화학섬유, 가소제, 플라스틱 재활용에 대해서도 배우게 된다.

ABS 때문에 망가지지 않는 레고 조각

ABS가 무엇이냐고 물으면 자동차와 관련된 것이 아니냐고 답하는 사람이 많을 것이다. 자동차에 장착된 ABS[anti-lock brake system]는 자동차가 급제동할 때 바퀴가 잠기는 현상을 방지하기 위해 개발된 특수 브레이크를 가리킨다. 이는 전자 장치 때문에 가능하다. 물론 이 장치로도 자동차가 충돌하거나 자동차 일부가 파손되는 것은 피할 수 없다. 하지만 플라스틱의 일종인 ABS는 전혀 손상되지 않고 '온전한' 상태로 유지된다.

ABS는 공중합체로서 3개의 단위체인 아크릴로나이트릴, 1,3부타디엔, 스티렌으로 구성된다.

스티렌   부타디엔 아크릴로나이트릴

공중합체는 적어도 2개의 단위체가 서로 중합반응하는 물질을 말한다. ABS는 비결정성 열가소성 플라스틱에 속하지만, 단위체들의 결합 형태와 중합체 사슬의 상호작용으로 열경화성 플라스틱에 버금가는 내구성과 강도를 지닌 물질이다.

이러한 성질을 지니게 하는 이유는 3개의 단위체 사이의 관계 때문이다. ABS는 절반은 스티렌, 나머지 4분의 1은 각각 아크릴로나이트릴과 부타디엔으로 구성된다. 한편 **SBR**(스티렌부타디엔고무)은 아크릴로나이트릴이 완전히 빠지고 많은 양(거의 90%)의 부타디엔과 스티렌의 중합반응으로 만들어진다. 이것은 완전탄성을 지닌 고무이다. 또한 부타디엔을 빼고 전체 약 30% 분량의 아크릴로나이트릴과 스티렌을 섞으면 SAN(스티렌아크릴로나이트릴)이 생성된다. 이 물질은 투명하며 온도의 영향을 받지 않아 가정용 계량컵이나 샐러드 접시, 샤워실 벽, 반사등에 사용된다. 스티렌은 약 10개의 다양한 단위체가 섞여 중합반응으로 플라스틱을 만든다.

헤어드라이어.

망가진 레고 조각을 본 적이 있는가? 레고 조각은 망치나 톱으로 두드리거나 자르지 않는 한 망가지는 일이 없다. 레고 조각은 발로 밟아도 좀처럼 손상되지 않는다(오히려 발이 아프다!). 이런 레고 조각은 ABS를 사용해 다양한 형태로 만든다. ABS를 사

헬멧.

용하는 것으로는 전자계산기, 전화, 휴대전화, 모니터, 컴퓨터, 진공청소기, 커피머신, 라디오, 램프, 헤어드라이어 등의 케이스, 트렁크의 외피, 헬멧, 자동차의 표면 소재 등이 있다. 게다가 ABS는 금속으로 도금할 수 있는 장점이 있어 위의 용도에서 예로 든 제품들의 크롬 도금도 가능하다.

ABS를 이용한 제품들이 이처럼 다양한 형태를 띨 수 있는 것은 ABS가 다른 열가소성 플라스틱과 마찬가지로 가공성이 뛰어나기 때문이다.

참고 사항: 다양한 형태의 플라스틱 가공

플라스틱 생산자들이 모두 서로 다른 플라스틱을 가공하는 것은 아니라는 점을 먼저 말해두고자 한다. 같은 플라스틱이라도 생산자에 따라 다른 이름이 붙기도 한다. 예를 들어 ABS는 '테르루란', '루스트란', '노보두르'라는 이름으로 판매된다. **작은 알갱이 형태**로 판매되는 플라스틱 물질들도 있다. 이러한 물질의 생산자들은 먼저 플라스틱을 녹여서 – 대개 색소를 넣어 원하는 색으로 만든 후 – 노즐을 통해 압출한다. 이렇게 해서 만들어진 기다란 줄 형태의 플라스틱은 수조에서 냉각되어 작은 조각으로 절단된다. 이렇게 조각난 플라스틱은 포대나 통에 넣을 수 있어 운반하기가 쉽다.

작은 알갱이 형태의 플라스틱이 가공업체로 넘겨지면 다양한 형태로 만들어진다. 여기서 가공되는 플라스틱은 원칙적으로 열가소성 플라스틱에 한정된다. 하지만 경우에 따라서는 열경화성 플라스틱과 탄성중합체도 가공할 수 있다. 물론 이때는 가공기계별로 온도가 달라야 한다.

작은 알갱이 플라스틱은 압출기^{extruder}에서 가열된다. 압출기는 스크루가 회전하며 장시간 가열할 수 있다. 작은 알갱이 플라스틱은 깔때기 모양의 입구로 투입된 다음, 관에서 가열되어 회전하는 스크루에 의해 압출된다. 배출구의 모양은 생산품의 형태에 맞추어 조절된다.

배출된 플라스틱은 **금속장치**를 통해 이동하는데, 이 금속장치는 물(물은 플라스틱을 냉각시킨다)이 흐르는 파이프에 연결되어 있다.

 a) 압출

플라스틱 배출물을 지속적으로 압출하는 장치에는 원형 또는 도넛형 노즐이 달려 있다. 구리선을 이 장치에 통과시키면 절연 효과가 있는 전선이 만들어진다.

b) 사출성형

사출성형은 금형을 여닫는 순환과정을 도입하는 방법이다. 닫힌 상태에서 플라스틱 용융물이 금형으로 주입된다. 금형은 대개 둘 또는 세 부분으로 나누어져 있는데, 생산할 플라스틱 제품의 형태대로 속이 비어 있다. 이 금형에 플라스틱을 주입하여 식힌 다음 장치를 열면 플라스틱이 자동으로 형태를 갖추어 배출된다. 다시 플라스틱을 주조할 때는 장치를 닫으면 된다.

c) 공기주입성형

공기주입성형법으로 페트병을 만들 때는 우선 사전 형태('페트 원형' 또는 '프리폼')를 만든다. 이 두 가지 방법은 유사하다. 이러한 방법으로 병이나 통 같은 속이 빈 제품이 생산된다. 속이 비어 있는 틀에 압력공기를 불어넣는 방법으로, 압력공기는 뜨거운 플라스틱을 닫혀 있는 장치를 향해 내부로부터 압축한다.

공기를 주입할 때는 압출기를 통해 대개 뜨거운 플라스틱 물질이 아래쪽으로 관을 형성한다. 이 관은 2개의 열린 장치 사이에 있다. 찬 공기가 속이 빈 공간을 통과함과 동시에 장치는 닫히고 압력공기가 주입된다.

공기를 분사할 때는 페트 원형이 데워진다. 이렇게 해서 이후의 공기 주입 과정이 준비된다.

페트 원형은 3개의 장치에 고정된다. 페트병의 둥근 바닥은 특수 장치를 통해 형태가 만들어지는데, 이 특수 장치는 3~4cm 정도의 속이 빈

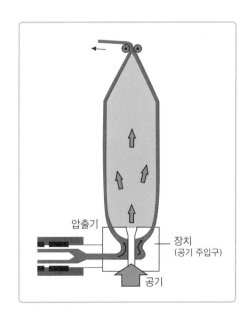

실린더와 비슷하다. 병의 옆면은 실린더 윗부분에 의해 형태가 만들어진다. 3개의 장치가 닫히면 데워진 페트 원형은 공기 때문에 옆면에 압축된다. 이렇게 되면 두 옆면이 열리고 병의 바닥을 만드는 장치가 아래쪽으로 당겨져 완성된 페트병이 밖으로 떨어져 나온다.

d) 풍선필름

이 가공방법은 비닐필름을 생산하는 방법이다. 용융된 플라스틱물질이 압출기에서 도넛형의 노즐을 통해 파이프 형태로 배출된다. 파이프가 따뜻할 때 공기를 불어넣어 풍선처럼 팽창시키면 얇은 필름이 된다. 이 필름은 공기 중에서 냉각되고 난 후 포개어져 롤에 감긴다.

e) 압축성형

압출기에서 용융된 플라스틱이 열린 장치로 분사된다. 두 번째 장치가 닫히면 용융된 플라스틱은 고압 상태에서 섬유로 짠 매트릭스로 채워진 금형으로 보내진다. 이렇게 해서 **섬유-매트릭스-반제품**이 만들어진다. 유리섬유 같은 강화섬유가 열가소성 매트릭스와 결합하

여 섬유가 플라스틱물질에 흡착되거나 뒤엉키게 된다. 이 두 가지 경우에 **섬유-플라스틱 복합재료**FRP가 생성된다. 섬유로는 유리섬유를 많이 쓰는데, 이를 **'강화유리섬유 플라스틱**GFRP(흔히 '파이버글라스' 또는 '유리섬유강화플라스틱'이라고 한다)'이라고 한다. 이 물질은 소형 비행기나 수력발전기의 날개를 만드는 데 쓰인다.

유리섬유 대신에 값이 비싼 탄소섬유를 이용하면 A 380 같은 신형 비행기를 만들 때 사용되는 물질이 생성된다. 이 물질은 화물차나 스포츠카의 전면 섀시에도 사용된다.

A 380.

섬유는 플라스틱에 투입되는 섬유의 길이에 따라 단섬유(0.1~1mm)와 장섬유(1~50mm) 그리고 연속섬유(50mm 이상)로 나뉜다. 단섬유와 장섬유에서 플라스틱의 성형 가공을 쉽게 해주는 **컴파운드**compound(플라스틱의 성형 가공을 쉽게 하기 위한 혼합 첨가제)가 만들어지는데, 여기서는 폴리에스터나 비닐에스터 수지가 매트릭스를 형성한다. 연속섬유에서는 **프리프레그**prepreg가 만들어지는데, 여기에는 거의 예외 없이 열경화성 플라스틱 매트릭스를 사용한다. 이러한 섬유강화 구조 때문에 높은 내열성이 생기고 강도가 개선된다. 연속섬유가 투입된 FRP는 자동차나 비행기 그리고 우주선에 사용되면 무게를 줄여 연료소비를 절감할 수 있게 해준다.

컴파운드와 프리프레그는 둘 다 최종 생산품을 위한 중간체이다. **중간체**라는 개념에 대해서는 좀 더 알아둘 필요가 있다. 특히 금속에서 중간체라고 할 때는 더 가공되어야 할 프리폼(예비 형태)을 말한다. 중간체의 형태와 크기를 비탕으로 최종 생산품이 만들어지는데 플라스틱 중간체는 대부분 섬유-플라스틱 복합재료로 이루어진 판, 매트, 포일이다. 매트와 판은 열가소성 플라스틱이 사용될 때 열을 공급하기 위해 재차 압착하거나 반죽 형태의 물질로 압축된다.

f) 열성형

열성형은 열가소성 플라스틱을 성형온도까지 올린 후 용기 형태로 만드는 공정이다. 열성형은 압축성형과 매우 유사하며 열성형방법으로는 진공성형과

드래프성형이 있다. 열성형으로 생산되는 것은 패스트푸드 용기, 일회용 컵, 요구르트 통과 마가린 통 등이 있다.

지금까지 플라스틱 가공기술에 대해 살펴보았다. 이제는 플라스틱 자체도 다양하지만, 그 가공방법도 매우 다양함을 알게 되었을 것이다. 이제 앞에서 살펴보기로 한 몇 가지 플라스틱을 자세히 공부할 차례이다.

폴리에틸렌

폴리에틸렌^{PE}은 가장 많이 생산되는 플라스틱으로 시중에 판매되는 플라스틱의 3분의 1을 차지한다. 폴리에틸렌은 독일에서 매년 거의 2백만 t이 생산되고 있으며 2007년에는 판매되고 있는 플라스틱 포장재의 약 60%가 폴리에틸렌으로 만들어졌다.

폴리에틸렌이 많이 사용되는 이유는 식품의 냄새나 맛에 아무런 영향을 주지 않기 때문이다. 게다가 가공이 쉬우며 투명도가 높고 수명이 길고, 팽창할 수 있고, 재활용도 가능해 친환경적이다.

폴리에틸렌^{PE}은 단위체인 에틸렌 $\left(\begin{smallmatrix} H \\ C \end{smallmatrix}=\begin{smallmatrix} H \\ C \end{smallmatrix}\right)$의 중합반응으로 생성된다. 폴리에틸렌의 구조식에서 긴 탄화수소 사슬이 생기는 것을 알 수 있다. $\left(\begin{smallmatrix} H & H \\ C - C \\ H & H \end{smallmatrix}\right)_n$ (여기서 n은 임의의 자연수이다). 폴리에틸렌은 반응 조건에 따라 **HDPE**와 **LDPE**로 구분된다. LDPE는 저밀도 폴리에틸렌$^{low\ density\ polyethylene}$을 말하는데, 이는 폴리에틸렌의 밀도가 낮다는 것을 의미한다. HDPE는 고밀도 폴리에틸렌$^{high\ density\ polyethylene}$을 말하며, 폴리에틸렌의 밀도가 높다는 것을 의미한다. 밀도가 달라지는 것은 폴리에틸렌의 구조가 다르기 때문이다. LDPE는 높은 압력과 온도에서 생산되는데, 촉매를 사용하지 않기 때문에 여러 갈래로 가지를 친 중합체 사슬이 형성된다. 이런 사슬의 가지 때문에 촘촘하게 응집될 수 없어 주어진 부피에 비해 적은 양의 원자가 채워져 밀도가 낮아진다. HDPE의 높은 밀도는 특수한 촉매를 사용하여 중합하기 때문에 생긴다. 중합체 사슬에 가지가 생기지 않아 촘촘하게 높은 밀도로 응집될 수 있다(이는 나무 쌓는 모습을 생각하면 이해하기 쉽다. 위의 첫 번째 경우는 가지가 많은 나무의 예이고, 두 번째 경우는 가지가 없는 나무의 예이다. 가지가 많은 나무를 쌓을 때는 가지 때문에 촘촘히 쌓기 어려운 반면에 가지가 없는 나무는 촘촘하게 쌓을 수 있다).

LDPE는 식품포장재로 많이 사용된다. 흔히 폴리에틸렌^{PE}이라고만 표시되는데, 이는 LDPE로 만든 것임을 알아야 한다. 하지만 LDPE나 HDPE는 결국 같은 화학물질인 것은 분명하다. 흔히 투명한 봉지는 LDPE 필름으로 만들어진다. LDPE는 필름 형태로 많이 사용되는데 LDPE로 만든 쓰레기봉투나 필름은 농업 분야에서 사용빈도가 높다. 그 때문에 LDPE의 제조방법으로는 풍선필름성형법이 선호된다.

HDPE는 특히 풍선필름성형법 및 공기주입성형으로 가공된다. 이 방법으로는 가정용 청소세제 용기나 빗물을 저장하는 큰 탱크를 만들 수 있다. 압출법으로 만드는 관은 가스관이나 수도관으로 이용된다.

전체적으로 보면 LDPE와 HDPE의 차이는 매우 커서 – 같은 화학물질임에
도 – 재활용 기호가 서로 다르다.

PET: 페트병에만 사용되는 것은 아니다

PET에서 프리폼을 거쳐 병이 만들어진다. 하지만 이것이 전부는 아니다.

PET는 **폴리에틸렌테레프탈레이트**의 약자로, 이 **열가소성 플라스틱**은 **축합
중합**으로 생성된다.

테레프탈산   에탄디올(에틸렌글리콜)   폴리에틸렌테레프탈레이트

단위체는 테레프탈산(원래는 벤젠 1,4 – 이카복실산)과 에틸렌글리콜(정확하게는
1,2 에탄디올)이다. 이 두 **단위체**는 분자의 양쪽에 각각 하나의 **작용기**, 즉 2
개씩의 작용기를 지니고 있다. 테레프탈산의 경우는 2개의 카복실^{COOH}기가
있고 에탄다이올의 경우에는 2개의 수산^{OH}기가 있다. 이 두 작용기가 반응
할 때 물이 빠져나간다. 물 같은 저분자 물질의 축출은 **축합중합**의 본질이
다. 이 반응은 단위체들 사이에서 반복적으로 진행된다. 이 때문에 '중합반
응'이라고 한다. 생기는 작용기는 에스터($R – OCO – R'$)이며, 이러한 결합을
'**에스터결합**'이라고 한다.

에스터결합

[여기서 R과 R'는 유기 치환체를 뜻한다. PET의 경우, (테레프탈산의) 벤젠고리나 (글리콜의)
$CH_2 – CH_2 -$기가 치환체이다.] 이러한 에스터결합은 앞에서 뷰탄산(버터산)을 다룰 때 설명한
바 있다. 따라서 PET는 폴리에스터에 속한다.

PET는 페트병, 포일, 섬유 등에 사용된다. 포일은 식품 포 장재, 녹음테이프, 사진 인화지 등에 사용된다. 예를 들어 극장의 필름 복제는 PET 포일을 이용한다. 완제품 PET 포일은 흔히 다른 포일이나 금속에 부착해 사용하기도 한 다. 자동차의 구급상자에 들어 있는 구조덮개는 PET 포일

로 만들며, 이 덮개는 얇은 알루 미늄 포일에 PET 포일을 부착한 것이다.

알루미늄 포일로 만든 구조 덮개의 한 면은 은색 이고 다른 면은 금색인데, 이 면에 PET 포일을 붙이기 때문에 금색으로 보인 다. 커피 포장지도 이와 같은 방법으로 PET 포일을 부착한다.

오늘날에는 전 세계적으로 면화보다 **화학섬유**가 더 많이 생산된다. 화학섬 유는 흔히 '**인조섬유**'라 불리는 **셀룰로오스섬유**와 화학섬유인 **합성섬유**로 구분할 수 있다. 이 둘의 공통점은 화학적인 방법으로 생산되며, 천연고분자 또는 합성고분자로 이루어진다는 것이다. 천연물질로 생산되는 섬유는 주로 화학적으로 변화된 셀룰로오스섬유이다. 셀룰로오스는 대개 목재에서 얻는 데, 드물기는 하지만 면화에서 얻는 경우도 있다. 셀룰로오스는 천연고분자에 속한다. 용매로 셀룰로오스를 용해하거나 가열 또는 용융시킨 액체에서 섬유 를 뽑아내는 방법은 여러 가지가 있다. 셀룰로오스섬유는 다시 화학적으로 가 공되어 비스코스, 아세테이트, 큐프로, 모달 등과 같은 다양한 제품이 만들어 진다.

폴리아크릴, 폴리에스터, 폴리아마이드, 폴리우레탄 등과 같은 플라스틱은 합성섬유의 원료가 된다. 합성섬유를 생산하는 방법은 다양하다. **건식 방적법** 은 용매로 용해한 액체 상태의 방사원액을 가열된 건조실로 방사하여 건조시 키는 방법이다. 이렇게 하면 고체 상태의 섬유가 만들어진다. **습식 방적법**은

원액을 방사하여 액체를 통과하며 굳혀서 섬유를 만드는 방법이다. **용융 방적법**은 가열하여 용융한 방사원액을 공기 중에 방사하여 냉각시키는 방법이다. 그다음에는 섬유를 짜는 제직 공정이 중요하다. 여기서는 화학섬유의 성질에 따라 다양한 정제방법이 동원된다. 이 때문에 섬유의 탄성, 신축성, 열을 막거나 습기를 흡수하는 재질 등이 향상된다.

폴리에스터섬유(PES)는 매우 다양한 성질을 지니고 있으며 합성섬유 중에서는 가장 많이 사용된다. 이 섬유는 순수한 화학섬유로 사용되거나 셀룰로오스섬유나 양모와 혼합하여 쓰인다. PES는 외투, 셔츠, 속옷, 가정용 천, 뜨개질용 실로 이용되는데, 내구성이 좋고 구김 회복성이나 잡아당겼을 때의 강도가 뛰어나며 마찰에 대한 저항력과 탄성이 강하다. 폴리에스터로 만든 천은 내산성^{耐酸性}이 있고 날씨의 영향을 받지 않으며, 습기를 거의 흡수하지 않아 커튼, 가구, 장식, 장판 등에 이용된다.

PES섬유는 용융 방적법을 이용하여 기공한다. PES섬유를 생산하는 회사는 잘게 부순 형태의 PES를 구입한다. 이 플라스틱 원료를 용융해 방사구의 노즐을 통해 압출시키면 PES섬유가 생산된다. 방적기는 응고된 섬유를 모아 좀 더 굵은 실로 뽑아낸다. PES섬유의 강도는 연신 처리에 의해 더욱 강화된다. 연신 처리란 아직 냉각되지 않아 유연성이 있는 섬유를 잡아당기는^{stretch} 과정을 말한다. 이 때문에 중합체 사슬은 식으면서 아주 조밀하면서도 서로 평행하게 배치되고 상호작용을 하게 된다. 이제 이 상호작용에 대해 살펴보기로 하겠다.

참고 사항: 플라스틱이 섬유가 되는 과정

플라스틱 중에는 섬유가 되는 것이 있고, 되지 않는 것이 있다. 이는 플라스틱의 화학구조와 관련이 있다. 중합체 사슬이 그물형을 이루는 플라스틱은 섬유가 될 수 없다. 앞에서도 설명했듯이, 이러한 플라스틱은 열경화성을 띠므로 섬유가 되기에는 부적합하다.

화학섬유가 될 수 있는 플라스틱은 실처럼 긴 사슬형의 중합체여야 한다. 이 사슬에 가지가 많은 구조도 섬유가 되기에 적합하지 않다. 하지만 수소결합 형태로 사슬 사이에 상호작용이 일어나는 것은 섬유가 되기에 유리하다.

결과적으로 생기는 물질은 염 결정과는 다르며 길게 뻗은 형태를 띤다. 이러한 형태는 **폴리아마이드섬유**인 **나일론**에서 잘 드러난다.

나일론 스타킹은 탄성이 매우 크다. 하지만 이러한 성질은 나일론섬유 자체와 관련된 것이 아니라 섬유가 서로 짜이는 방식과 관련이 있다. 이 섬유는 촘촘하지 않은 그물구조를 이루는데, 그물 눈의 형태가 변화될 수 있어서 탄성이 생긴다. 나일론섬유는 매우 안정적인데, 이는 나일론 밧줄을 보면 알 수 있다. 나일론 밧줄을 만들 때는 나일론의 강도를 높이기 위해 먼저 섬유를 '연신 처리'한다. 그다음에는 많은 섬유 가닥을 꼬아 밧줄을 만들고, 얇은 밧줄을 다시 꼬아 두꺼운 밧줄을 만든다(쇠밧줄 제조과정도 이와 유사하다). 강도는 사슬, 즉 분자 간의 작용하는 힘에 달려 있다.

나일론은 주로 수소결합을 하는데, 그 구조는 다음과 같다. 주로 탄소 원자와 수소 원자로 이루어진 중합체 사슬에서 이중결합하는 산소 원자와 질소 원자에 붙어 있는 수소 원자가 관건이다. 이 둘은 펩타이드결합 성분이다(아래 그림 참조). 산소 원자들은 자신과 결합한 탄소 원자보다 전기음성도가 커서 (−)부분전하를 나타낸다. 질소 원자는 수소 원자보다 전기음성도가 커서 수소 원자의 결합전자들을 자신 쪽으로 끌어당긴다. 따라서 수소 원자들은 (−)전하를 띠는 전자가 부족해 (+)부분전하를 얻는데, 이 (+)부분전하를 띤 수소 원자들과 (−)부분전하를 띤 산소 원자들 사이에서 정전기적 결합, 즉 수소결합이 형성된다. 중합체 사슬 상호 간의 최적 배열은 섬유의 '연신 처리'로 이루어진다. 따라서 수소결합은 최적 상태로 상호작용을 할 수 있다.

나일론섬유의 분자 사슬 배열

나일론을 구성하는 단위체는 **아디프산**(헥산디온산이라고도 한다.)
과 다이아미노헥세인이다. **다이아미노헥세인**은 6개의 탄소 원자로 이루어
지며 양쪽 끝에 카복실기 대신에 아미노(NH_2)기를 가진다().
따라서 다이아미노헥세인은 물이 떨어져 나가는 축합중합반응을 하며, 서로
결합하는 분자이다. 이 분자는 2개의 작용기를 가진다. 하지만 이 결합은 에
스터결합이 아니라 **펩타이드결합**이다. 이 결합을 플라스틱에서는 '**아마이드
결합**'이라고도 한다. 바로 이런 이유 때문에 나일론은 폴리아마이드에 속한
다. 나일론 섬유는 이 결합과 함께 전체적으로 수소결합이 형성되어 내구성이
강해 잘 찢어지지 않는다.

반데르발스힘

모든 화학섬유가 아마이드기나 에스터기 같은 극성
(작용)기를 지니는 것은 아니다. 따라서 수소결합에 의
한 분자 간의 힘이 작용하지 않는다. 예를 들어 폴리에
틸렌섬유에서는 극성 공유결합을 하는 원자가 없기 때

반데르발스.

문에 분자 간의 힘이 작용하지 못한다. 폴리에틸렌에서는 탄소 원자와 수소 원자 사이의 비극성 공유결합만 존재한다. 하지만 폴리에틸렌에서도 중합체 사슬이 평행하게 배열될 수 있다. 이러한 평행 배열은 분자 간의 힘과 관련이 있다. 이 힘은 발견자의 이름을 따서 '**반데르발스힘**'이

한 번 무너지기 시작하면 절대 막을 수 없다.

라고 한다(반데르발스[1837~1923], 네덜란드의 물리학자).

물은 '진짜(진정한 또는 영구적인) 쌍극자'로 불리는데, 반데르발스힘이 생기는 이유는 가짜(또는 일시적인) 쌍극자 때문이다. 반데르발스힘은 특히 매우 큰 분자에서 나타난다. 이는 물 같은 영구적인 쌍극자에서 결합전자를 끌어당기는 것은 전기음성도의 차이 때문인데 전기음성도가 바로 물 분자를 **영구적인 쌍극자**로 만드는 것이다.

큰 분자에는 전체적으로 전자들이 많은데, 전자들은 우연히 일시적으로 분자의 어느 한쪽에 머무는 경우가 있다. 따라서 일시적으로 분자의 한쪽에 (−) 전하가 과잉 상태가 되고, 다른 쪽은 전자가 부족해져 (+)전하를 띤다. 이렇게 해서 일시적으로 분자의 전자 불균형 상태가 생긴다. 이러한 **일시적인 쌍극자**는 자신을 둘러싼 분자들과 상호작용하면서 자신의 전자들을 이동시킨다. 불균형하게 분포된 전자들을 지닌 일시적인 쌍극자는 이웃에 있는 분자에 영향을 미친다. 즉, 같은 전하는 서로 밀어낸다. 이 현상을 '**정전기 유도**'라고 하며, 이러한 상호작용에서 생기는 쌍극자를 일반적으로 '**유도 쌍극자**'라고 한다. 정전기적인 상호작용은 일시적인 쌍극자와 유도 쌍극자 사이의 **인력** 형태로 나타나는데, 이 인력이 바로 반데르발스힘이다. 일시적인 쌍극자는 도미노의 한 조각을 움직일 뿐이지만, 유도 쌍극자는 이러한 영향력을 이웃에 있는 분자에게 전달하고 이 분자는 또다시 이웃에 있는 분자에게 전달해 영향력

이 점점 퍼져 나간다. 이렇게 해서 분자 간의 도미노 효과가 나타난다.

이처럼 이웃해 있는 유도 쌍극자들 사이에 인력이 작용하기 때문에 반데르 발스힘은 분자 간 상호작용의 일종이라고 할 수 있다.

반데르발스힘은 쌍극자들 사이의 분자 간 인력이나 수소결합처럼 강한 힘을 지니지는 않는다. 따라서 폴리에틸렌섬유는 나일론섬유만큼 내구성이 강하지 않다. 그래도 반데르발스힘이 강할 수 있다는 것은 도마뱀붙이의 예에서 알 수 있다.

도마뱀붙이는 수직 벽에도 안정적으로 잘 붙어 있을 수 있다. 도마뱀붙이의 발가락에는 가느다란 털이 나 있는 흡반이 달려 있다. 길고 납작한 발톱 밑면은 작은 판(?)으로 덮여 있는데, 이판에는 수많은 돌기가 나 있다. 이 돌기들은 반데르발스힘으로, 바닥의 분자들과 인력으로 상호작용을 한다. 이 약한 반데르발스 인력이 모여 강한 흡착력을 발휘해 도마뱀붙이는 수직 벽을 오르거나 거꾸로 선 자세로 천장에 붙어 있을 수 있다.

폴리우레탄

폴리우레탄은 양탄자의 바닥 면, 매트리스, 겨울 외투, 방열 소재, 스펀지, 쿠션 가구 등에 쓰인다. 또한 합성고무와 합성섬유, 래커, 접착제, 우레탄폼, 중합 및 발포發泡반응으로 만들어지는 발포 우레탄은 방음성과 보온성이 뛰어나 주택의 방음단열재로 이용된다.

폴리우레탄(PU 또는 PUR)은 다이알코올과 다이아이소시아네이트의 **부가중합반응**으로 생산된다. **다이알코올**은 양쪽 끝에 각각 1개의 수산(OH)기를 지닌 알코올[예: 1, 4부탄디올, 구조식은 $HO-(CH_2)_4-OH$]이고, **다이아이소시아네이트**는 양쪽 끝에 아이소시아네이트(NCO)기를 지니고 있다(예: 헥사메틸렌다이아이소시아네이트. 구조식은 다음과 같다. $\bar{O}=C=\bar{N}-(CH_2)_6-\bar{N}=C=\bar{O}$). 반응물질들은 다음과 같은 부가중합반응을 한다.

$$-----\bar{O}-(CH_2)_4-\underset{\underset{|\bar{O}|}{\|}}{\bar{O}-C}-\overset{H}{\underset{|}{N}}-(CH_2)_6-\overset{|\bar{O}|}{\underset{H}{\overset{\|}{N}-C}}-\bar{O}-(CH_2)_4-\bar{O}-----$$

원래 알코올의 수산기에 있던 수소 원자는 아이소시아네이트기의 질소 원자로 이동한다. 여기서도 폴리우레탄의 특징적인 결합인 **우레탄결합**이 일어난다. 부가중합반응은 여러 단계로 이루어지며 부산물은 떨어져 나오지 않는다.

우레탄결합

생산물의 역학적 성질에 따라, 다시 말해 경성이나 연성 또는 탄성을 띠는지에 따라 작용기가 2개인 단위체와 작용기가 3개 또는 다수인 다가 알코올과 다가 아이소시아네이트가 투입된다.

폴리우레탄은 스키와 밀접한 관련이 있다. 스키의 내부 소재는 폴리우레탄이고, 스키용 신발도 폴리우레탄 파생물로 만든다. 또한 스키복과 스키 헬멧에도 부분적으로 폴리우레탄 성분이 사용된다.

단위체의 선택과 반응조건에 따라 여러 가지 성질을 띠는 폴리우레탄 발포제가 생산되며, 탄성이 큰 경화 스펀지가 생산되기도 한다. 목욕용 스펀지나 신발 깔창에는 탄성이 있는 폴리우레탄 발포제가 사용되고, 가구 제작 등에는 사슬이 긴 다가 알코올로 만든 연화 스펀지가 사용된다. 방음단열재용으로는 경화 스펀지가 사용되는데 이때는 사슬이 짧은 다가 알코올이 투입되어 이 다가 알코올이 제품의 성질을 결정한다. 자동차산업에 쓰이는 스펀지 형태는 열가소성 플라스틱을 다룰 때 소개하였다. 즉, 자동차에 투입되는 스펀지는 압출 방식과 공기주입 방식에 따라 생산된다.

폴리우레탄섬유의 하나인 **스판덱스**는 매우 흥미로운 소재이다. 스판덱스는 탄성중합체로서 '**PUE**(탄성 폴리우레탄)'로 불린다. 스판덱스는 탄성과 내구성이 강해 내복, 수영복, 비키니, 운동복, 양

말 등의 재료로 사용되고, 폴리아미드섬유의 원료로 스웨터나 재킷을 만들 때 이용된다. 스판덱스의 탄성은 섬유의 화학구조 때문에 생긴다. 스판덱스는 부분결정성 구조로 된 것이 있는데, 이를 '**경화 스판덱스**'라고 한다. 경화 스판덱스는 MDI(메틸렌 다이페닐 다이아이소시아네이트; Methylene Diphenyl Diisocyanate) 단위체로 구성되는데, 이 단위체는 첫 번째 반응단계로서 부가중합반응을 한 다음 다이아민과 요소^{尿素}결합을 한다. 이 부분에서 분자 간 상호작용으로 중합체 사슬이 만들어지면서 경화 스판덱스가 형성된다.

경화 스판덱스는 전형적인 우레탄결합을 하는데, 이 결합으로 폴리에틸렌글리콜(**PEG**) 사슬과 (또다시 부가중합반응으로) 그물 구조를 이룬다[폴리에틸렌글리콜(PEG) 부분은 폴리에테르이고, 그 자체만 놓고 본다면 글리콜(1,2에탄디올)의 중합체이다]. 에테르의 일반적인 구조식은 R_1-O-R_2이다(여기서 R은 유기 치환체를 의미한다). 이러한 스판덱스를 '**연화 스판덱스**'라고 하며, 고무 밴드의 경우에서도 알 수 있듯이 경화 스판덱스와 혼합되어 사용된다.

연화 스판덱스는 늘어나지 않은 상태에서는 실 뭉치처럼 모여 있다가 800% 이상이나 늘어날 수 있다. 이렇게 늘어난 부분은 다시 원위치로 돌아갈 수 있다. 이러한 탄성과 내구성이 스판덱스의 특성으로 꼽힌다.

PVC: 강하고 딱딱한 소재에서 부드러운 소재로

화학적으로 볼 때 염화비닐 수지(PVC)는 흥미로운 플라스틱에 속하지는 않는다. 그럼에도 PVC는 가장 널리 알려진 소재로, 특히 첨가되는 물질 때문에 유명해졌다. 원래 경질인 PVC는 **가소제**를 첨가하여 연질 PVC로도 만든다.

PVC는 단위체인 염화비닐로 이루어진 중합체 수지이다. 이 단위체들은 이중결합을 하며, 라디칼 중합반응 또는 이온 중합반응으로 서로 결합한다. 중합체 사슬은 상대적으로 규칙적인 구조를 나타낸다. 이는 폴리에틸렌의 구조와 유사하다. 여기서도 n은 임의의 자연수를 뜻한다. 하지만 PVC의 중합체 사슬에는 폴리에틸렌과는 달리 염소 원자가 존재한다. 염소 원자들은 전기음성도 때문에 (−)부분전하를 띤다. 따라서 이 염소 원자들은 다른 중합체 사슬의 수소 원자들과 상호작용을 할 수 있다. PVC는 고분자 사슬 간의 인력으로 PE보다 훨씬 강해지고 딱딱해진다. 기술적으로 제한된 범위이기는 하지만 PVC는 이런 딱딱한 형태로도 사용되기는 한다. 이런 단점을 보완하기 위해 가소제가 투입된다. 가소제는 강한 PVC를 연한 플라스틱 소재로 만든다. 이 때문에 PVC는 **경질 PVC**와 **연질 PVC**로 구분된다.

특히 연질 PVC(약자로 PVC-P라고 한다. 여기서 P는 plasticized에서 따온 것으로 '가소된'이라는 뜻이다)는 건설업(전선, 호스, 장판, 포일, 양탄자 등), 전기전자산업(전선과 전관의 외피 등), 자동차산업(자동차의 내부 장식용 소재) 등에 쓰이고 인조 가죽 소재로도 사용된다. 연질 PVC에는 다양한 함량의 가소제가 들어 간다.

PVC 분자의 염소 원자들은 강한 극성을 띠어 중합체 사슬 사이의 인력을 강화시킨다. 이러한 인력은 중합체 사슬 상호 간의 거리가 멀어질수록 약해진다. 가소제는 중합체 사슬 사이의 거리를 멀어지게 하여 분자 간의 힘이 약해지도록 한다.

따라서 가소제는 극성을 띠어야 하기 때문에 중합체 수지 분자 간의 힘이 약화된다. 또한 분자 간의 직접적인 힘 대신에 중합체 사슬과 가소제 사이의 상호작용이 일어나야 한다.

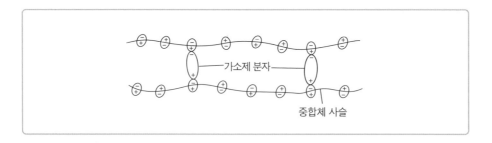

PVC 가소제에서 극성을 띠는 구조는 대부분 에스터기이다. 왜냐하면 이 구조들은 프탈산(1,2벤젠디탄산)과 여러 알코올의 화합물인 **프탈산에스터**이기 때문이다. 이 때문에 가소제는 일반적으로 '**프탈레이트**'라고 한다. 여기서 다음 두 가지 사항에 유념해야 한다. 첫째, 중합체인 폴리에틸렌테레프탈레이트(PET)의 어미도 '−프탈레이트'이기 때문에 이 화합물도 가소제로 취급하기 쉽다. 하지만 PET의 '프탈레이트'는 가소제가 아니라 단위체인 테레프탈산에서 유래한다. 둘째, PET는 에스터결합을 하는 폴리에스터이지만, 프탈레이트는 에스터결합이 최대 2회밖에 일어나지 않는다.

가소제 분자를 중합체 사슬 사이의 거리를 유지하는 분자로 간주한다면 탄소 - 수소 사슬의 길이가 길어질수록 중합체 사슬 사이의 거리도 멀어진다. 이렇게 되면 PVC 플라스틱의 재질은 점점 부드러워져 사용 범위도 늘어날 것이다. 가소제와 중합체 사슬 사이의 상호작용은 PVC 플라스틱의 화학구조에 따라 달라진다. 결합의 강도는 가소제가 PVC 플라스틱의 영향력을 받지 않고 분리될 수 있을 정도로 매우 약하다.

따라서 어떤 가소제를 투입하는지는 생산품의 성질과 용도에 따라 달라진다.

프탈레이트	PVC						기타					
	장판	파이프와 전선	양탄자	벽지	신발 깔창	자동차부품	(식품)포장재	분산제	페인트와 래커	유화제	인조가죽	향수·탈취제
DEHP(다이에틸헥실프탈레이트)	✕	✕	✕	✕	✕	✕	✕	✕	✕	✕		
DINP(다이아이소노닐프탈레이트)	✕	✕	✕	✕	✕	✕	✕	✕	✕	✕		
DIDP(다이아이소데실프탈레이트)	✕	✕	✕	✕			✕	✕	✕	✕		
BBP(벤질부틸프탈레이트)	✕	✕	✕	✕			✕				✕	
DBP(다이부틸프탈레이트)							✕	✕	✕			✕

DBP는 위와 같은 용도 외에 서방성(약 성분을 천천히 방출하여 약 효과가 오래 지속되도록 해주는 제재-옮긴이) 약품에도 사용된다. 이때는 캡슐에 든 약 성분이 위에서 곧바로 녹지 않도록 막아주는 작용을 한다. 캡슐에 든 약 성분만 녹

는 것이 아니라 위산의 작용으로 DBP 분자도 녹는다. 또한 향수와 탈취제에서는 향을 내는 물질의 운반체로 작용하고, 매니큐어와 헤어스프레이의 성분으로도 사용된다.

가소제는 화학구조와 사용 분야와는 별개로 중합체와의 안정적이지 않은 결합 상태 때문에 각각의 PVC 플라스틱에서 떨어져 나올(방출될) 수 있다. 이 때문에 1990년대 말부터 각종 언론매체에서는 유아용 장난감과 고무젖꼭지에 프탈레이트 가소제가 들어 있어 위험하다고 경고하고 있다. 특히 세 살 이하의 유아들은 장난감을 입에 넣거나 고무젖꼭지를 물고 있기 때문에 침에 의해 프탈레이트 성분이 녹아 그대로 체내에 흡수된다고 주장했다.

하지만 프탈레이트의 유해성은 아직 명확히 밝혀지지 않았다. 다만, 일부 프탈레이트는 특정한 용도(유아용 장난감과 고무젖꼭지)에 사용하지 못하도록 하는 규정이 만들어졌다.

유해 물질인가, 장난감인가?

한편 DEHP는 생식능력을 감퇴시키며, DBP와 BBP도 유해성이 있을지 모른다는 의혹을 받고 있다. 이 세 가지 화합물은 태아의 발육에 나쁜 영향을 미칠 수 있다. 게다가 DBP와 BBP는 환경에 해를 끼치는데, 특히 BBP는 하천에 장기적인 해를 입힐 수 있다. 이 화합물들이 암을 유발하는지는 아직 명확하게 밝혀지지 않았다. 서유럽에서만 매년 약 백만 t정도 생산되고, 연질 PVC가 일상생활용품에 폭넓게 사용되고 있는 것을 감안한다면 프탈레이트는 우리의 음식과 식수 그리고 대기 중에 널리 분포되어 있다고 판단된다.

플라스틱 재활용: 일부는 순환되고,
또 다른 일부는 항상 우리 곁에 있다

'재활용'과 '활용'이라는 개념은 명확히 구분되어야 하지만, 일반적으로 (흔히 전문 분야에서도) 동의어로 통한다.

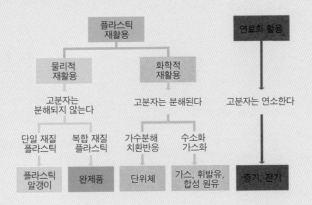

'재활용'이라는 개념은 영어의 리사이클링^{recycling}에서 유래한다. 재활용 방법은 원칙적으로 **물리적 재활용**(녹여서 재가공하는 것)과 **화학적 재활용**(열분해하여 원료로 해체하는 것) 두 가지이다. 이 두 가지 방법으로 다시 플라스틱 제품이 생산될 수 있다. 이 때문에 재활용이라는 개념이 타당성을 얻는 것이며 플라스틱 폐기물도 활용된다. 하지만 열경화성 플라스틱을 재활용하는 경우에는 연소하여 연료로 활용하는 방법밖에 없기 때문에 엄밀한 의미에서는 재활용이라고 할 수 없다. 그래도 물리적 재활용, 화학적 재활용, 연료화라는 세 가지 방법에 모두 넓은 의미의 재활용이라는 개념을 쓸 수 있다. 이제 이 세 가지 방법에 대해 자세히 살펴보자.

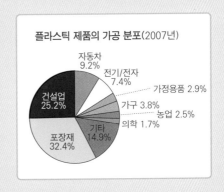

2007년에 독일에서는 총 1,250만 t의 플라스틱이 가공되었다. 가장 많은 부분을 차지한 것은 포장재와 건설업에서 가공된 플라스틱이다. 1994년부터 2007년까지 플라스틱 폐기물의 양은 280만 t에서 490만 t으로 거의 2배가 늘었다(이는 매년 1인당 46kg의 플라스틱 폐기물을 배출했다는 말이다). 이 경우는 사용 후 분야, 즉 소비자가 쓰고 버린 폐기물이다.

이와는 대조적인 것이 바로 사용 전 분야이다. 이 경우는 플라스틱이 소비자의 손에 도달하기 전, 즉 생산과 가공 분야에서 배출되는 폐기물이다. 플라스틱의 생산량과 가공량이 엄청나게 늘어났지만, 폐기물이 즉각 재활용 과정으로 보내지기 때문에 이 과정은 최소화된다. 이 분야의 활용률은 100%이다.

1994년부터 2007년까지 포장재 폐기물은 소비재 폐기물 분야에서 80%가 증가했다. 2007년에 포장재는 플라스틱 총 폐기물에서 거의 60%를 차지했다. 건설업과 농업 분야에서도 증가율이 매우 높다. 독일은 폐기물 분리수거에서 세계 1위를 차지했는데, 이는 가공 수치를 보면 알 수 있다. 소비자들이 배출하는 플라스틱 폐기물 중 약 96%가 활용되며, 4%만 폐기물 집하장으로 보내진다. 하지만 폐기물은 점점 늘어나고 집하장 공간은 부족하다. 또한 플라스틱 폐기물은 오랜 시간이 지나도 썩지 않는다. 그래서 독일에서는 비교적 일찍부터 폐기물 처리 방법을 연구해왔다. 왜냐하면 플라스틱 폐기물 이외에도 폐지와 유리, 전자제품 폐기물 등이 쌓여갔기 때문이다.

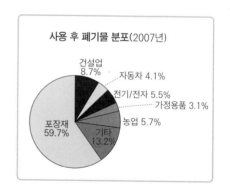

폐기물 양이 감당할 수 없을 만큼 늘어나 폐기물을 줄이는 것이 환경을 보호하는 가장 좋은 방법이라는 말은 더 이상 할 수 없는 상황이 되었다. 이런 상황에서 녹색 마크제[1990년에 독일 듀얼 시스템사(DSD)가 상품 포장에 녹

색 마크를 표시하도록 정한 제도]가 도입되었다. 따라서 녹색 마크를 부착하고자 하는 독일 기업들은 DSD에 허가세를 지불해야 했다. 이 비용은 결국 최종 소비자에게 전가되어 소비자는 폐기물의 회수 처리비(요구르트 1개당 약 0.7센트)를 부담하게 되었다. 이로써 생산자뿐만 아니라 소비자도 폐기물에 대한 경각심을 갖게 되었다.

플라스틱 폐기물의 활용은 지난 몇 년간 지속적으로 증가했다 (물론 이는 폐기물 양이 늘어난 것과도 관련이 있다). 따라서 활용 방법에 대해 정확한 분석이 필요하다. 1994년부터 2007년까지 폐기물

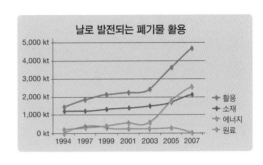

양의 증가와 더불어 에너지 활용도 증가했다. 물리적 재활용은 약간 늘어났지만, 화학적 재활용은 이와는 반대로 오히려 약간 줄어들었다. 바로 이런 이유 때문에 재활용 방법에 대한 분석이 필요한 것이다.

물리적 재활용

물리적 재활용에서는 플라스틱 물질이 그대로 보존된다. 즉, 플라스틱의 구성성분인 고분자가 분해되지 않고 그대로 남는다. 플라스틱이 알갱이 형태로 남는 재활용의 전제조건은 플라스틱의 재질이 단일해야 한다. 다시 말해, 단한 가지 종류의 플라스틱이어야 한다. 이 방법은 사용 전 분야에 한정된다. 왜냐하면 사용 전 분야에서는 많은 양의 플라스틱 폐기물이 작은 플라스틱 조각으로 이루어지기 때문이다. 단일 재질만 모으기 위해서는 사람의 손이나 기계를 동원해야 하기 때문에 비용이 많이 든다. 자동으로 모으는 방법으로는 다음과 같이 밀도를 이용한 분리 방법을 이용한다. 먼저 PVC나 폴리스티렌, 폴

리에틸렌 등을 잘게 부수어 염 용액에 넣는다. 그러면 폴리에틸렌은 밀도가 가장 작아 용액에 뜨고, PVC와 폴리스티렌은 밀도가 서로 달라 염 용액에서 가라앉는 속도가 다르다. 복합 재질의 플라스틱 폐기물이 있다면 분리하지 않고 재활용해 완제품을 만든다. 완제품은 정원의 벤치나 건축물의 단열재처럼 가치가 떨어지는 용도로만 사용된다(이는 **다운사이클링**의 예이다). 이때, 플라스틱은 용융되며, 원료나 에너지에 (따라 비용) 투입이 절제된다.

물리적 재활용은 사용 후 분야에 한정되어 적용될 가능성이 있다. 이 경우, 플라스틱 폐기물은 단일 소재로 분리되어야 한다. 독일에서는 페트병의 사례에서 실현되고 있는데, 이는 두께가 두꺼운 병과 두께가 얇은 일회용 병으로 구분되고 있기 때문이다.

일회용 용기도 보증금을 받는 경우가 있는데, 이렇게 하면 단일 소재로 수거할 가능성이 높아진다. 더러워진 페트병은 주로 연료화 활용을 하고 일부만 화학적 재활용을 하며 깨끗한 페트병 폐기물은 물리적 재활용을 한다. 이러한 페트병은 다시 용융하여 섬유로 가공되거나 플라스틱 알갱이로 만들어져 페트병 생산에 재투입된다.

참고 사항: 일회용? 재활용?

재활용 페트병은 재활용 유리병에 비해 장점이 있다. 병의 생산과 분배 그리고 수거에 이르기까지 여러 가지 기준을 놓고 비교했을 때 재활용 페트병이 재활용 유리병에 비해 뛰어나다(하지만 유리병은 페

트병보다 이용 횟수가 2배에 달한다). 친환경적인 면에서 재활용 페트병이 유리병보다 나은 점은 무게가 훨씬 가볍다는 것이다. 하지만 소비자 입장에서 볼 때

단점은 기체의 밀폐성이 충분치 않다는 것이다. 이는 탄산음료의 보존기간이 40% 정도나 짧은 데서 알 수 있다.

화학적 재활용

화학적 재활용에서는 생산할 때 결합한 단위체들이 다시 분리된다. 물론 이 과정에서 많은 에너지가 소비된다. 또한 단위체들의 분리 방법도 매우 복잡하다. **열분해**에서는 높은 온도(600~900℃)로 가열해 결합을 분리한다. 이 정도의 온도에서는 압력이 높고 산소도 차단되어 플라스틱이 연소하지 않는다. **가수분해** 또는 **치환반응**에서는 중합체가 만들어질 때 분리된 물이 다시 공급된다. 이는 폴리에스터의 에스터결합

석유는 아껴야 한다.

또는 폴리아미드의 아미드결합과 펩타이드결합 같은 모든 축합중합체에 적용된다. 결합 형성에서는 발열반응이 일어나므로 가수분해에서는 이 에너지가 다시 투입되어야 한다. 따라서 열분해와 가수분해는 흡열반응이다. 이 방법으로는 다양한 플라스틱 폐기물을 분리해야 하기 때문에 비용이 많이 든다. 하지만 생성되는 유기물질은 합성물질을 만드는 데 이용되므로 석유 자원을 아낄 수 있다.

또한 이 방법을 이용할 때는 플라스틱 합성물 같은 혼성 플라스틱 폐기물이 투입될 수 있지만, 흡열반응이어서 에너지가 많이 소모된다. 또한 남은 유기화합물을 재가공하기 위해서는 분리해야 하는데, 이 역시 비용이 많이 든다.

수소화를 이용하는 방법에서는 플라스틱이 높은 수소 압력과 500℃(열분해보다는 온도가 낮다)의 온도에서 수소와 반응한다. 각종 플라스틱의 고분자들은

액체와 기체 형태의 중간생산물로 분해된다. 이때 일부는 투입된 수소 원자와 반응한다. 이 과정에서 '**합성석유**'라는 액체가 재활용 생산품으로 남는다.

합성석유의 성분은 석유와 유사하다. 플라스틱에 남아 있는 (PVC의) 염소 원자, (폴리아미드의) 질소 원자, (폴리에스터의) 산소 원자, (가황 플라스틱의) 황 원자는 대부분 분리되어 수소화합물로 이동한다. 합성석유의 성분은 **석유**와 유사하기 때문에 강철을 생산하는 용광로에서도 이용된다. 이때는 원료인 중유 대신에 플라스틱이 사용된다. 플라스틱은 필요한 에너지를 공급하거나 산화철의 환원에 필요한 일산화탄소를 공급한다.

열가소성 플라스틱의 재활용

플라스틱을 형성하고 있는 결합은 석유와 유사한 에너지를 지니기 때문에 플라스틱을 연소할 때 고압 증기 형태로 방출되는 에너지를 전기와 열로 이용하는 것은 놀라운 일이 아니다.

이러한 기능을 담당하는 것이 폐기물 열발전소이고, 간단히 '폐기물 소각장'이라고 한다. 이 시설에서 폐기물의 약 90%가 사라진다. 나머지 10%는 재와 슬래그인데, 이는 다시 염 광산에 저장된다. 독일에서는 2005년 6월 1일부터 정부 지침에 따

현대식 폐기물 소각장.

라 주민의 거주지에서 나오는 폐기물은 사전 처리(열처리)되지 않은 상태에서는 저장이 금지되었다. 따라서 2007년에는 플라스틱 폐기물의 60% 이상이 에너지 활용 과정을 거쳤다.

2007년에는 에너지로 활용한 플라스틱 폐기물의 비율이 1994년에 비해 25배나 증가했다. 앞에서 플라스틱 폐기물의 약 96%가 활용된다고 말한 바 있다. 원래 재활용 비율(여기서 말하는 재활용은 좁은 의미에서의 재활용을 뜻한다. 288쪽 박스 글 참조)이 3분의 1에 불과한 것을 감안하면 플라스틱의 경우는 고무적인 현상이다. 화학적 재활용은 약 6%에 그치고 있기 때문에 큰 의미가 없다.

다시 말해, 분리된 폐기물은 대부분 소각된다. 이런 사실에 대해 소비자 입장에서는 허탈한 감정을 느낄 수도 있다. 플라스틱 폐기물을 분리수거하는 데 엄청난 비용을 투입하고 자녀에게 환경의식을 심어주기 위해 노력하지만, 결국은 대부분 소각되어 실제 화학적 재활용은 부진하기 때문이다. 하지만 그와는 별개로 폐기물 열 발전소나 폐기물 소각장에서는 소각과 정화 작업에서 나오는 PAH나 다이옥신 같은 유해물질의 배출량을 줄이기 위해 노력해야 할 것이다.

나아가 전 세계적인 차원에서 볼 때도 플라스틱 폐기물의 활용이 원활하지 않다는 점을 잊어서는 안 된다. 앞으로 엄청난 양의 플라스틱 폐기물을 처리해야 하는 징후가 커지고 있다. 특히 문제는 바다이다. 죽은 바닷새나 바다거북, 바다 포유류 동물의 배 속에서 플

플라스틱 폐기물.

라스틱이 발견되고 있는 데서 플라스틱 폐기물이 소각되어 사라지지 않고 우리 주변 환경에 떠돌고 있다는 것을 알 수 있다.

모래인가 플라스틱인가?

이러한 플라스틱 폐기물은 화물선이나 유람선에서 배출된 것이다. 이러한 배들이 폐기물을 불법으로 바다에 버리거나 장난감이나 운동화를 실은 컨테이너선이

험한 파도를 만나 화물을 잃어버리거나 하천이나 강에 버린 폐기물이 바다로 흘러들거나 바다로 직접 폐기물을 던지는 일도 있다. 혹시라도 이러한 일을 대수롭지 않게 생각한다면 다음 사례를 보고 판단하기 바란다.

엄청난 양의 폐기물이 지구를 돌고 돌아 북태평양에 거대한 **쓰레기 섬**을 형성하고 있다. 이는 원형 순환 해류인 북태평양 환류^{North Pacific Gyre}를 따라 돌다가 바람과 해류에 의해 갇혀버린 태평양 거대 쓰레기 지대^{Great Pacific Garbage Patch}를 말한다. 인간 문명이 배출한 쓰레기가 140만 km^2의 거대한 섬을 이룬 것이다. 이는 독일 전체 면적의 4배에 달한다. 바닷물보다 밀도가 낮은 플라스틱 폐기물만 바다로 모이는 것이 아니라는 점을 감안한다면 폐기물의 3분의 2 이상이 해저에 쌓여 있다고 판단할 수 있다.

물론 폐기물은 분해되기도 한다. 햇빛이나 비, 해류, 물속의 모래 등이 플라스틱 폐기물을 부러뜨리고 가루로 만들기도 한다. 그런데 이는 두 가지 결과를 초래한다. 첫째, 독성을 지닌 분자가 방출되어 먹이사슬을 통해 퍼져 나간다(예: DDT와 PCB). 둘째, 플라스틱 입자들이 매우 작은 크기로 분해되어 모래알과 구분되지 않는다. 전문가들은 해변의 모래 중에는 최대 25% 정도 플라스틱 알갱이가 포함되어 있다고 판단한다.

이런 상황에서 우리가 할 일은 무엇인가? 무엇보다 플라스틱 폐기물을 배출하지 말아야 한다! 플라스틱 폐기물을 배출할 수밖에 없다면 분리수거해야 한다! 일회용 플라스틱 용기 사용을 절제해야 한다! 그래도 일회용품을 써야 한다면 생분해성 플라스틱^{biodegradable plastic}을 사용해야 한다!

XII

우리 삶을
윤택하게 하는 화학 1

지금까지 중합체에 대해 언급할 때는 항상 플라스틱을 염두에 두었다. 이제부터는 자연 자체가 뛰어난 화학자임을 알게 될 것이다. 천연고분자는 완전히 다른 차원의 에너지로 구성되고, 사용된 후에는 최소의 에너지 투입으로 '자연재활용' 과정을 거친다. 우리 삶을 윤택하게 하는 생체고분자의 화학적 구조를 알게 됨으로써 폐기물 문제에 대한 해답도 찾게 될 것이다.

우리 삶의 화학적 구조: 생체고분자

생체고분자는 앞에서 다룬 '플라스틱'중합체의 기본원리와 똑같이 적용된다. 생체고분자도 유기화학의 한 분야이고, 단위체로 구성된다. 마찬가지로 주요원소들은 CHONS[탄소(C), 수소(H), 산소(O), 질소(N), 황(S)]이며, 플라스틱처럼 '생체고분자'가 만들어진다. 유일한 차이는 합성 플라스틱의 경우 화학 반응에 의하여 인공적으로 중합되지만, 생체고분자의 경우는 생체에서 생물 학적으로 중합된다는 점이다.

생체고분자는 자연에서 만들어지는 중합체이며, 살아 있는 유기체의 기본 성분을 이룬다.
다음과 같은 예를 들 수 있다.

1. **단백질**: 단위체는 아미노산이다. 아미노산은 **펩타이드결합** 또는 **아마이 드결합**을 한다. 따라서 단백질은 **바이오폴리아마이드** 또는 **폴리펩타이드** 이다.

2. **지방**: 단위체는 다양한 **카복실산**과 **알코올**이다. 지방을 구성하는 카복실 산은 '**지방산**'이라고 한다. 알코올과 지방산의 결합은 **에스터화** 과정이며 **에스터결합**이 이루어진다. 지방은 폴리에스터에 대한 자연적인 대응물이 며, 이를 '**바이오폴리에스터**'라고 한다.

3. **다당류**^{Polysaccharide}(탄수화물에 속한다): 단위체는 단당류(예: 포도당의 형태를 띠는 글루코오스)와 **이당류**(예: 사탕무와 사탕수수에 함유된 슈크로오스)이다. 단 당류의 단위체들은 **글리코사이드결합**을 한다.
   다당류를 대표하는 것은 식물성 **녹말**(감자와 곡식에 들어 있다)과 동물성 녹 말인 **글리코겐**(동물의 간과 근육에 들어 있는 에너지 저장물질) 그리고 **셀룰로오스**(일반적으로 식물의 세 포벽을 이루는 물질)이다.

4. **핵산**(DNA 같은 유전정보를 담고 있는 물질과 단백질 바이오합성물을 만들 때 작용하는 RNA 같은 분자): 단 위체는 **뉴클레오티드**^{Nucleotide}이다. 뉴클레오티 드는 당에 속하는 디옥시리보오스 또는 리보오 스 그리고 인산, 유기 염기로 이루어진다. 따라

이 곤충의 껍질은 키틴으 로 이루어져 있다.

서 DNA와 RNA는 폴리뉴클레오티드이다. 폴리뉴클레오티드는 각각의 뉴클레오티드가 인산을 매개로 서로 결합하고 있다. 이들은 양쪽에서 에스터결합을 하기 때문에 '**인산디에스터결합**^{Phospho-di-Ester Bond}'이라고 한다.

생체고분자의 모든 결합은 **축합중합반응**으로 이루어진다. 모든 결합에는 작용기가 관여하며 물 분자가 떨어져 나온다. 이 반응은 대부분 동물의 몸이나 식물의 유기체에서 진행되며, 역반응에도 적용된다. 즉, 모든 동물은 음식물을 통해 생체고분자(예: 영양소)를 섭취한다. 동물의 몸이 이 거대한 분자를 소화하기 위해서는 우선 단위체로 분해해야 한다. 특히 분해과정에서는 물이 공급된다. 따라서 축합중합반응의 역반응은 **가수분해**이다. 가수분해는 물 공급에 따른 결합의 해체를 의미한다.

이제 생체고분자에 대해 자세히 살펴보자.

지방과 기름

지방은 3가의 알코올인 글리세롤이 여러 가지 지방산과 결합한 에스터이다.

우리 몸의 지방은 허리나 엉덩이에 부담을 주기도 하지만 생물학적으로 보면 존재할 만한 정당성을 갖고 있다. 지방은 충격을 완화하는 완충재 역할을 하고 체온을 유지해 추위에 견딜 수 있게 한다. 지방은 우리 몸의 모든 세포막 형성

고기를 보면 입안에 침이 고인다.

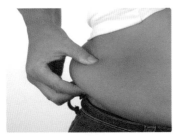

허리에 살집이 이렇게 많으면……

에 관여한다. 또한 마치 전선의 절연작용처럼 (인지질의 형태로) 우리의 신경세포를 서로 절연시켜 신경에서 전기신호의 전달을 원활하게 한다.

육체운동을 많이 해서 지방이 연소하거나 당과 탄수화물 형태로 저장된 모든 에너지가 고갈될지라도 지방은 우리 몸에 에너지를 공급하는 연료 역할을 한다. 이러한 성질은 인류 역사를 통해 아주 오래전부터 지방이 연료(예: 램프)로 사용된 사실에서도 알 수 있다.

물론 이러한 맥락에서는 일반적으로 기름이 더 알려져 있다. 지방과 기름으로 구분하는 것은 공간 온도에 따른 상태변화 때문이다. 즉, 어떤 온도에서 고체 상태가 되면 '지

운동만이 살 길이다.

방'이라고 하고, 또 다른 온도에서 액체 상태가 되면 '기름'이라고 한다.

지방과 기름의 공통점은 휘발유나 석유에테르 같은 유기용매에는 잘 녹지만, 물에는 거의 녹지 않는다는 것이다. 이 때문에 지방이나 기름은 수프 등에서 기름방울 형태로 떠다니며, 샐러드기름과 식초(식초도 수용액이다)는 비네그레트소스(식초에 갖가지 허브를 넣어 만든 샐러드용 드레싱)를 만들 때 서로 잘 섞이지 않는다. 따라서 비네그레트소스는 유화액이라고 할 수 있으며, 전체적으로 혼합물을 나타낸다.

지방이 물에 뜨는 이유는 '밀도' 때문이다. 지방과 기름은 물보다 밀도가 작다.

글리세롤과 지방산: 지방의 구성 물질

화학적으로 볼 때 지방은 여러 가지 구성 물질로 이루어지지만, 크게 두 가지 구성 물질이 있다. 알코올인 글리세롤(또는 글리세린)과 지방산이다.

알코올인 글리세롤은 다른 모든 알코올과 마찬가지로 분자에 **OH기**(또는 수산기) 같은 특징적인 기를 지닌다. 알코올음료에 들어 있는 에탄올은 이 기 중의 하나를 가지고 있으며 1가이다. 2개의 탄소 원자는 알코올이 에탄 기체에서 유래한 것임을 나타낸다.

에탄올은 1가의 알코올이며 OH기를 지니고 있다.

$$\begin{array}{ccc} & H & H \\ & | & | \\ H - & C - & C - \overline{O} - H \\ & | & | \\ & H & H \end{array}$$

OH기는 '수산기'라고 한다.

알코올인 글리세롤은 3개의 수산기를 지니고 있으며 3가이다. 따라서 화학적으로 글리세롤은 트라이올에 속한다. 어미에 '-올(-ol)'이 붙으면 알코올의 일종임을 의미하고, 접두어 '트라이-(tri-)'는 숫자 3을 의미한다.

글리세롤(프로판트리올)은 3개의 OH기를 지니고 있기 때문에 3가의 알코올이다.

$$\begin{array}{c} H_2C - OH \\ | \\ HC - OH \\ | \\ H_2C - OH \end{array}$$

화학적으로 글리세롤의 정확한 명칭은 1,2,3프로판트라이올이다. 글리세롤은 3개의 탄소 원자 사슬로 이루어지는데, 이 탄소 원자는 프로판 기체에서 유래한다. 또한 각 탄소에는 1개의 수산기가 붙는다.

글리세롤은 우리 주변에서도 쉽게 볼 수 있는데, 예를 들어 자동차의 문틈 등에는 얼어붙는 것을 막기 위해 글리세롤을 사용한다. 또한 와이퍼의 서리방지제나 냉각수에 투입되기도 한다.

글리세롤은 단맛이 나기 때문에 감미료로 사용되기도 한다. 한때 글리세롤이 와인펀치에 사용되면서 언론매체에 오르내린 적이 있다. 와인의 떫은맛이나 신맛을 없애기 위해 글리세롤을 가미한 것이다.

냉각수 통.

지방산은 앞에서 이미 설명했기 때문에 여기서는 **글리세롤**과 **지방산**의 **에스터결합**에 초점을 맞춘다.

중앙에 있는 글리세롤 분자(수직으로 표시된 선 또는 탄소 사슬)는 3개의 지방산(스테아린산, 리놀레산, 리놀렌산)과 에스터결합을 한다.

리놀렌산 — 스테아린산 / 리놀레산

$$-C-\underline{O}-C-C_{17}H_{35}$$
$$H_{31}C_{17}-C-\underline{O}-C-$$
$$-C-\underline{O}-C-C_{17}H_{33}$$

유기화학에서 탄화수소 사슬이 −COO기를 매개로 또 다른 탄화수소 사슬과 결합하는 물질 그룹을 '에스터'라고 한다. 지방과 기름은 − 위의 박스 글 참조 − 알코올인 글리세롤에 의해 3개의 OH기가 지방산(전체적으로 지방분자당 3개의 지방산)의 −COOH기와 결합한다. 이 때문에 지방 분자를 '트라이글리세리드'라고 부르기도 한다. 이 결합에서는 물이 떨어져 나가며 **축합중합반응**을 한다. 이 과정에서 전형적인 에스터기 R−COO−R′가 생긴다.

2개의 R 중 하나는 알코올에 있는 탄소 원자의 R이고, 다른 R(여기서는 R′)은 각 지방산의 탄화수소 사슬이다. 이러한 반응을 '**에스터 생성**' 또는 '**에스터화**'라고 한다. 반응식은 다음과 같다.

$$R-\overset{\overset{O}{\|}}{C}-\overline{O}-H + H-\overline{O}-R′ \underset{\text{에스터 분해}}{\overset{\text{에스터 생성}}{\rightleftharpoons}} R-\overset{\overset{O}{\|}}{C}-\overline{O}-R′ + H_2O$$

카복실산 + 알코올   에스터 + 물

역반응, 즉 지방이 알코올인 글리세롤과 카복실산 또는 지방산으로 전환되는 반응은 에스터 분해이다. 화학적으로 에스터 분해는 **가수분해**이며, 특수한 경우에는 '에스터 가수분해' 또는 '**비누화 반응**'이라고도 한다.

이제 앞에서 말한 다음의 내용이 이해될 것이다.

지방은 3가의 알코올인 글리세롤이 여러 지방산과 결합한 에스터이다.

냉장고에서 버터가 굳는 이유

지방과 기름의 화학적·물리적 성질의 차이는 함유된 지방산의 비율이 다르기 때문이다. 그림에 있는 야자기름의 경우를 보면 알 수 있듯이 (에스터화하는)글리세롤이 항상 같은 지방산과 결합하는 것은 아니다.

지방산인 라우르산은 야자유(코코넛유)의 거의 50%를 차지하지만, 버터에는 매우 적은 양이 들어 있을 뿐이다. 그 대신에 버터에는 올레산과 팔미틴산이 많이 들어 있다. 올리브유는 (불포화)올레산이 75%를 차지하고, 해바라기유의 지방산에는 (불포화)리놀렌산이 60%를 차지한다.

냉장고에 넣어둔 버터가 딱딱하게 굳어 빵에 바르기가 어려워지는 것은 포화 지방산과 불포화 지방산이 차지하는 비율과 관련이 있다. 포화 지방산의 비율이 커지면 지방은 낮은 온도에서도 딱딱하게 굳는다. 반면에 올리브유와 해바라기유는 불포화 지방산의 비율이 크기 때문에 냉장고에 넣어두어도 딱딱하게 굳지 않는다. 이들은 응고온도가 훨씬 낮아 냉장고 안에서도 액체 상태를 유지한다. 그러니 냉장고에 넣어둔 버터가 굳어 빵에 발라먹기 어렵다면 마가린을 이용하면 된다.

마가린은 불포화 지방산의 비율이 크기 때문에 냉장고에 넣어두어도 딱딱하게 굳지 않지만 단점이 있다.

니켈 알레르기가 있는 사람이 마가린을 피해야 하는 이유

마가린은 대개 식물성 기름으로 만든다. 이 사실만으로도 냉장고에서 꺼낸 마가린이 쉽게 빵에 발라지는 이유를 알 수 있다. 즉, 불포화 지방산의 비율이 버터보다 훨씬 크기 때문이다. 물론 마가린은 원료인 해바라기유와 같은 정도의 액체 상태는 아니다. 해바라기유로 마가린을 만들 때는 해바라기유의 포화 지방산 비율을 크게 하는데, 이는 불포화 지방산의 비율을 줄이면 된다. 방법

은 불포화 지방산의 이중결합에 수소 또는 수소
원자를 공급하면 불포화 지방산의 비율이 줄어
든다. 이러한 반응을 '**수소화 반응**'이라고 한다.

마가린은 잘 굳지 않아 빵에 쉽게
바를 수 있다.

수소화 반응은 촉매를 이용한다. 촉매는 비교
적 낮은 온도에서 수소와 불포화 지방산의 이중
결합을 가능하게 한다. 또한 높은 온도가 필요하
지 않기 때문에 기름을 보호해준다. 하지만 마가린을 생산할 때 촉매의 금속
표면에는 항상 니켈의 흔적이 남게 된다. 따라서 니켈 알레르기가 있는 사람
이 마가린을 많이 먹으면 좋지 않으므로 마가린 대신 버터를 이용하는 것이
좋다.

가공 치즈, 모조 치즈, 인조 치즈 - 모두 치즈인가?!

치즈라고 해서 모두 치즈는 아니다. 대부분의 사람은 모든 치즈가 행복하게
풀을 뜯는 젖소로부터 - 양심적으로 사실을 이야기하면 소들이 정말 행복할
까? - 얻는다고 생각한다. 하지만 반드시 그런 것은 아니다.

치즈는 보통 다음과 같은 단계를 거쳐 생산된다.

1. 우유에 효소나 유산균을 넣어 응고시킨다.
2. 액체를 걸러내고 단백질과 지방 같은 고체 성분을 틀에 맞춰 가공한다.
3. 소금을 가미하고, 씻고(경우에 따라서는 소금물에 담그고), 치즈 곰팡이를 만
   들기 위해 균체를 주입한다.
4. 숙성시킨다(며칠 또는 몇 년에 이르기까지 다양하다).

이 과정에서 시간이 많이 걸리고 비용도 들기 때문에 유지방 대신에 식물성

지방을 넣거나 단백질 가루, 물, 향료, 녹말, 감미료를 섞어 모조 치즈를 만드는 생산자들이 있다. 소비자는 이렇게 생산된 치즈와 정상적인 치즈를 구분하지 못한다.

'치즈'라는 이름을 붙이려면 진정한(100% 유지방) 치즈여야 한다. 빵가게나 패스트푸드점 등에서 '치즈 빵'이나 '치즈버거'라는 이름으로 파는데, '진짜 치즈'가 아니라 '모조 치즈'를 넣고 구운 빵이나 햄버거이다. 생산자와 판매자는 '피자용 모조 치즈' 또는 피자믹스를 이용함으로써 재래식 치즈보다 40~50%나 비용을 절감한다. 식품 포장지에 '진짜 치즈'라고 써 붙인 제품이 많지만, 첨가물 설명서에는 치즈가 아니라 '식물성 지방을 이용한 식품 첨가물'이라고 표시된다. 진짜 치즈는 유지방을 효소로 응고시키지만, 모조 치즈는 인공 유화제를 사용하여 식물성 기름과 카제인을 응고시킨다. 또 포장지에는 '치즈'가 들어 있다고 표시하지만, 실제로는 모조 치즈가 사용된다. 인공적 약품을 사용해 응고한 '모조 치즈로 만든 빵'이라고 표시된 식품이라면 과연 사 먹을 사람이 있을까?

치즈를 숙성시키는 과정.

치즈가 든 피자? 모조 치즈가 든 피자?

지방을 이용한 비누 생산: 비누화

에스터화 반응의 역반응은 비누화 반응이다. 이 반응은 지방(대개는 식물성 기름이지만, 동물성 지방도 이용된다)을 알칼리 용액(예: 수산화소듐이나 수산화포타슘, 즉 **양잿물**)이나 물에 넣고 끓이면 글리세롤의 OH기와 지방산의 COOH기의 에스터화 반응에서 떨어져 나온 물 분자가 다시 투입되어 에스터결합이 분해된다. 즉, 알코올인 글리세롤이 다시 방출된다.

지방산은 산이므로 알칼리 용액에서는 산 음이온으로 존재한다. 산 음이온은 수산화소듐과 수산화포타슘의 양이온, 즉 소듐이온(a^+)과 포타슘이온(K^+)과 결합해 비누염을 만든다. 이 비누염이 바로 우리가 '비누'라고 부르는 물질이다.

$$R_1-COO-CH_2 + NaOH \quad HO-CH_2$$
$$R_2-COO-CH \ + NaOH \rightarrow HO-CH \ + R_3-COONa + R_2-COONa + R_1-COONa$$
$$R_3-COO-CH_2 + NaOH \quad HO-CH_2$$

지방   양잿물   글리세롤   비누염
(R_1, R_2, R_3=지방산)

이용한 알칼리 용액에 따라 **경질비누**(수산화소듐을 이용한 비누)와 **연질비누**(수산화포타슘을 이용한 비누)로 나뉜다. 비누를 만드는 방법은 매우 다양하다. 보호조치만 취한다면(알칼리 용액은 부식 위험이 있다!) 색소와 향료를 첨가해 취향에 맞는 **천연비누**를 만들 수 있다. 고온 처리 방법과 저온 처리 방법이 있는데, 저온 처리 방법은 낮은 온도(60℃까지)에서 가공되는 반면에 비누화하는 시간이 오래 걸린다(4~6주). 이 방법으로는 고급 비누를 만들 수 있다. 비누의 세정 효과에 대해서는 나중에 다시 다룰 것이다.

비누화와 지방 연소

주방에서 지방을 다루다가 흔히 사고가 발생하는데, 이러한 사고들은 조금

만 대비하면 충분히 피할 수 있다. 프라이팬으로 요리하다가 뜨겁게 달구어진 지방에 불이 붙었을 때 물을 부어 끌 생각을 하면 매우 위험하다. 뜨거운 지방이 물에 닿으면 물이 순식간에 증발하면서 지방 방울들을 끌어들여 함께 계속 탄다. 말하자면 지방 폭발이 일어난다.

그렇다면 어떻게 하면 불을 끌 수 있을까? 제정신을 차린 상태라면 열린 창문이 대안일 수 있다. 하지만 대부분 경황이 없어서 거기까지 생각이 미치지 않는다. 창문은 생각보다 멀리 있다. 일단 불길을 잡아야 한다. 하지만 주방에 모래주머니가 갖추어져 있는 경우는 거의 없다. 한때는 포대를 이용하기도 했다. 하지만 연구 결과에 따르면 대부분 포대는 높은 온도를 견디지 못한다.

지방에 불이 붙는 일은 가급적 피해야 하지만, 일단 불이 붙으면 특수 화재용 소화기가 최선의 수단이다. 특수 화재용 소화기에는 특수 물질이 들어 있다. 이 물질은 불이 붙은 액체를 냉각시키는 효과가 있다. 이러한 효과는 비누화를 유발하는 물질 때문에 생긴다. 즉, 소화기를 가동하면 소화 물질이 뜨거운 지방과 반응해 비누염을 만들어 불꽃을 끄는 것이다. 이로써 지방의 재연소가 방지된다.

지방산의 알파와 오메가: 알파리놀렌산에서 오메가지방산까지

근래 들어 '오메가지방산 함유'라고 표시된 식품이 많아졌다.
오메가지방산은 불포화 지방산에 속한다. 분자에 카복실산의 전형적인 작용기 이외에도 탄소 원자 사슬과 수소 원자 사슬의 이중결합이 존재한다. **오메가지방산**은 대부분 불포화 상태이며, 탄소-수소 사슬에서 여러 개의 이중결합을 지닌다. 오메가는 일반적으로 이 사슬에서 마지막 탄소 원자를 의미한다. 하지만 사슬의 길이가 얼마나 되는지는 중요하지 않다[오메가(X)는 그리스어 알파벳의 마지막 철자이다]. 번호는 사슬의 끝에서부터, 다시 말해 카복실기의 맞은편 끝에서부터 탄소 원자에 붙여 나간다.

리놀렌산은 **오메가 3 지방산**에 속하며 3가의 불포화 지방산이다. **리놀렌산**은 사슬의 끝, 즉 COOH기의 반대쪽 끝에서부터 세 번째, 여섯 번째, 아홉 번째 탄소 원자에 이중결합이 있다.

$$H-O \overset{O}{\underset{}{\parallel}} C_1 - C_2 - C_3 - C_4 - C_5 - C_6 - C_7 - C_8 - C_9 = C_{10} - C_{11} - C_{12} = C_{13} - C_{14} - C_{15} = C_{16} - C_{17} - C_{18} - H$$

여기서는 오메가 3 지방산을 나타낸다. 왜냐하면 지방산 분자를 구성하는 탄소 사슬의 가장 끝에 있는 탄소로부터 세 번째 탄소에서부터 이중결합이 형성되고 있기 때문이다.

리놀레산과 **아라키돈산**은 **오메가 6 지방산**에 속한다. 카복실산의 반대쪽 끝에서 계산했을 때 여섯 번째 자리에 첫 번째 이중결합이 있다. 이 때문에 오메가 6 지방산이라고 한다. 아라키돈산은 총 4개의 이중결합을 지니고 있어서 4가의 불포화 지방산이며, 리놀레산은 2개의 이중결합을 지니고 있어서 2가의 불포화 지방산이다.

일반적으로 오메가지방산은 **필수지방산**에 속한다. 우리 몸에 필요하지만 자체적으로 생산할 수 없는 지방산을 '필수지방산'이라고 함에 따라 오메가지방산은 반드시 음식으로 섭취해야 한다. 이러한 필수지방산으로는 **리놀레산**과 **리놀렌산**이 있다.

리놀렌산은 흔히 '알파리놀렌산'이라고도 한다(약칭으로 **ALA**라 하는데, 뒤의 A는 산을 뜻하는 영어 acid에서 유래한다). 리놀렌산은 탄소-수소 사슬의 첫 번째 탄소 원자가 COOH기를 지니고 있는데, 이는 여러 다른 지방산에도 적용된다. COOH기의 바로 다음에 연결되는 첫 번째 탄소 원자를 '알파 탄소 원자'라고 한다(COOH기의 탄소까지 포함해서 세는 일반적인 계산법에서 탄소 원자의 번호는 2번이다). 알파리놀렌산과 리놀레산은 필수지방산이며 가장 중요한 지방산으로서 근래에 주목받고 있다. 많은 음식물에는 필수지방산들이 풍부하게 들어 있지만(리놀레산은 해바라기유, 두유, 옥수수유 등에 들어 있고, 리놀렌산은 페릴라유, 아마인유, 대마유, 호두유 등에 들어 있다), 지금까지 유기체에 미치는 직접적인 효과가 입증되지 않았다. 물론 이 두 가지 필수지방산은 유기체에 중요한 역할을 하는 또 다른 물질의 기초가 된다. 즉, ALA는 오메가 3 지방산의 기초 물질이다. 왜냐하면 ALA는 사람의 몸에서 신진대사를 통해 (섭취한 ALA 양의 5~10% 정도) **에이코사펜타엔산**(EPA)과 **도코사헥사엔산**(DHA)으로 전환되기 때문이다.

이 두 산은 이름이 복잡하지만, 유래를 따져보면 쉽게 이해할 수 있다. '에이코사'는 그리스어에서 유래하며 숫자 20을 뜻하고, '도코사'는 숫자 22를 뜻한다. 따라서 이 이름은 각각의 분자에서 탄소 원자의 수를 나타낸다. '펜타엔'과 '헥사엔'은 EPA가 5개의 이중결합을, DHA는 6개의

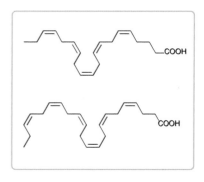

이중결합을 하는 것을 가리킨다. 즉, EPA는 5가의 불포화 지방산이고, DHA는 6가의 불포화 지방산이다. 따라서 이 두 산은 오메가 3 지방산이라고 할 수 있다. 왜냐하면 이 두 지방산의 분자에서 마지막 이중결합이 세 번째 탄소 원자에서 형성되고 있기 때문이다.

참치는 오메가 지방산 공급자이다.

이 두 오메가 3 지방산은 알파리놀렌산의 전환물질이나 **영양보충제**로서 중요한 역할을 한다. DHA뿐만 아니라 EPA는 지방이 풍부한 참치, 고등어, 정어리, 청어, 연어 등에 들어 있고, 이 두 지방산은 (ALA의 공급이 충분하다는 전제하에) 우리 몸의 약 5~10%를 차지한다. 물론 이 물고기들은 자체적으로 DHA를 만든 것이 아니라 지방조직에서 DHA를 만드는 해초나 플랑크톤을 섭취함으로써 DHA를 얻는다.

이 지방산들은 특히 생후 6개월 이전 유아의 뇌 발달에 중요한 역할을 하기 때문에 DHA에 관한 관심이 커지고 있다. 이는 모유와 우유 중 어느 것이 유아에게 좋은지를 둘러싼 논쟁과도 관련이 있다. 유아용 유제품을 먹는 유아들의 DHA 공급량은 모유를 먹는 유아의 DHA 공급량의 1/2에 불과하다고 한다.

태어날 때부터 유아의 체내 지방에 들어 있던 DHA는 분해되어 뇌로 보내진다. 이는 유아의 망막에도 영향을 미치기 때문에 임산부는 DHA를 충분히 공급할 수 있도록 신경 써야 한다. DHA는 **구조지방**과 **저장지방**이라는 또 다른 구분 기준을 제시하며, 생명체에 필수적인 구조지방(예: 신경세포막의 구성성분) 형성에 도움을 준다. 그런데 지방(특히 포화 지방산)은 지나치게 많아지면 우회로를 거쳐 저장지방의 형태로 입에서 허리로 전달된다.

DHA를 - 유아 이외의 모든 사람에게 - 공급하는 또 다른 원천은 지방이 풍부한 바닷물고기에서 나오는 생선기름과 DHA를 만드는 **해초**이다. 하지만 바닷물고기로는 폭발적으로 늘어나는 DHA의 수요를 충족할 수 없어 앞으로는 **해초기름** 섭취가 가장 좋은 대안으로 전망되고 있다.

최근 DHA가 암 치료에 효과가 있다는 실험 결과가 나오면서 DHA의 중요성은 더욱 높아져가고 있다. 생쥐를 통한 실험에 따르면 DHA는 종양을 억제하는 기능이 있고, 화학치료제와 함께 투여하면 더욱 큰 효과를 기대할 수 있다.

알파리놀렌산(ALA)이 우리 몸에서 전환되는 또 다른 지방산은 에이코사펜타엔산(EPA)으로, 이 지방산에서 오메가 3 지방산의 전형적인 효능이 확인된다. 이는 EPA가 심장과 혈관계통의 질환을 치료하는 효능이 있는 것으로 평가되고 있기 때문이다. 따라서 EPA를 규칙적으로 섭취하면 심장질환과 고혈압을 예방하거나 치료할 수 있고 혈중 콜레스테롤 수치를 낮출 수 있다. 그렇다면 콜레스테롤은 또 무엇일까?

참고 사항: 오메가 3는 리피드^{Lipid}리그에 가입할 수 있을까?

심장질환이나 고혈압에 걸리는 이유는 매우 간단하다. 혈액에 콜레스테롤이 많아질수록 심장마비에 걸릴 위험은 커진다. 콜레스테롤의 한계치는 혈액의 데시리터(dℓ: 10분의 1L)당 200mg이다. 이 한계치는 1990년, 전문가들에 의해 확정되었다.

콜레스테롤 수치는 흔히 혈액 속의 지방수치라고 알려져 있지만, 의사들이 측정하는 콜레스테롤 수치는 좁은 의미에서의 지방수치는 아니다. 콜레스테롤 자체는 지방 친화성 물질이며 혈액에 잘 녹지 않는다. 따라서 우리 몸의 혈액에서 지방을 전달하는 방법을 찾아야 한다.

리포단백질^{Lipoprotein}(복합단백질로서 지방질과 결합한 단백질)은 친수성 혈액 용매인 물과 지방 친화성 콜레스테롤을 연결하는 역할을 한다. 요컨대 리포단백질이 체세포로 콜레스테롤을 전달한다. 따라서 콜레스테롤 수치를 측정할 때는 혈액 속의 지방과 전달 역할을 하는 단백질도 함께 측정한다. 이러한 전달 역할을 하는 단백질로는 **고밀도-리포단백질**(HDL), **저밀도-리포단백질**(LDL), **초저밀도-리포단백질**(VLDL)이 있다. HD는 고밀도, LD는 저밀도, 마지막 L은 리포단백질을 의미한다. VLDL은 Very Low Density Lipoprotein, 즉 '초저밀도-리포단백질'을 의미한다. -

그런데 리포단백질들은 어떤 일을 할까? VLDL은 간의 콜레스테롤과 음식물 속에 들어 있는 지방을 신체조직으로 운반한다. 이 과정에서 VLDL은 LDL로 전환된다. 이렇게 신체조직으로 운반된 콜레스테롤은 각종 호르몬과 비타민 D를 만드는 데 이용된다.

혈액 속에 콜레스테롤이 지나치게 많아지면 LDL은 콜레스테롤을 다시 혈액으로 보낸다. 그런데 혈액으로 보내진 콜레스테롤은 혈관에 들러붙어 **동맥경화증**을 유발한다. 이 때문에 LDL은 '나쁜' 콜레스테롤-운반자로 불린다.

혈관에 들러붙은 콜레스테롤을 '**플라그**'라 하는데, 이것이 혈관에서 다시 떨어져 나와 혈전 상태로 혈액에 섞여 순환된다. 혈전은 심장관상혈관이나 뇌의 혈관에 붙어 심장마비를 일으킬 수 있다.

이와 반대로 HDL은 신체조직의 콜레스테롤을 흡수해 간으로 보낸다. 또한 HDL은 동맥경화증을 유발하는 플라그에서 콜레스테롤을 흡수해 혈관의 퇴적물을 줄여주기 때문에 흔히 '좋은' 콜레스테롤-운반자로 불린다.

그런데 LDL이 '나쁜' 리포단백질이라고 해서 무작정 LDL 수치를 낮추는 약품을 권장하는 것은 문제가 있다고 판단하는 의사들도 있다. 즉, 콜레스테롤 저하제의 약품 안정성은 아직 명확하게 밝혀지지 않았다. 그런데도 일부 의약품회사는 콜레스테롤 수치를 낮추는 약품(예: 콜레스테롤 저하제인 스타틴)으로 해마다 수십억 유로를 벌고 있다. 속칭 '리피드[ipid]리그'가 설립되기도 했다. 원래 리피드리그는 '지방대사 장애와 후유증을 막기 위한 협회'로 콜레스테롤 저하제를 생산하는 의약품회사들로부터 인적·물질적 지원을 받고 있다. 명분은 거창하지만, 장삿속이 들여다보이는 단체인 셈이다. 아마도 EPA 같은 오메가 3 지방산은 콜레스테롤을 저하하는 효과가 있기 때문에 리피드 리그 가입을 거부당할 것이다(왜냐하면 오메가 3 지방산은 의사의 처방 없이도 얼마든지 얻을 수 있기 때문이다). 건강식품과 적당한 운동도 리피드리그에 들어갈 수 없기는 마찬가지이다.

오메가 3 vs 오메가 6 : 4대 1 이상의 점수로 지지 않는다면 승자는 오메가 3이다!

리놀렌산과 리놀레산은 필수지방산이기는 하지만, 둘 다 인간의 몸에 좋은 기능을 하는 것은 아니다. 이 두 오메가 지방산의 중간단계 물질을 살펴보면 오메가 6 지방산의 중간단계 물질은 리놀레산이고, 오메가 3 지방산의 중간단계 물질은 리놀
렌산이다. 리놀렌산은 인간의 몸에서 DHA와 EPA로 전환되고, 리놀레산은 처음에는 **감마리놀렌산(GLA)**으로, 그다음에는 **디호모감마리놀렌산**으로, 마지막에는 **아라키돈산**으로 전환된다. 이 모든 중간단계 물질은 – 첫 번째 물질인 리놀레산과 마찬가지로 – 오메가 6 지방산이고, 20개의 탄소 원자로 이루어진다.

이와 유사하게 우리 몸에서 20개의 탄소 원자로 형성되는 물질로는 **에이코사노이드**가 있다. 에이코사노이드는 우리 몸의 염증과 관련된 화합물로, 염증을 막는 작용을 하는 에이코사노이드와 염증을 조장하는 에이코사노이드 두 종류가 있다.
따라서 염증과 관련해 (콜레스테롤과 마찬가지로) '좋은' 에이코사노이드와 '나쁜' 에이코사노이드로 구분된다. '좋은' 에이코사노이드는 리놀렌산의 EPA

지방산과 리놀레산의 DGLA 지방산으로 만들어지고, '나쁜' 에이코사노이드는 리놀레산의 아라키돈산으로만 만들어진다. 따라서 아라키돈산의 섭취를 가능한 한 줄이는 것이 좋다. 아라키돈산이 들어 있는 식품으로는 돼지기름, 돼지 간, 달걀노른자, 간소시지 등이 있다.

이는 감마리놀렌산에도 적용된다. 감마리놀렌산은 아라키돈산의 중간단계 물질임과 동시에 '좋은' 에이코사노이드를 만드는 DGLA의 중간단계 물질이기도 하다. 바로 이 때문에 필수지방산인 리놀레산을 섭취하는 것이 좋다. 여기서 중요한 것은 오메가 3 지방산과 오메가 6 지방산의 비율이다. 물론 오메가 6 지방산이 압도적으로 많다. 왜냐하면 음식물에는 오메가 6 지방산이 오메가 3 지방산보다 월등히 많이 들어 있기 때문이다.

현재 독일에서 섭취하는 오메가 6 지방산과 오메가 3 지방산의 비율은 평균적으로 15:1 또는 20:1에 달한다. 오메가 6 지방산이 차지하는 비율이 압도적으로 높다. 이 비율은 (제목에서 암시한 대로) 4:1 정도로 바뀌는 것이 바람직하다. 따라서 음식물을 섭취할 때 오메가 6 지방산의 비율은 작아지도록, (또는) 오메가 3 지방산의 비율은 커지도록 신경을 써야 한다. 예를 들어 요리에 쓰는 해바라기유(오메가 6 지방산과 오메가 3 지방산의 비율이 120:1이다)나 홍화씨유(150:1)를 대마유(3:1), 평지씨유(2:1), 호두유(6:1) 등으로 대체하는 것이 좋다. 이렇게 하면 관절염이나 류머티즘 같은 염증에 효과를 볼 수 있다.

우리의 몸에서 '좋은' DGLA가 '나쁜' 아라키돈산으로 전환되는 것은 비타민 E나 코티존(부신피질호르몬의 일종)으로 막을 수 있다.

생물체에 가장 많이 들어 있는 구성성분: 탄수화물

탄수화물은 지방, 단백질과 마찬가지로 동물과 식물의 생명에 중요한 역할을 하는 **기본성분**이며 대부분의 생물체에 들어 있는 다양한 식품의 영양물질로 존재하기도 하지만 자연에도 존재한다.

탄수화물은 '**탄소-수화물**'로 불리기도 하는데, 일찍이 이 화합물에는 탄소 원자와 물 분자가 같은 비율로 함유되어 있다는 것이 밝혀졌기 때문이다. 그렇다고 해서 실제로 탄소 원자가 물 분자와 결합하고 있는 것은 아니다. 분자 속에서 결합하는 모든 원자의 비율이 같으며 탄수화물에는 수소, 탄소, 산소 외에도 질소나 황 같은 다른 원자들도 결합할 수 있다[이로써 다시 다섯 가지 원소 CHONS: 탄소(C), 수소(H), 산소(O), 질소(N), 황(S)가 등장한다].

앞에서 천연고분자를 다룰 때 탄수화물의 단위체는 '**단당류**'라고 설명한 바 있다. 단당류는 5개 또는 6개의 탄소 원자로 이루어지는데, 이 탄소 원자들은 산소 원자 1개와 함께 고리를 형성한다.

가장 유명한 단당류는 **글루코오스**로, '**포도당**'으로 불리기도 한다. 고리를 이루고 있는 각각의 탄소 원자에는 수소 원자와 OH기가 결합하고 있다(따라서 전체적으로 물 분자의 비율을 이룬다). 고리를 이루는 탄소 원자들과 산소 원자는 고리의 평면에 있고, 결합한 수소 원자와 OH기는 고리의 위나 아래에 있다. 탄소 원자의 번호는 시계방향으로 붙여 나가는데, 고리에 결합한 산소 원자의 오른쪽에서부터 시작된다. 탄소 원자 중 하나는 대개 고리에 포함되지 않는다. 탄소 원자에는 2개의 수소 원자와 1개의 OH기가 결합한다. 또한 탄소 원자는 대부분 고리의 왼쪽 위에 떨어져 나간 상태로 표시되는데 5개의 원자로 이루어진 고리의 번호는 5이고, 6개의 원자로 이루어진 고리의 번호는 6

이다.

하지만 글루코오스라고 해서 모두 같은 글루코오스는 아니다. 두 가지 종류의 글루코오스 분자가 있는데, 차이는 크지 않다. 즉, **알파글루코오스**는 1번 탄소 원자에 결합한 OH기가 고리 평면에서 아래로 내려간 것이고, **베타글루코오스**는 위로 올라간 것이다.

이렇게 고리 평면의 위로 올라가거나 내려간 위치에 따라 알파와 베타로 이름을 붙이는 것은 모든 단당류에 적용되며, 단당류 단위체들이 결합해 천연고분자를 형성할 때 결정적인 역할을 한다. 알파글루코오스와 베타글루코오스는 과일과 꿀 등에 들어 있다.

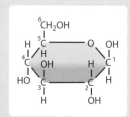

또 다른 중요한 단당류는 다음과 같다.

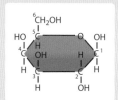

베타프럭토오스(과당)

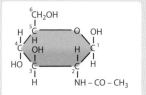

베타갈락토오스　　　베타N아세틸글루코사민

이 중에서 **베타프럭토오스**만 과일과 꿀에서도 단당류로 나타나며 '**과당**'으로 불린다. 나머지 두 단당류는 **글리코사이드결합**을 통해 이당류가 되기도 한다. 즉, 2개의 글루코오스가 결합할 때 각기 가지고 있던 OH(수산)기들이 글리코사이드결합을 하면서 물을 축출하며 이당류를 만든다.

따라서 글리코사이드결합은 **축합중합반응**이다. 알파글루코오스 분자와 베타

글루코오스 분자의 경우에는 이러한 결합을 형성하는 방법이 서로 다르다.
2개의 알파글루코오스 분자들이 결합할 때는 한 분자의 1번 탄소 원자와 다
른 분자의 4번 탄소 원자가 결합한다. 이 두 탄소 원자에서는 OH기들이 아
래로 내려간 형태로 표시되며, 이러한 OH기 사이의 결합에서는 물이 떨어져
나온다. 따라서 **알파1,4 글리코사이드결합**이 형성된다.

알파1,4-글리코사이드결합	베타1,4-글리코사이드결합

이와 반대로 2개의 베타글루코오스 분자가 결합할 때는 한 분자의 1번 탄소
원자의 OH기는 위로 올라가고, 다른 분자의 4번 탄소 원자의 OH기는 아래
로 내려간다. 이 경우에는 **베타1,4-글리코사이드결합**이 형성된다. 따라서
결합의 종류는 같지만 – 왜냐하면 여기서도 두 OH기에서 다시 물이 떨어져
나오기 때문이다 – 이당류에서 글루코오스 분자들의 공간적인 배치에는 변
화가 생긴다. 원래의 두 알파글루코오스 분자들은 공간적인 배치가 이당류
에서도 유지되지만(산소 원자들은 각각 6개의 원자로 이루어진 고리의 오른쪽 위에 위
치한다), 원래의 두 베타글루코오스 분자 중 하나는 세로축을 중심으로 180
도 회전한다(이제 산소 원자의 하나는 오른쪽 위에, 또 다른 산소 원자의 하나는 오른쪽
아래에 위치한다).

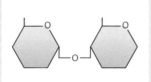

알파1,4-글리코사이드결합
녹말의 단위체인 말토오스

베타1,4-글리코사이드결합
셀룰로오스의 단위체인 셀로비오스

이렇게 형성된 2개의 이당류는 다시 2개의 다당류의 구성성분이 된다. 즉, 2개의 알파글루코오스 분자들로 이루어진 **말토오스**('엿당' 또는 '맥아당'으로 불린다)는 녹말의 이당류 '**단위체**'이고, 2개의 베타글루코오스 분자들로 이루어진 **셀로비오스**는 셀룰로오스의 이당류 '**단위체**'이다(이 때문에 플라스틱과 관련해서 녹말은 '폴리알파글루코오스'로, 셀룰로오스는 '폴리베타글루코오스'로 불리기도 한다).

마찬가지로 베타1,4-글리코사이드결합은 2개의 베타N아세틸글루코사민 분자를 형성하는데, 이 분자들은 다시 **키토비오스**로서 **키틴**의 이당류 '단위체'를 만든다(다당류에 대해서는 나중에 다시 살펴볼 것이다).

한편 다른 탄수화물들은 이당류로 남는다. 이당류인 사카로오스(사탕수수나 사탕무에 들어 있는 설탕 또는 가정에서 사용하는 설탕)는 1개의 알파글루코오스 분자와 1개의 베타프럭토오스 분자의 결합(알파1,베타2-글리코사이드결합)으로 형성된다.

이와 반대로 이당류인 락토오스(젖당)는 1개의 베타글루코오스 분자와 1개의 베타갈락토오스의 결합(베타1,4-글리코사이드결합)으로 형성된다.

단당류와 이당류는 단맛이 나고 물에 잘 녹지만, 다당류는 대부분 단맛이 없고 물에 잘 녹지 않거나 전혀 녹지 않는다.

탄수화물의 성분인 단당류는 모두 고리 형태를 띠고, 물이 떨어져 나가면서 이당류로 결합한다. 이당류인 말토오스, 셀로비오스, 키토비오스는 다시 글리코겐을 포함한 녹말의 긴 다당류 사슬인 셀룰로오스와 키틴으로 결합한다.

지구상에서 가장 흔한 다당류는?

셀룰로오스, 녹말, 키틴이다. 셀룰로오스는 지구상에서 가장 흔한 유기화합물로 불리며, 지구상에 존재하는 모든 유기 탄소화합물의 절반 정도를 차지한다. 셀룰로오스와 녹말은 식물에서 우위를 차지하는 화합물이고, 키틴은 (절지)동물에서 우위를 차지하는 화합물이다. 셀룰로오스는 식물 **세포벽**의 주요 성분으로서, 특히 지지 기능을 한다. 가을철에 채소나 풀이 시들면 흔히 갈색을 띠는 셀룰로오스의 골격만 남는다. 녹말은 나중에 설명할 것이다.

키틴으로 이루어진 곤충이나 게의 껍데기.

키틴도 지지 기능이 있는데, 다른 물질(단백질 또는 탄산칼슘)과 함께 절지동물의 **외골격**을 구성한다. 절지동물에는 곤충, 거미, 다족류, 게 등이 있다. 양적으로 키틴이 가장 많은 것은 게인데, '키틴'이라는 말은 '껍질'을 뜻하는 그리스어 chiton에서 유래한다.

셀룰로오스와 키틴은 화학적으로 매우 유사하다. 앞에서도 말했듯이, 이 두 다당류는 이당류 단위체로 구성되며 각각 베타 1,4-글리코사이드결합을 한다. 셀룰로오스의 구성성분인 셀로비오스의 베타글루코오스 분자와 키틴의 구성성분인 키토비오스의 베타N아세틸글루코사민 분자의 차이점은 글루코오스의 2번 탄소 원자에 있는 OH기가 베타N아세틸글루코사민 분자의 아세틸아민기로 대체된다는 것이다. 이렇게 대체됨으로써 키틴의 중합체 사슬 사이에서 수소결합이 더욱 강하게 작용해 키틴이 셀룰로오스보다 강해진다. 물론 절지동물의 경우, 키틴의 강도가 키틴에 의해서만 생기는 것은 아니다. 왜냐하면 키틴은 특히 외골격 관절의 유연성에도 이바지하기 때문이다.

키틴 이외에도 단백질인 아트로포딘의 축적이 큰 역할을 하는데, 아트로포딘은 단백질인 스클레로틴으로 전환된다. 키틴은 무색인데, 이는 알에서 부화한 딱정벌레나 개미의 유충에서 쉽게 확인할 수 있다. 유충은 자라면서 색이 짙어져 갈색이나 검은색을 띠는데, 이는 스클레로틴이 축적되면서 생기는 현상이다. 이 때문에 색이 짙어지고 단단해지는 과정을 '스클레로틴화'라고도 한다. 스클레로틴은 곤충의 색에도 영향을 미친다. 게의 경우 석회(탄산칼슘)도 축적되는데, 이는 앞에서 설명한 컴파운드^{compound}와 프리프레그^{prepreg}의 고전적인 예이다.

셀룰로오스는 플라스틱에 견줄 수 있는 또 다른 사례로 볼 수 있다. 세포벽의 구조는 앞에서 설명한 결정성 열가소성 플라스틱의 성질과 유사하다. 섬유 형태의 셀룰로오스 분자는 – 이 분자는 '**피브릴 기본단위**$^{elementary\ fibril}$'라고 한다 – 부분결정성 플라스틱과 마찬가지로 서로 평행하게 쌓인다. 이와 같이 평행하게 쌓인 집합체를 '**미셸**^{micelle}'이라고 한다. 미셸은 피브릴 기본단위로 연결된 그물구조이다. 15~20개의 피브릴 기본단위들이 쌓여 미셸과 함께 다발을 만드는데, 이러한 다발을 '**마이크로피브릴**'이라고 한다. 마이크로피브릴은 다시 뭉쳐 매크로피브릴 다발을 형성한다. 이는 셀룰로오스 구조를 만드는데, 이 구조는 키틴과 같이 식물에서 단백질이나 다당류(예: 펙틴은 나중에 다시 설명할 것이다!)로 이루어진 물질에 축적된다. 이는 철근 콘크리트의 구조와 유사하다.

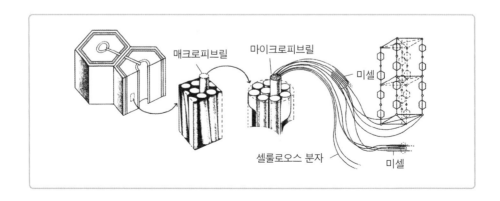

식물에서 중요한 역할을 하는 천연고분자로는 셀룰로오스 외에도 **리그닌**이 있다. 리그닌은 가장 흔한 유기화합물로는 세 번째 자리를 차지하고, 식물성 천연고분자로는 두 번째 자리를 차지한다. 만약 리그닌이 없다면 **목재**는 목재가 될 수 없다(리그닌의 어원인 라틴어 lignum은 '목재'를 의미한다). 특히 리그닌은 목질화 과정을 통해 목재의 압축 강도를 높이고, 긴 셀룰로오스섬유의 장력을 키운다.

리그닌은 3차원 고분자로서 페닐프로판 단위로 구성되고, 열경화성 플라스틱의 그물구조와 유사한 구조를 띤다. 건조한 목재의 리그닌 함량이 20~30%가 되고, 셀룰로오스섬유를 줄기 방향으로 결속시킨다. 이러한 사실은 목재를 횡단면으로 잘라보면 확인할 수 있다. 따라서 목재는 세로축으로, 다시 말해 줄기 방향으로 자르는 것이 훨씬 쉽게 잘린다. 목재를 자르면 나무가 성장하면서 세로축 방향으로 형성되는 셀룰로오스섬유들 사이의 상호작용이 차단된다. 이러한 상호작용은 셀룰로오스−천연고분자 사슬의 OH기 사이에서 이루어지는 수소결합 때문에 생긴다(이러한 상호작용도 플라스틱과 유사하다).

땔감 나무를 자르는 전문가들은 오래전에 잘라놓아 이미 마른 목재보다 아직 물기가 남아 있는 목재가 자르기 쉽다는 것을 알고 있다. 이는 극성 때문에 물이 셀룰로오스섬유 사이에 축적되어 있고, 이 물 때문에 섬유 사이의 간격이 벌어져 있어 생기는 현상이다. 마른 목재의 경우는 물이 없기 때문에 셀룰로오스섬유 사이의 상호작용이 수소결합의 형태로 점점 더 강해진다. 이러한 현상도 플라스틱에서 볼 수 있는 것과 유사하다. 이런 이유에서 물을 '목재의 연화제'라고 불러도 무방하다.

목재의 셀룰로오스는 제지산업과 섬유산업에서 중요한 원료로 사용된다. 나뭇조각을 알칼리성 황산염용액에 넣고 끓이면 셀룰로오스에서 리그닌이 분리된다. 이렇게 하면 갈색의 **섬유소**가 생기는데, 이 섬유소는 포장지를 생산할 때 이용된다. 섬유소는 염소나 산소로 표백하여 물에 섞어 현탁액을 만든 상태에서 여러 가지 광물질을 넣어 흰색 종이로 가공된다. 또한 휴지, 솜, 각종 위생용품(예: 생리대), 커피 필터, 종이상자 등을 만드는 데에도 이용된다.

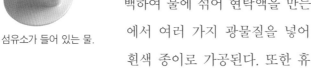

섬유소가 들어 있는 물.

녹말 합성!

녹말은 천연고분자에서 탁월한 지위를 차지한다. 양으로만 따진다면 녹말은 지구상에 존재하는 천연고분자 중에서 셀룰로오스 다음으로 많다. 하지만 지금까지 설명한 천연고분자와는 달리 구조물질이나 지지물질이 아니라 다당류이며 - 식물의 경우에 한정해서 말한다면 - 저장물질이다. 좀 더 정확하게 말하자면 녹말은 에너지 저장물질이다. 식물과 해초만이 **광합성**으로 **엽록소**와 에너지원인 햇빛을 이용해 이산화탄소와 물을 글루코오스와 산소로 전환할

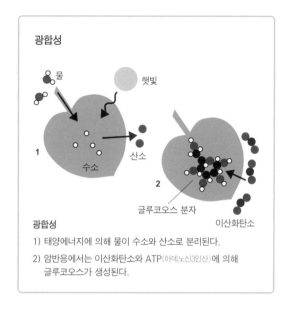

광합성

물

햇빛

1

수소   산소

2

글루코오스 분자

이산화탄소

광합성

1) 태양에너지에 의해 물이 수소와 산소로 분리된다.

2) 암반응에서는 이산화탄소와 ATP(아데노신3인산)에 의해 글루코오스가 생성된다.

수 있으며, 부분적으로 글루코오스는 씨앗이나 뿌리에 녹말로 저장된다. 이는 원래 우리 인간의 음식물이 되기 위해서가 아니라 자기 종의 번식을 위해 나타나는 현상이다.

탄수화물은 지방, 단백질과 함께 우리가 먹는 음식의 주요성분을 이룬다. 녹말은 가장 중요한 탄수화물로 쌀, 밀, 기장, 옥수수, 호밀, 귀리 등의 곡식에 많이 함유되어 있다. 녹말이 함유된 곡식으로 만든 제품으로는 빵, 각종 과자, 국수

등이 있다. 그 외에도 감자와 콩 역시 탄수화물이 많이 들어 있으며, 녹말 함유량도 많다.

녹말의 구조는 독특한데, 식물성 녹말의 구조는 셀룰로오스나 키틴같이 섬유 형태를 띠는 것이 아니라 두 종류의 천연고분자로 이루어진다. 즉, 녹말은 20~30%를 차지하는 **아밀로오스**와 70~80%를 차지하는 **아밀로펙틴**의 혼합물이다. 이 두 천연고분자의 공통점은 알파글루코오스 단위체 또는 말토오

스－이당류－'단위체'로 구성된다는 것이다. 아밀로오스는 200~500개의 글루코오스 분자가 각각 사슬 모양으로 알파1, 4 - 글리코사이드결합하고 있다. 이때 글루코오스 사슬은 나선형으로 감겨 있다. 아밀로펙틴도 원칙적으로는 아밀로오스와 구조가 같지만, 알파글루코오스 단위체의 수가 더 많다(2,000개 이상). 글루코오스 사슬도 단순한 사슬이 아니라 가지에 가지를 친 복잡한 구조를 하고 있다. 주사슬에 가지가 알파1, 6 - 글리코사이드결합으로 연결하는 6번 탄소가 '작은 깃발'과 같은 역할을 한다.

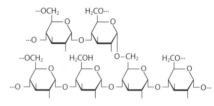

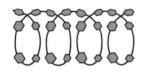

아밀로오스의 구조

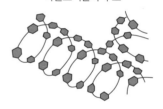

아밀로펙틴의 구조

글리코겐은 동물성 탄수화물로 우리 몸의 간이나 근육에 저장물질로 존재한다. 원칙적으로 아밀로펙틴과 구조가 같지만, 10만 개에 이르는 단위체로 이루어지며 가지를 많이 친 모양을 하고 있다.

아밀로오스나 셀룰로오스의 구조와 비교해보는 것도 글리코겐의 성질을 파악하는 데 도움이 된다. 아밀로오스와 셀룰로오스는 궁극적으로 거의 같은 단위체인 알파글루코오스 또는 베타글루코오스로 이루어진다.

아밀로오스의 경우는 산소와 6번 탄소 원자의 (앞에서 말한) '작은 깃발'이 각각 같은 방향이지만, 셀룰로오스의 경우는 산소와 '작은 깃발'이 지속적으로 방향을 바꾼다. 이는 앞에서 말했듯이 베타1,4 - 글리코사이드결합이 형성될 때, 베타글루코오스 분자가 세로축을 중심으로 180°회전하기 때문에 생기는 현상이다. 이 때문에 부드러운 빵을 씹느냐 아니면 딱딱한 목재를 씹느냐는 각 다당류에서 글루코오스 분자의 공간적인 배치에 좌우된다(물론 제빵업자의 기술도 영향을 미친다!).

식품산업에서 녹말은 주로 응고제로 사용된다. 녹말은 가장 중요한 응고제이며, 각종 인스턴트식품에도 들어간다. 이제 응고제에 대해 알아볼 차례이다.

아밀로오스(폴리알파글루코오스)의 구조　　　셀룰로오스(폴리베타글루코오스)의 구조

굳게 하는 화합물 - 하이드로콜로이드

전문용어로는 낯설고 어렵게 받아들여지지만, 우리 주변에서 흔히 접할 수 있는 물질이 있다. 바로 하이드로콜로이드가 이러한 예에 속한다. **하이드로콜로이드**(친수성 콜로이드)는 소스를 굳게 할 때, 도배 풀을 저을 때, 젤리를 끓일 때, 헤어 젤을 바를 때 등에 사용된다. **응고물**로는 여러 가지 **다**  **당류**가 사용되는데, 단백질은 **젤라틴**의 형태로 사용되기도 한다. 이에 대해서는 나중에 다시 다룰 것이다.

하이드로콜로이드는 **물과 결합하여 굳어지게 할 때** 사용한다. 다당류의 천연고분자 사슬구조에는 물 분자가 응결할 수 있다. 이러한 현상을 '젤화'라고 한다.

예: **녹말** 속에 들어 있는 아밀로오스 사슬과 아밀로펙틴은 차가운 물에는 녹지 않고 현탁액을 이룬다. 이 현탁액을 (50℃로) 가열하면 녹말이 부풀기 시작한다. 이는 아밀로오스 사슬과 아밀로펙틴 사슬 사이에 물 분자가 들어가 붙는 것을 의미한다. 이 사슬에 있는 많은 수산(OH)기들로 인해 – 사슬 자체도 산소 원자와 수소 원자의 전기음성도가 서로 달라 극성을 띤다 – 물 분자들은 쌍극자가 되어 사슬에서 수소결합을 형성한다. 녹말은 이런 방식으로 리그닌의 경우와 유사하게 응결한다(녹말풀이 형성되는 것은 특히 아밀로오스가 부풀기 때문이다). 녹말풀을 (85℃까지) 더 가열하면 아밀로펙틴이 더 많이 녹는다. 이때 젤화되는 온도가 다른 것은 녹말을 구성하는 아밀로오스와 아밀로펙틴의 함량이 다르기 때문이다. 따라서 옥수수와 밀은 풀이 되는 온도가 서로 다르다. 개개의 고분자 사슬이 녹말에서 떨어져 나오는 정도에 따라 **점성**도 달라진다. 처음의 현탁액에서 녹말을 가열하면 점차 **콜로이드 현탁액** 또는 **콜로이드 용액**이 되고, 이는 점점 굳어져 **젤**^{gel}을 형성한다.

'점성^{viscosity}'이라는 말은 겨우살이(학명: Viscum album var. coloratum)에서 유래한다. 겨우살이의 열매에는 끈적끈적한 즙이 있는데, 이전에는 끈끈이 막대에 이 즙을 발라 새를 잡는 데 사용했다. 새들은 망으로 된 끈끈이 막대에 내려앉다가 잡히는 것이다. 콜로이드는 '끈끈이'를 뜻하는 그리스어 kolla에서 유래한다. 녹말이라는 고분자

가 분산되면 콜로이드가 된다. 하이드로콜로이드는 젤을 형성하는 경향이 강하다. 젤이라는 말은 '굳은' 또는 '딱딱한'을 뜻하는 라틴어 gelidus에서 유래한다. 아이스크림을 만드는 '젤라틴'도 어원이 같다.

밀가루가 끈적거리는 이유

일반적으로 소스를 굳힐 때는 **버터** 또는 **다른 기름으로 볶은 밀가루**를 사용한다. 이 과정에서 앞에서 설명한 젤화가 중요한 역할을 한다. 65℃ 이상으로 가열하면 특히 아밀로펙틴 고분자 사슬이 해체된다. 이렇게 되면 소스는 수화 현상으로 끈적끈적한 상태가 되는데, 이것이 바로 젤화 현상이다. 가열하면 할수록 수화 현상이 활발해져 소스는 더욱더 끈적끈적한 상태가 된다. 젤화는 시간이 걸리므로 소스를 만들 때는 시간적인 여유를 가져야 하는데 성급한 마음에 밀가루를 많이 첨가하면 소스가 엉겨 붙어 덩어리가 생기게 된다. 버터로 볶은 밀가루를 넣으면 소스에서 밀가루 냄새가 사라지고 소스의 색도 변한다. 이는 버터로 인해 녹말이 덱스트린으로 변하기 때문이다.

덱스트린은 녹말이 분해되면서 생기는 혼합물로 아밀로오스 고분자 사슬과 아밀로펙틴 고분자 사슬 사이의 분자 간의 힘이 제거될 뿐만 아니라 긴 고분자 사슬이 짧은 사슬로 잘린다(따라서 쌍극자들끼리의 상호작용이 끊어질 뿐만 아니라 공유결합도 분리된다). 부분적으로는 공유결합이 새롭게 형성되면서 고리 형태의 분자도 생기는데, 이 분자를 사이클로덱스트린 또는 사이클로아밀로오스라고 한다. 결국 덱스트린은 순물질이 아니라 분해 산물의 혼합물인 셈이다. 덱스트린은 짙은 색의 빵 껍질에도 들어 있으며, 특유의 맛과 향을 지닌다.

덱스트린은 변성 녹말의 일종으로, **변성 녹말**이라는 이름은 식품의 성분 표시에서 자주 등장한다. 옥수수, 감자, 밀 등에서 얻은 녹말의 변성은 열이나 효소 또는 경우에 따라서는 산을 첨가하는 등의 화학적 방법으로 이루어진다. 변성의 목표는 녹말의 열 안정성을 유지하거나 인스턴트식품을

냉동·해동시킬 때 품질을 유지하기 위해서이다. 녹말을 변성시킬 때 효소가 사용되지 않으면 변성 녹말은 식품첨가물 기호 'E'로 표시하고, 1400번에서 1451번 사이의 번호를 부여받는다.

갈색 소스를 원하면 버터 대신 식물성기름을 이용한다. 식물성기름은 불포화 지방산이 많이 함유되어 버터보다 좀 더 센불에서 가열할 수 있다. 이렇게 식물성기름을 넣은 소스에 고기를 가열하면 고기에서 나오는 단백질과 밀가루의 다당류는 **메일라드 반응**으로 갈색으로 변하고 향과 맛이 강해진다. 또한 설탕을 첨가하면 메일라드 반응이 활발해져 소스의 향과 맛이 더 좋아지며, 더욱 끈적끈적해진다.

밀가루의 녹말 대신 쌀가루나 빵을 이용해도 끈적끈적해지는 효과를 낼 수 있다. 예를 들어 굴라쉬(후추를 넣은 쇠고기 스튜)에 빵을 넣으면 소스가 끈적끈적해지고, 채소수프에 삶은 감자를 넣으면 수프가 끈적끈적해진다.

버터나 기름으로 볶은 밀가루는 소스를 만드는 초기에 투입되지만, 소스를 만든 다음에도 소스의 향과 맛을 살릴 방법이 있다. 바로 달걀노른자와 크림 또는 인스턴트 소스 메이커를 이용하는 것이다. 달걀노른자는 단백질과 지방이 풍부하며, 인스턴트 소스 메이커는 녹말 이외에도 유화제 성분이 함유되어 있어 이 물질들이 바로 유화제 역할을 한다.

젤리 만들기

잼은 젤리 형태로 빵에 발라먹는 물질을 말하며, 딸기류 과일이 잼을 만들기에 적합하다. 제조 과정은 다음과 같다.

우선 과일에서 즙을 짜낸다. 그다음에는 과일즙을 끓여 잼을 만든다. 여기서 중요한 것은 과일즙과 **젤화 촉진제가 첨가된 설탕**의 비율이다.

과일 잼을 만들 때는 일반적으로 1:1의 비율로 넣는데, 2:1이나 3:1의 비율로 설탕의 양을 절반이나 3분의 1로 줄이기도 한다(예를 들어

1kg 또는 1.5kg의 과일즙에는 500g의 젤화 촉진제가 첨가된 설탕을 넣는다). 이렇게 비율이 다를 때는 젤화 촉진제가 첨가된 설탕의 종류도 각기 다르게 투입한다. 이는 설탕의 비율이 낮아야 젤화가 활발히 진행되기 때문이다. 젤화 촉진제의 성분은 **펙틴**이다.

앞에서 덱스트린은 순물질이 아니라 분해 산물의 혼합물이라고 설명했다. 펙틴도 이와 유사하다. 펙틴은 알파 1,4 - 글리코사이드결합을 하는 갈락투론산 분자를 지니고 있으며, 육지에 있는 거의 모든 식물에 들어 있다. 이 식물성 다당류의 합성은 식물의 세포 유형과 성장 상태에 따라 달라진다. 젤화 촉진제가 첨가된 설탕의 종류는 다양하며 함유된 펙틴도 제각기 다르다. 따라서 과일즙도 설탕의 종류에 따라 적절히 선택해야 한다. 펙틴의 갈락투론산 성분은 글루코오스와 매우 유사하지만, 산이라는 명칭에서도 짐작할 수 있듯이 분자에 카복실(COOH)기를 지니고 있다(이는 유기산의 전형적인 특징이다). 갈락투론산 성분은 녹말과 셀룰로오스보다 다당류에 훨씬 강한 극성을 띠게 한다. 왜냐하면 COOH기는 수용액에서 양성자를 내줌으로써 (-)전하를 띤 COO^- 기가 생성되기 때문이다. 따라서 COO^- 기는 거의 모든 고분자 사슬에 존재하게 되고 '거대 음이온'으로서 물에 의해 수화된다.

펙틴-다당류 사슬은 거대한 수화물 껍질이 사슬 상호 간의 접촉을 차단하기 때문에 우선은 액체 상태의 과일즙에 머문다. 사슬 상호 간의 접촉이 차단

되는 또 다른 이유는 사슬들이 널리 분포된 (-)전하를 띤 COO^-기에 의해 서로 밀어내고 열 때문에 입자운동이 활발해지기 때문이다. 따라서 과일즙을 젤 상태로 만들기 위해서는 수화물 껍질과 (-)전하 그리고 높은 온도를 제거해야 한다.

젤화 촉진제가 첨가된 설탕에서는 펙틴 이외에도 설탕에 들어 있는 당이 중요한 역할을 한다. 젤화할 때는 물이 투입되지 않으므로 당 분자가 수화되어 물 분자가 형성된다. 이때 물 분자의 대부분은 펙틴의 수화물 껍질에서 나오는데, 결국 이렇게 물 분자가 형성되면서 펙틴 주변의 수화물 껍질이 제거된다.

젤화 촉진제가 첨가된 설탕이 모두 녹으면 더 이상 가열할 필요가 없어 냉각 효과가 생긴다. 이와 더불어 젤화 촉진제가 첨가된 설탕에 들어 있는 또 다른 첨가제인 레몬산이 중요한 역할을 한다. 레몬산은 젤화 촉진제가 첨가된 설탕과 마찬가지로 고체 형태로 함유되어 있다. 레몬산은 젤화 촉진제가 들어 있는 설탕과 함께 과일즙에서 녹으면 갈락투론산보다 더 강한 산으로서 갈락투론산 분자의 COO^-기에 없어진 양성자를 되돌려주는 역할을 한다. 따라서 전하를 띠지 않은 COOH기가 다시 만들어진다. COOH기는 전기적으로 중성을 띠어 펙틴 분자들이 서로 밀어내는 현상을 막는다. 이 모든 효과가 - 냉각, 당의 수화작용, (-)전하를 띤 COO^-기의 중성화 - 복합적으로 작용해 젤이 형성된다. 수소결합이 형성되고 당 분자가 개입되면서 펙틴 분자들이 응집됨에 따라 이 분자들의 3차원적인 그물구조가 형성되는데, 과일즙은 이 그물구조 속에 채워진다. 이것이 바로 전형적인 하이드로콜로이드이다. 이로써 '펙틴'이라는 용어가 어떻게 유래한 것인지 이해할 수 있다. 즉, 펙틴은 '고체의' 또는 '굳어진'을 뜻하는 그리스어 pektos에서 나왔다.

하지만 이렇게 젤리로 굳어지는 것은 과일즙의 종류에 따라 달라질 수도 있다. 잘 익어서 단맛이 강한 과일은 자체적으로 많은 양의 당을 지니고 있다.

물론 과일이 자연적으로 지니고 있는 펙틴의 함량도 중요한 역할을 한다. 사과와 레몬, 사탕무에는 펙틴이 많이 들어 있기 때문에 식품제조사들은 펙틴을 얻기 위해 이러한 과일을 많이 이용한다. 또한 레몬산이 많이 들어 있어 신맛이 강한 과일들도 젤화 과정에 이용된다. 젤리를 만들 때 레몬산을 많이 첨가하는 요리사들도 많다. 젤화 과정에서는 pH 값이 낮을수록 COO^-기도 점점 더 많이 중성화되기 때문이다.

식품 생산에 투입되는 다당류의 종류

하이드로콜로이드의 젤화 능력은 소스나 젤리를 만들 때뿐만 아니라 특히 식품을 생산할 때 필요하다. 식품 생산에 투입되는 다당류의 종류는 매우 다양하다. 과일 잼, 젤리, 소스 등을 만들 때는 하이드로콜로이드가 젤화 첨가제나 응고제로 투입되어 **결정집합조직**에 영향을 준다.

하이드로콜로이드가 투입된 식품은 독특한 맛이 난다. 이 맛은 씹거나 삼킬 때 느끼는 맛으로 전체적인 인상이 남고 입안에서 감지된다. 식품의 합성 방식에 따라서는 하이드로콜로이드가 **안정제** 역할을 하기도 한다. 즉, 하이드로콜로이드는 결정집합조직이 가공과 보존 과정에서 잘 유지되도록 하고, 식품 포장지를 개봉한 후 공기 중의 산소와 접촉하더라도 곧바로 손상되지 않도록 한다. 이처럼 하이드로콜로이드의 역할은 매우 다양하다. 하이드로콜로이드는 지방과 물이 혼합된 유화액에서는 유화제로 작용하기도 하고, 심지어 페인트나 세제 그리고 시멘트 반죽에 투입되기도 한다.

다음과 같은 다당류는 식품 생산에서 여러 가지로 혼합되어 사용된다. 이렇게 혼합되는 이유는 상호작용으로 효과를 강화시키기 때문이다.

식품 생산에 사용되는 전형적인 응고제는 **구아검**[gum]이다. 구아검은 구아의 씨앗에서 얻는다. 이 다당류의 주요성분은 마노스인데, 이는 글루코오스와 매우 유사하며 수산(OH)기의 배열만 다르다.
마노스는 고분자 사슬의 가지가 많다는 점에
서 녹말과 구분된다. 구아검은 샐러드소스와
아이스크림 등에 안정제(또는 유화제)로 투입
되고, 제지산업과 화장품산업 그리고 의약품
산업에도 이용된다.

구주콩나무검은 구주콩나무(우리나라의 주엽나무, 성경에 나오는 쥐엄나무는 같
은 나무이며, 쥐엄나무라고도 한다)의 씨앗에서 얻는다. 이 다당류는 약 5분의 4
를 차지하는 마노스와 5분의 1을 차지하는 갈락토오스로 구성되며, 부풀어 오
르는 능력은 녹말의 5배나 된다. 구주콩나무검은 유화액을 안정시키는 역할
을 하고 과자나 소스, 수프, 푸딩, 아이스크림 등에 사용된다. 앞에서 구주콩
나무의 씨앗이 다이아몬드의 질량을 재는 기준 단위로 이용된다고 설명했는
데 다이아몬드의 무게 단위인 캐럿carat은 구주콩나무의 씨를 뜻하는 그리스어
carub에서 유래한다.

잔탄검이라는 이름은 박테리아인 잔토모나스Xanthomonas에서 유래한다. 이
박테리아에게 설탕(탄수화물)을 먹이로 주면 다당류인 잔탄검이 생성된다. 잔
탄검은 가지를 많이 가진 고분자의 구조이며, 주요성분은 글루코오스와 마노
스이다. 잔탄검은 토마토케첩, 마요네즈, 겨자, 소스, 각종 유제품 등의 안정제
와 유화제로 사용되는데 식품의 물성 및 촉감을 향상하기 위한 첨가물이다.

캐라지난은 홍조류 해초에서 얻는 다당류이다. 캐라지난의 종류는 다양한
데, 갈락토오스의 함량과 황산(SO_4^{2-}) 기의 수에 따라 성질이 제각기 다르다.
황산기는 (−)전하를 띠므로 펙틴과 마찬가지로 음이온 하이드로콜로이드이
다. 캐라지난은 소듐(Na^+), 포타슘(K^+), 칼슘(Ca^{2+}) 같은 양이온과 결합해 다
양한 젤(고체이면서 부서지기 쉬운 젤과 고체이면서 탄성이 있는 젤)을 만든다. 캐라
지난의 하이드로콜로이드는 (−)전하를 띠고 있어 우유 단백질인 카제인과도

상호작용한다. 미량의 캐라지난으로도 카카오음료 같은 유제품을 안정시킨다. 또한 캐라지난은 아이스크림, 유아용 식품, 디저트, 밀크셰이크 등에 유화제와 젤화제로 사용된다.

알긴(또는 알긴산)은 갈조류 해초에서 얻는다. 알긴산은 전형적인 산으로, 양성자가 금속 양이온으로 대체되어 염이 될 수 있다. 이 염을 '알긴산염'이라고 한다. 특히 알긴산소듐, 알긴산포타슘, 알긴산칼슘은 응고제와 젤화제로 사용된다. 카복실기는 알긴산염 다당류에 들어 있는 우론산의 성분이다. 우론산은 글루코오스와 마노스에서 파생되는 단당류 글루쿠론산과 마누론산으로 다당류를 구성한다. 알긴산염은 아이스크림, 샐러드소스, 다이어트 식품, 냉식품, 마요네즈, 고기류 통조림 등에 사용된다.

식품 생산에 투입되는 다당류의 종류는 이처럼 다양하기 이를 데 없지만 더 자세히 소개하는 것은 이 책의 범위를 넘어서기 때문에 이 정도로 마무리하기로 한다. 다만 지적하고 넘어갈 사항이 한 가지 있다. 다당류는 원칙적으로 식이섬유이다. **식이섬유**는 소장에서 소화를 담당하는 효소에 의해 분해되지 않기 때문에 흡수되지 않고 배설된다. 다당류는 위의 낮은 pH 값에 의해 화학적으로 변화되고, 소화되는 성분이 분해되어 떨어져 나간 후에 서로 엉겨 붙어 섬유질 구조를 이룬다.

구운 지 오래된 빵이 소화를 촉진하는 이유

하이드로콜로이드를 설명할 때 젤화에 대해 언급한 바 있다. 젤화는 곡물제품을 굽는 과정에서 이미 진행된다. **역젤화** 또는 **노화**retrogradation(재결정화) 현상도 있다. 때로는 젤화된 녹말이 '역행'하는 경우가 있다. 이는 녹말, 특히 아밀로오스가 굳는 것을 의미하며, 불규칙한 배열을 이루던 녹말 분자들이 시간이 경과함에 따라 부분적으로나마 규칙적인 분자 배열을 한 섬유질 구조로 되돌아가기 때문에 생기는 현상이다. 이때는 녹말이 부풀어 오르면서 함유된 물 분자가 더 이상 연화제로서의 기능을 하지 못하고 녹말 – 특히 아밀로오스 – 의 고분자 사슬은 더욱더 조밀하게 결집해 결정성 구조를 띤다. 이렇게 되면 빵이 딱딱해진다. 물론 그 이전에 빵의 습도에 변화를 주는 과정도 빵이 딱딱해지는 데 한몫을 한다. 구워서 바삭바삭해진 빵 껍질은 시간이 지남에 따라 빵 속의 수분이 빵 껍질로 이동함으로써 축축해지고 부드러워진다. 그러면서 빵 껍질의 수분이 증발한다. 이는 빵을 구운 후에 곧바로 진행되는 과정이다. 이러한 증발과정이 끝나면서 노화가 시작된다.

흰 밀가루로 만든 빵.

노화 시점은 조건에 따라 달라진다. 온도, 공기의 습도, 사용된 밀가루(짙은 색 곡물은 흰 밀가루보다 반죽 단계에서부터 물이 더 투입된다), 빵의 형태, 저장 상태

짙은 색 곡물로 만든 빵.

등이 결정적인 역할을 한다. −8℃부터 8℃ 사이에서 녹말의 노화는 정상적인 온도에 비해 3배나 빠르게 진행된다. 따라서 빵은 냉장고에 보관해서는 안 된다. 포장지에 싸는 것은 수분 증발로 빵이 건조해지는 것을 막을 수 있다. 따라서 빵을 굽자마자 최대한 빨리 냉동시켜야 노화를 막을 수 있다. 구운 지 오래된 빵은 비록 신선한 맛은 없지만 한 가지 장점이 있다. 이 빵은 소화를 촉진하는데, 소화기관에서 더 이상 분해될 수 없는 섬유질 구조를 이미 형성하고 있기 때문이다. 이 섬유질은 내용물이 대장을 통과하는 시간을 단축하고 수분을 유지하며, 대장을 깨끗이 하여 쾌변을 도와준다.

글루코오스 시럽은 유전공학과 어떤 관계가 있을까?

과자, 빵, 초콜릿, 캐러멜, 레몬주스, 잼, 쫄깃쫄깃한 꼬마곰 젤리, 과일 통조림, 채소 통조림, 아이스크림, 토마토케첩 등 이 모든 식품에는 전체적으로든 부분적으로든 글루코오스 시럽이 당(설탕)을 대체하고 있다. 글루코오스 시럽에는 글루코오스와 프럭토오스

가 들어 있어 가정에서 사용하는 설탕보다 당도는 약하지만, 결정이 되는 것은 설탕보다 느리다. 녹말은 글루코오스 성분으로 이루어진 고분자이며 글루코오스 성분은 옥수수, 감자, 밀 등에서 얻는다. 따라서 당은 사탕수수나 사탕무에서만 얻는 것은 아니다.

녹말을 당의 원료로 이용하게 된 결정적인 계기는 **효소**인데, 효소의 구조와 중요성에 대해서는 나중에 다시 다룰 것이다. 효소의 이용은 **유전공학**에서 얻은 지식에 근거한다. 유전공학의 발전에 힘입어 효소가 녹말 분해용으로 이용되었다. 효소는 일반적으로 (특별하게는 녹말의 당화에서) 분자가위처럼 일정한 부분에서 녹말 사슬을 자를 수 있다. 또한 효소를 이용해 감미제도 만들 수 있다. 이때는 녹말에서 주로 어떤 효소가 어떤 당 성분을 잘라내는지에 따라 감미제의 종류도 달라진다. 효소는 유전공학적으로 변화된 마이크로 유기체에서 만들어진 것이며 박테리아의 일종이다. 하지만 목적을 이루기 위한 수단일 뿐 글루코오스 시럽에 직접 들어 있는 것은 아니기 때문에 내용물로 표시될 수 없다.

미국이나 아르헨티나에서 수입된 유전공학적으로 변형된 옥수수에서 나오는 녹말은 효소와는 성질이 다르다. 유전공학적으로 변형된 옥수수로 만든 식품첨가제는 반드시 내역을 표기해야 한다. 녹말에서 몇 가지 단계를 거쳐 첨

가제가 만들어지는지는 아직도 명확하게 밝혀지지 않았다. 미국에는 유전공학적으로 변형된 옥수수로 만든 '고농도 프럭토오스 옥수수 시럽'이 있는데, 이 시럽에는 프럭토오스가 많이 함유되어 있다. 왜냐하면 유전공학적으로 변형된 효소에 의해 프럭토오스가 글루코오스에서 전환되었기 때문이다. 이 때문에 이 시럽은 미국에서 – 특히 청량음료에서 재래의 사탕수수 당과 사탕무 당보다 – 1인당 소비량이 많다.

유변학자가 케첩을 즐겨 먹는 이유

유변학(rheology: 그리스어 rhei는 '흐름', logos는 '학문'을 뜻한다)은 물질의 유동과 변형을 연구한다. 유변학자는 – 물리학의 다른 분야들과 함께 – 유체역학을 다루면서 뉴턴의 법칙에 따르지 않는 **비뉴턴성 유체**를 취급한다. 이러한 물질의 가장 좋은 예로 **케첩**을 들 수 있다. 케첩은 비뉴턴성 유체 중에서도 틱소트로픽thixotropic 유체에 속한다. 이 유체는 정지하면 유동성이 없지만 교반하면 유동성이 크게 증가한다. 이것이 바로 우리가 원하는 대로 케첩이 움직여주지 않는 이유이다. 우리가 원할 때 케첩이 병에서 나와야 하는데 대개 정반대 현상이 일어난다. 즉, 케첩은 예기치 않을 때, 예를 들어 케첩 병을 흔들거나 병 바닥을 두드리면 덩어리로 쏟아지는 경우가 많다.

흔들거나 두드리면 점성이 낮아지는 성질이 틱소트로픽 유체의 특징이므로

케첩을 가만히 두면 점성이 다시 회복된다. 니스나 래커 같은 투명 도료에도 이용되는데, 이러한 성질 때문에 도료가 붓에 묻어도 떨어지지 않는다. 그러다가 붓을 움직여 물체에 도료를 바르기 시작하면 다시 유동적인 액체 상태로 변해 물체에 잘 칠해진다. 이와 유사한 현상은 마가린에서

도 볼 수 있다. 마가린을 구해 직접 실험해보라!

케첩의 이런 특수한 성질은 화학적으로 어떻게 설명할 수 있을까?

케첩은 하이드로콜로이드를 설명할 때 나왔던 전형적인 젤 형태의 구조를 하고 있다. 어떤 고분자이든 – 글루코오스 시럽이든 잔탄검이든 또 다른 다당류이든 – 고분자 그물구조가 형성되면서 유체는 높은 점성을 갖는다. 이러한 고분자 그물구조는 흔들거나 두드리면 파괴되는데, 지속적으로 흔들거나 두드리면 고분자는 다시 그물구조를 만들 시간을 갖지 못한다. 따라서 고분자 사슬들은 서로 결집하지 못하고 제각기 흩어져 유동성이 생기며, 얼마간의 시간이 흘러야 다시 높은 점성이 생긴다.

눈과 해파리, 기저귀의 공통점은 무엇일까? - 흥미로운 하이드로콜로이드

눈을 감고 눈꺼풀을 눌러 눈동자를 만져보라. 눈동자가 딱딱하게 느껴지는 것을 확인할 수 있는가? 이는 눈의 내부가 다당류로 탱탱하게 채워져 있기 때문에 생기는 현상이다. 눈 안(수정체) 체액이 그냥 물로 채워진 것이 아니라 하이드로젤 형태이기 때문에 고체처럼 딱딱한 것이다.

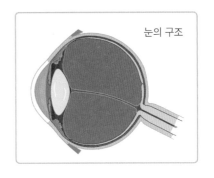

눈의 구조

여기서 설명한 **수정체**는 98%가 물로 이루어진다. 하이드로젤을 형성하는 다당류는 무코다당류('점성 다당류'라고도 하며, 라틴어 mucosus는 '점성'을 뜻한다)이며, 대개 단백질과 결합한다.

무코다당류에는 히알루론산이 들어 있는데, 이 산은 **연골**(예: 귓바퀴에 있는 연골)과 **관절 활액** 그리고 **탯줄**의 성분이다. 우리 몸에 있는 또 다른 무코다당

류는 결체조직, 근육의 힘줄, 피부, 혈관, 관절 간판 등의 성분이다. 동물에도 무코다당류가 널리 분포되어 있으며, 해파리에서는 약 98%의 물과 함께 하이드로젤로 구조 골격을 형성하고 있는데, 이런 하이드로젤도 상당한 강도를 갖고 있다.

고흡수성 수지는 물을 흡수하는 탁월한 성질을 지니고 있어 기저귀 소재로 사용된다. 이 수지는 화학적으로는 폴리아크릴산소듐이며, 단위체는 아크릴산이다. 고흡수성 수지에는 캐라지난이나 펙틴과 유사하게 – 합성방식으로 생산된다 – 많은 음이온이 있다. 물 분자는 소듐이온 대신 COO^-기의 (−)전하와 상호작용한다. 고흡수성 수지는 강력한 흡수력 때문에 기저귀와 생리대에 사용된다.

단백질: 생명의 기본 물질

단백질은 한 가지 정확한 구조의 단일 물질을 일컫는 것이 아니다. 단백질의 구조는 기본적으로 일정한 틀을 가지며, 다양한 기본 모듈이 모여 수많은 생체물질을 만든다. 특히 신체를 이루는 단백질은 생명체의 기본 구성 물질이다.

달걀의 흰자와 노른자에는 모두 단백질이 들어 있다.

단백질protein이라는 말은 '기본'을 뜻하는 그 리스어 proteios와 '으뜸' 또는 '일등'을 뜻 하는 protos에서 유래한다. 단백질은 **아미 노산의 펩타이드중합체**이다. 따라서 단백질 은 (천연)**폴리펩타이드**이다.

약 20개의 아미노산이 – 26개의 알파벳 철 자가 서로 결합해 완전히 다른 글자를 만들 듯이 – 개수와 종류 그리고 연결순서를 달리하면서 서로 결합하여 폴리펩타 이드를 만든다. 단백질은 살아 있는 유기체에서 다양하기 이를 데 없는 생물 학적 과제를 수행하기 위해 공간적인 형태가 필요하다. 단백질의 3차원적인 구조는 아미노산 사슬의 결합 그리고 이 결합 사슬과 개개의 아미노산 사이 의 상호작용으로 형성된다. 입체구조의 첫 번째 평면은 극성을 지닌 카보닐 (C=O)기와 아마이드(NH)기가 펩타이드결합을 하면서 만들어 내는 수소결 합 형태로 상호작용한다. 이 때문에 펩타이드 사슬 간 2차결합이 형성된다. **2차결합** 구조에는 개개의 섬유형 아미노산 사슬과 서로 감고 있는 아미노산 사슬이 형성하는 **나선형 구조** 그리고 평행하게 나열된 아미노산 사슬이 서 로 접히며 형성하는 **접힌 결정 구조**가 있다. 단백질이 이 두 가지 구조 중에 서 어떤 형태를 취하는지는 아미노산의 종류와 아미노산들의 연결순서에 따 라 달라진다.

이 두 가지 구조는 상호작용하며 2차결합한 덩어리 간의 **3차결합** 구조를 형 성할 수도 있다. 마찬가지로 이 3차결합 구조가 어떤 상호작용을 하는지도 참여한 아미노산에 따라 달라진다. 이 아미노산들은 반데르발스힘, 산성을 띠는(COOH기가 양성자를 주고 난 뒤에 형성되는) 카복실(COO^-)기와 염기성을 띠 는(NH_2기가 양성자를 얻고 난 뒤에 형성되는) 암모늄(NH_3^+)기 사이의 이온 상호작 용으로 서로 결합하거나, 2개의 특정한 아미노산(예: SH기를 가진 시스테인)이 서로 반응할 때는 이황화(디설파이드)다리 형태로 공유결합을 할 수 있다. 작용력이 있는 단백질을 형성하기 위해 서로 다른 폴리펩타이드 사슬이 중첩되는 경우도 있다. 이러한 구조를 '4차 구조'라고 하며 우리 혈액의 적혈구 속에 들어 있는 헤모글로빈에서 볼 수 있다. 이 단백질은 4개의 폴리펩타이드 사슬(2개의 알파 사슬과 2개의 베타 사슬)로 이루어진다. 이 구조가 형성되지 않으면 혈액에서 산소가 운반되지 못한다.

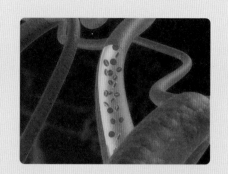

단백질의 형태는 원칙적으로 구상 단백질과 섬유상 단백질로 구분된다. **구상 단백질**globular protein은 단백질 분자 형태가 구 모양이나 둥근 타원체를 이루며, 대체로 물에 잘 녹는다. 이는 단백질이 해체되는 것을 의미하는 것이 아니라 극성을 띠는 아미노산들이 극성을 띠는 용매인 물과 상호작용할 수 있다는 것을 의미한다. 이 단백질은 **전달 단백질**로서의 기능을 한다.

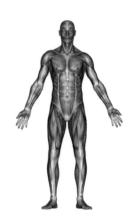

구상 단백질에 속하는 것으로는 헤모글로빈, 여러 가지 종류의 호르몬(예: 인슐린), 면역 기능을 수행하는 항체 등이 있다. 섬유상 단백질은 **구조 단백질**에 속하며, 지지체와 골격체로 기능한다. 섬유 형태를 띠는 구조 단백질에 속하는 것으로는 근육을 구성하는 **액틴**과 **미오신**(이 둘은 근육운동을 가능하게 한다), 피부와 연골 그리고 뼈 등을 구성하는 콜라겐, 머리카락과 손톱을 구성하는 **케라틴**이 있다.

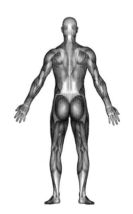

콜라겐: 아교질 형성 단백질

콜라겐은 '아교질'이라는 뜻의 그리스어 kolla와 genesis(창조하다, 형성하다)에서 파생된 '형성하다'라는 뜻의 접미어 gen이 합쳐져서 만들어진 낱말이다. 즉, 콜라겐은 아교질 형성 단백질로 구조 단백질인 콜라겐은 신체조직이 서로 상반되는 두 성질(유연성과 견고성)을 지니는 데 이바지한다. 콜라겐은 사람과 동물을 구성하는 단백질의 4분의 1 또는 3분의 1을 차지한

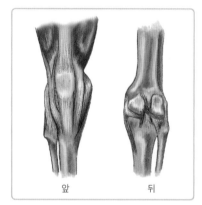

무릎의 인대와 힘줄.

다. 유연성과 견고성은 귀의 **연골**, 관절을 연결하는 **인대**, 뼈와 근육을 결합하는 **힘줄**에 매우 중요한 역할을 한다.

인대와 힘줄은 장력이 뛰어나지만 이따금 격렬한 스포츠 활동으로 파열되기도 한다. 장력은 콜라겐 구조 때문에 생긴다. 이 단백질은 펩타이드 사슬이 나선형 구조로 결합하는데, 나선형 구조는 다시 수소결합을 함으로써 더욱 안정화된다. 콜라겐은 **피부** 이외에도 **치아**와 **뼈**를 구성한다. 뼈에는 콜라겐섬유에 무기질이 결합되어 있다. 콜라겐을 처음으로 이용한 것은 뼈와 밀접한 관련이 있다. 왜냐하면 뼈를 이용하여 처음 아교를 만들었기 때문이다. 일반적으로 아교는 뼈의 지방을 제거하고 분쇄·가열하여 만든다. 아교는 고대 이집트에서는 목재 가공에, 20세기 초까지는 책을 제본하는 데 사용되었으며 오늘날에는 바이올린 제조에 사용되기도 한다. 특수 아교는 토끼의 털이나 물고기의 아가미에서 얻는다.

오늘날의 콜라겐은 **젤라틴** 형태로 이용된다.
젤라틴은 주로 돼지나 소의 피부로 만들며, 여러
식물성 응고제에 대응하는 동물성 응고제이다.
그러나 현재는 광우병 파동 여파로 소의 피부를
이용하지 않고 물고기나 닭의 결체조직을 이용

해 만들거나 캐라지난이나 구주콩나무검 또는 잔탄검 같은 식물성 응고제로
대신하고 있다.

젤라틴도 하이드로콜로이드를 형성해 케이크 위에 끼얹는 젤리나 푸딩으로
사용된다. 젤라틴은 가열되면 녹말처럼 부풀어 오른다. 온도가 높아지면(50℃
부터) 서로 감겨 있는 나선형 구조는 분리되어(수소결합이 느슨해진다) 물 분자
가 나선형 구조 사이에 축적될 공간이 생긴다. 이는 녹말의 경우처럼 상호작
용, 즉 물 분자와 아미노산 수산기 사이의 쌍극자-쌍극자 상호작용으로 가능

해진다. 젤라틴 제품은 녹말 제품들과는 달리
온도에 민감하다. 녹말 제품들은 바싹 구워지
면 단단한 구조를 이루지만, 젤라틴 제품들은
물을 다시 내보낸다. 바로 이것이 쫄깃쫄깃한
꼬마곰 젤리가 입안에서 녹는 이유다.

참고 사항: 변성 - 달걀은 25분만 삶아도 딱딱해진다!

이 말은 녹말 제품과 마찬가지로 단백질이 - 젤라틴도 - 비교적 높은 온도에
서 딱딱해져 고체가 될 수 있다는 것을 의미한다. 이 과정은 달걀프라이를 할
때 관찰할 수 있다. 달걀은 온도가 올라갈수록 점점 고체로 변한다. 이를 화학
적으로는 '**변성**'이라고 한다.

우선 아미노산(1차 구조)과 이황화다리(3차 구조) 사이에서 펩타이드결합을
하는 공유결합을 제외한 다른 모든 상호작용(쌍극자-쌍극자 상호작용, 반데르발

스힘, 수소결합)은 높은 온도에서 해체된다. 이로써 상호작용 기능이 중단되고 단백질은 덩어리가 된다. 즉, 2차 구조와 3차 구조가 와해한다. 낮은 pH 값을 가진 산도 이 같은 효과를 나타낸다. 변성이 진행되면 대부분 원상태로 되돌아갈 수 없다. 다시 말해, 변성은 불가역 과정이다.

비타민 C를 드세요!

비타민과 **효소**를 완벽하게 설명하려면 엄청난 규모의 작업이 필요하다. 또한 이 작업은 생물학과도 연계되어야 한다. 하지만 여기서는 기본적인 기능방식을 설명하는 정도로 만족할 것이다. 효소는 '**생체 촉매**'라고도 한다. 화학에서 촉매는 화학반응을 촉진하는 물질을 말하며, 반응할 때 자신은 변화하지 않는다. 니켈 촉매는 앞에서 수소화 반응을 다룰 때 이미 설명했다. 니켈 촉매는 불포화 지방산이 낮은 온도에서 수소가 결합할 수 있도록, 다시 말해 수소화 반응을 할 수 있도록 돕는다. 생명체에서 이러한 기능을 담당하는 것이 바로 효소이다. 화학반응을 촉진하기 위해서는 일반적으로 온도를 높이는데, 이는 우리 몸도 마찬가지이다. 하지만 우리 몸의 온도는 37℃가 정상이고, 열이 날 때는 최고 40℃에서 41℃까지 올라간다. 체온이 42℃ 이상 되면 위험하다. 이렇게 되면 효소와 다른 단백질(혈액 속의 전달 단백질)이 변성되면서 기능을 멈춘다.

일반적으로 모든 반응은 온도가 높을수록 화학반응 속도가 커지고 활발해지지만, 효소는 특정한 온도 범위를 넘어서면 효소의 단백질 분자구조가 변형을 일으켜 오히려 활성이 떨어진다.

그래서 우리 몸이 정상일 때는 효소가 낮은 온도에서도 신진대사에서 화학반응이 원활하게 진행될 수 있도록 한다. 효소는 우리 몸에서 복잡한 화학반응을 촉진하는데, 이러한 일을 하는 것은 대개 구상 효소의 **활성중심**이다.

활성중심은 기질과 결합하는 곳이다. 기질과 효소의 결합은 두 가지 효과를 발휘한다. 첫째, 이 결합은 선택적이다. 즉, 기질에 맞는 효소는 정해져 있다. 다시 말해 효소는 아무 반응이나 하지 않고 특정한 기질에 선택적으로 반응한다. 한 가지 효소는 한 가지 반응 또는 매우 유사한 몇 가지 반응에만 선택적으로 작용하는 기질 특이성을 가지고 있다. 효소의 기질 특이성이란 효소와 기질이 마치 자물쇠와 열쇠의 관계처럼 공간적 입체구조가 꼭 들어맞는 것끼리만 결합하는 것을 말한다. 둘째, 기질과 효소의 결합은 효소에 의해 기질이 반응하는 것을 의미한다. 기질은 효소에 의하여 반응속도가 커지는 물질, 즉 효소에 의하여 촉매작용을 받는 물질을 말한다. 기질과 효소(활성중심)의 상호작용은 활성중심의 공간적인 구조에 의해 결정된다. 이런 공간적인 구조가 높은 열이 날 때와 같은 극한 상황에서 변화하면 효소는 기능을 멈춘다.

효소에 의해 콜라겐이 생성될 때는 2개의 아미노산이 중요한 역할을 한다. 즉, 프롤린과 라이신이다. 이들의 구조는 효소와 관련해서는 큰 의미가 없다. 이 아미노산들이 콜라겐에서 제 기능(나선형 구조 사이의 수소결합을 강화시키고 여러 콜라겐섬유를 서로 결합하는 기능)을 발휘하기 위해서는 효소를 통해 수산기를 얻어야 한다. 이러한 반응을 '하이드록시화'라고 한다. 이 반응에서 프롤린과 라이신은 각각 다른 효소로부터 수산기를 얻는다. 그 결과물이 하이드록시 프롤린과 하이드록시 라이신이다. 효소는 이제 - 이는 모든 효소에 적용된다 - 기질과의 반응에 따라 어미에 '아제'라는 명칭을 얻는다(예: 프롤릴 하이드록실라아제, 라이실 하이드록실라아제).

이는 비타민 C와 어떤 관계가 있을까? 비타민 C를 충분히 섭취하지 않았을 때 생기는 **괴혈병**에 대해서는 앞에서 이미 설명했다. 괴혈병은 결체조직 이완을 초래할 수 있다. 앞에서 말한 효소들은 **비타민 C**가 있을 때만 아미노산의 하이드록시화를 수행할 수 있다. 이런 효소들을 '**보조효소**'라고 하며, 이온도 이런 기능을 수행할 수 있다. 이런 이온은 무기질 또는 미량원소로 유기체에 투입되어야 하는 금속 양이온이다. 콜라겐을 만들 때는 아연도 필요하다. 또 다른 금속 양이온으로는 구리, 망간, 셀레늄, 철 등의 양이온이 있다. 보조효소의 접두어 Co(또는 Ko, Kon, Kol)는 '함께'를 뜻하는 라틴어 cum에서 유래하며, 제 기능을 발휘하는 콜라겐을 만들기 위해서는 모든 요소가 조화를 이루어야 함을 뜻한다. 비타민 C가 없으면 프롤린과 라이신의 하이드록시화는 이루어지지 않고, 나선형 구조나 콜라겐섬유의 안정화도 이루어지지 않는다. 그 결과가 바로 결체조직 이완과 괴혈병이다.

머리카락과 관련된 케라틴

케라틴은 콜라겐과 마찬가지로 구조 단백질에 속한다. 내부의 세포구조 형성에 관계하는 다양한 케라틴이 존재하는데 여기서는 유기체의 피부, 뿔, 머리카락, 손톱과 발톱 등과 같은 각질과 관련된 케라틴을 설명하겠다. 동

물에 따라서는 특정한 케라틴을 갖는 경우도 있다. 예를 들어 깃털은 새들만 만들 수 있다. 파충류의 비늘 껍질과 포유류의 머리카락도 마찬가지이다.

그 밖에 다양한 척추동물이 또 다른 케라틴을 갖는다. 포유류의 손톱과 발톱, 새의 부리, 말의 발굽 등이 그것이다. 케라틴이라는 말은 '뿔'을 뜻하는 그리스어 keratos에서 유래한다. 케라틴들은 탄성과 강도에서 차이가 나는데,

이는 기본물질의 합성방식과 결합의 차이 때문이다. 포유류의 **머리카락**은 약 80%가 단백질, 10~15%가 물, 나머지 5~10%는 무기질과 지방으로 구성된다. 머리카락 단백질의 대부분을 차지하는 것은 케라틴과 아미노산인 시스테인이다. 이 아미노산은 SH기를 가지고 있어 이황화(디설파이드)다리를 형성할 수 있다.

머리카락은 놀라울 정도로 천연섬유와 구조가 유사하다. 머리카락 세포의 구조에서 전형적인 특징은 동일하게 구성된 작은 단위가 모여 큰 단위를 형성하는 것이다. 머리카락의 케라틴 단백질은 콜라겐과 유사하게 나선형 구조를 이룬다. 2개의 케라틴 나선형 구조는 서로 감겨 슈퍼나선형 구조를 형성한다. 이런 슈퍼나선형 구조는 다시—서로 감겨—좀 더 굵은 가닥을 형성한다. 이런 가닥들이 모여 다발을 형성해 더 굵은 가닥이 만들어진다. 이 굵은 가닥들이

모여 '메둘라'로 불리는 수질층을 형성하고, 이 수질층을 표피층이 둘러싼다. 표피층은 겹겹이 덮힌 구조로 되어 있으며, 머리카락의 내부를 보호한다. 표피층세포의 성질이 머리카락의 윤기를 결정한다. 머리카락은 두께에 따라 90~100g의 장력을 견딜 수 있다. 이황화다리는 머리카락이 직모인지 곱슬머리인지를 결정하거나 뿔이 무른지 딱딱한지를 결정한다. 무소의 뿔에는 일반적으로 호랑이의 발톱보다 이황화다리 수가 더 많다.

단백질섬유에서도 이황화다리가 차이를 가져온다. 예를 들어 양이나 낙타의 털로 만든 모섬유에는 명주실보다 이황화다리가 훨씬 많이 포함되어 있다. 이 때문에 양모가 더 잘 감기고 탄성도 크다. 이와는 반대로 명주실은 견고하

다. 양모와 명주실은 동물성 섬유이고, 면화 는 순수한 식물성 셀룰로오스섬유이다.

명주실은 단백질인 피브로인(70~80%)과 세 리신(20~30%)으로 이루어진다. 피브로인은 섬유 형태의 단백질 사슬로 구성되는데, 이 사슬은 아미노산 배열이 '글리신－세린－글리신－알라닌－글리신－알라닌'의 순서로 이루어진다. 따라서 피브로인은 천연 폴리아미드라고 할 수 있으며, 나선형 구조가 일부 들어 있지만 부분결정성이 있는 **접힌 결정 구조**를 이룬 다. 세리신은 껍질 형태로 피브로인을 감싸며, 특수한 구조 때문에 명주실에 윤택을 부여한다. 화학자들은 세리신의 인공물질을 만들기 위해 노력했지만, 지금까지 성공을 거두지 못하고 있다. 그만큼 이 단백질의 구조는 특이하다. 어떤 거미줄은 강철보다 4배나 견고하고, 3배 이상 늘릴 수 있다. 결론적으로 말해 자연은 화학자보다 훨씬 뛰어나다!

바이오플라스틱: 폐기물 처리의 새로운 방법

플라스틱을 퇴비로 사용할 수 있다면 전 세계적으로 골치 아픈 폐기물 문제 의 궁극적인 해결책이 될 수도 있다. 물론 아직 바이오플라스틱의 사용률은 1%에도 미치지 못한다.

유럽의 전문가들은 이 비율이 2020년에는 10%로 증가할 것이라고 예상 한다. 또한 바이오플라스틱의 비율을 높이기 위해 광범위한 노력을 펼치고 있다.

바이오플라스틱이라는 말은 다음과 같은 두 가지 의미로 사용된다.

1. 생물학적으로 분해될 수 있는 고분자

이 고분자에서는 퇴비로 쓸 수 있는지가 관건이다. 유럽에서는 퇴비로 쓸 수 있는지를 심사하는 엄밀하고 객관적인 인증 기준이 있다. 그림과 같은 인증 표시가 된 제품들은 재생 가능한 원료의 비율이 높다. 물론 화석원료로 생산 되기는 하지만 퇴비로 쓸 수 있는 합성고분자(예: 일부 폴리에스터)도 있다.

퇴비로 쓸 수 있는 바이오플라스틱은 다음과 같다.

a) 녹말(녹말 제품)

b) 발효 공정으로 생산되는 락트산중합체(PLA)

c) PHA(폴리하이드록시알카노에이트)형의 폴리에스터

　　(예: PHB, PHV)

d) 변성 셀룰로오스

e) 원유나 천연가스에서 합성한 폴리에스터

kompostierbar
퇴비로 쓸 수 있는
플라스틱

2. 재생 가능한 원료로 만든 고분자

여기서 재생 가능한 원료란 석유나 석탄 같은 화석원료가 아닌 설탕, 녹말, 식물성기름, 셀룰로오스 등 천연물을 말한다. 가장 널리 이용되는 것은 옥수수, 감자, 곡물, 사탕수수 등인데 이러한 의미의 바이오플라스틱이 모두 생 물학적으로 분해되거나 퇴비로 쓸 수 있는 것은 아니다.

퇴비로 쓸 수 없는 바이오플라스틱으로는 다음과 같은 것들이 있다.

a) 바이오프로판디올(PDO)로 만드는 폴리에스터

b) 아주까리기름으로 만드는 특수 폴리아마이드

c) 바이오에탄올로 만드는 폴리에틸렌(PE) 또는 염화비닐 수지(PVC)

참뙈: '생물학적으로 분해될 수 있는', '퇴비로 쓸 수 있는', '화학적으로 분해될 수 있는' 이라는 세 가지 개념은 서로 구분되어야 한다.

생물학적으로 분해되는 물질이란 미생물이나 유기체의 효소 작용으로 자연적인 분해과정이 이루어지는 물질을 의미한다. 이런 분해과정은 분해 산물이 미생물에서 생물학적으로 흡수되면서 끝난다(세포의 신진대사에서 분해 산물이 흡수된다＝바이오동화). 이런 분해과정의 최종 산물은 물, CO_2, CH_4(메탄), 환경유해 잔재물, 새로운 생체물질 등으로, 생물학적 분해는 퇴비로 만들 때와 비교하면 비교적 낮은 온도(28℃)에서 최고 12개월 정도의 시간이 더 걸린다.

퇴비로 쓸 수 있는 물질은 퇴비로 만들 때 해체과정이 진행된다. 해체과정은 생물학적 분해와 일치하기 때문에 흔히 이 두 개념은 동의어로 사용된다. 왜냐하면 최종 산물이 물, CO_2, CH_4, 새로운 생체물질, 무기화합물, 눈에 보이거나 보이지 않는 유독성 잔재물 등이기 때문이다. 해체과정에서는 시간이 결정적인 역할을 한다. 퇴비로 만들 때는 퇴비화 시설이 중요하며, 퇴비화에 걸리는 시간은 약 58℃에서 6개월 이내이다. 퇴비로 쓸 수 있는 바이오플라스틱이 반드시 생물학적으로 분해되는 것은 아니다. 하지만 생물학적으로 분해될 수 있는 바이오플라스틱은 퇴비로 쓸 수 있다.

화학적으로 분해되는 물질이란 원래 발효처리 물질을 말한다. 이 물질들은 물리학적·화학적·생물학적 처리를 통해 발효되어 해체되는데, 우리 눈으로 직접 볼 수는 없다. 하지만 이 물질들은 지속적으로 우리의 주변 환경에 남는다. 한때 폴리에틸렌으로 만든 플라스틱 봉지가 유명해진 적이 있었다. 생산자들이 플라스틱 봉지가 생물학적으로 분해되며 퇴비로 쓸 수 있다고 선전했기 때문이다. 이는 폴리에틸렌에 첨가제가 투입되어야 가능한데, 이 첨가제가 안정된 플라스틱을 분해하며, 이러한 첨가제로 중금속 염이 사용된다. 하지만 중금속 염은 미세먼지로 자연을 오염시킨다.

앞으로 바이오플라스틱이 성공을 거둘지는 소비자의 판단에 달렸다. 바이오플라스틱을 개별적으로 살펴보기 전에 먼저 활용 분야를 소개한다.

a) 퇴비로 쓸 수 있는 생분해성 쓰레기 포대 또는 운반용 봉투: 독일에서는 1년

에 약 50억 개의 플라스틱 봉투가 생산되는데, 이는 1인당 평균 65개의 플라스틱 봉투를 이용하는 셈이다. 또한 전 세계적으로 한 사람이 평생 사용하는 플라스틱 봉투는 약 13,000개로 이는 환경에 치명적인 해를 입힌다. 플라스틱 봉투는—올바른 방법으로 폐기되지 않거나 계속 이용되면—자연적으로 분해되는 데 100년 이상 걸린다고 알려져 있다. 따라서 퇴비로 쓸 수 있는 플라스틱 봉투는 앞으로 생분해용품 시장에 진출할 수 있을 것이다. 미국이나 중국의 일부 도시에서는 이미 플라스틱 봉투 사용이 금지되었다. 영국에서도 이에 상응하는 조처가 내려져 플라스틱 봉투는 8억 7천만 개에서 4억 5천만 개로 거의 절반으로 축소되었다. 생분해성 쓰레기 봉투의 이용을 확대하면 폐기물저장소의 부담을 덜 수 있고 퇴비화 과정과 퇴비의 질을 개선할 수 있다.

b) **생분해성 멀치 필름**: 밭이나 비닐하우스의 온도를 높이거나 유지하기 위해 사용한 멀치 필름을 들이나 밭에 그대로 방치해도 자연적으로 분해된다. 이는 노동력과 폐기비용을 절감시킨다.

c) **대규모 집회나 가판대에서 사용되는 일회용 제품**: 컵, 접시, 포크, 숟가락 등의 일회용 제품 사용 후 음식물찌꺼기와 함께 퇴비로 사용할 수 있다.

d) **보존 기간이 짧은 식품의 포장재**: 과일과 채소 또는 고기를 담는, 퇴비로 쓸 수 있는 통이나 그물망 등을 말한다. 이 포장재는 식품의 유효기간을 늘릴 수 있어 식품을 더 오랫동안 판매할 수 있다. 이 포장재는 퇴비화시킬 때 함께 폐기된다.

e) **통이나 병**: 탄산이 들어 있지 않은 음료나 유제품을 담는 바이오플라스틱 병(PLA)은 부분적으로 페트병을 대체할 수 있다.

f) **의료기술 분야**: 특수 바이오플라스틱은 근래에 들어 수술용 실이나 임플

란트에 사용되고 있다. 현재는 값이 비싸서 제한적으로 사용되고 있지만 앞으로 이용범위가 넓어질 것이다.

g) **전자제품 분야**: 노트북이나 휴대전화의 외장재, 스포츠화, 스키화, 자동차의 내장재 등으로 사용되는 내구성 있는 바이오플라스틱은 아직 초기 단계이지만 발전 가능성이 크다.

플라스틱계의 떠오르는 별

역사는 반복되기 마련이듯 플라스틱의 역사도 거기에서 벗어나지 않는다. 천연고분자를 변성시킨 구식 플라스틱이 다시 유행하기 시작하면서 새로이 르네상스 시대를 맞고 있다. 무한한 자원에 눈을 돌릴 수밖에 없기 때문인데, 몇 가지 예를 살펴보겠다.

다당류 중에서 많이 사용되는 것은 녹말과 셀룰로오스이다. 녹말은 **열가소성 녹말**(TPS) 형태인 녹말고분자로 사용된다. 먼저 밀, 옥수수, 감자에서 재생 가능한 원료를 얻어 정제한 다음, 압출기에서 물을 첨가해 해체한다. 열을 가해 역학적으로 가공하면 녹말은 자연적인 구조를 잃게 된다. 이렇게 처리된 녹말이 열가소성을 띠기 위해서는 천연유화제인 글리세롤이 첨가되어야 한다. PVC와 마찬가지로 글리세롤에 의해 아밀로오스 사슬과 아밀로펙틴 사슬 사이의 간격이 벌어져 고분자 사슬의 이동이 가능해지면 이렇게 가공된 녹말은 생물학적으로 분해 가능한 플라스틱(예: 폴리에스터)과 함께 다시 가공된다. 이렇게 되면 녹말은 물을 흡수하는 능력을 상실한다.

열가소성 녹말의 시장점유율은 바이오플라스틱 분야에서 80%를 차지해 대표적인 제품으로 자리 잡고 있다. 열가소성 녹말은 포일, 호스, 운반용 봉투, 요구르트 통, 화분, 포크, 숟가락, 접시, 커피 잔, 음료수 컵, 기저귀용 포일 그리고 식품 포장재 등으로 가공된다.

셀룰로오스는 셀룰로오스아세테이트(CA: 셀룰로오스아세트염)로 에스터화 된다. 셀룰로오스의 OH기들이 식초산의 카복실(COOH)기와 반응하여 에스터가 된다. 셀룰로오스에 들어 있는 3개의 OH기가 모두 에스터화되는지, 아니면 OH기 일부가 남는지에 따라 셀룰로오스 트리아세테이트(CTA) 또는 셀룰로오스 다이아세테이트, 셀룰로오스 아세테이트가 된다. 셀룰로오스 다이아세테이트는 직물과 조직으로 가공되는데 이런 아세테이트섬유로 만든 직물은 천연견사와 유사하게 보이기 때문에 '**인조견사**(레이온)'라고 한다. 인조견사는 블라우스, 셔츠, 넥타이, 담배 필터 등을 만드는 데 사용된다.

트리아세테이트(TAC) 필름은 컴퓨터 모니터나 휴대전화 액정화면의 포일로 사용된다. 구두끈 끝 부분의 외피도 셀룰로오스 아세테이트로 만든다. 셀룰로오스 아세테이트는 장력이 뛰어나 각종 용기의 손잡이로도 사용된다.

바이오플라스틱계의 떠오르는 별은 **락트산 수지**(PLA)이다. 이 투명한 바이오플라스틱은 PET와 성질이 유사하다. PLA는 산업용 퇴비화 시설에서 퇴비가 된다(물론 퇴비화의 정도는 PLA를 만들 때 어떤 바이오플라스틱이 함께 가공되는지에 따라 달라진다). PLA는 포장재 포일, 캔, 컵, 병, 접시 등에 사용되며, 의료용과 의약품용으로도 점차 사용범위가 확대되고 있다. 단점은 열가소성 플라스틱인 PLA의 연화온도가 약 50℃로 낮다는 것이다. 이 때문에 접시나 컵으로 사용할 때는 뜨거운 음료나 음식을 담을 수 없다.

또 다른 단점은 재래식 플라스틱과 비교할 때 생산비용이 많이 든다는 것이다. 이는 락트산의 생산비용이 비싸기 때문이다. 락트산은 글루코오스를 발효시키는 생화학적인 방법으로 생산된다. 그럼에도 PLA는 폐기물 문제와 관련해서는 희망의 상징이 될 수 있다.

이제는 지속 가능한 자원이 화두이다. 선진국에서는 여전히 소비 풍조가 만연하고, 우유 가격은 바닥을 치며, 석유 가격은 끝도 없이 오르고 있다. 세계 각국은 화석연료를 쓰지 않고 부작용도 없는 새로운 제품을 개발하려고 노력하고 있다.

한편, 식량으로 사용할 수 있는 밀, 감자, 옥수수, 사탕수수 같은 식물성 원료를 사용하여 바이오플라스틱을 생산하는 것을 문제 삼기도 한다. 지구상 곳곳에서는 여전히 굶주리는 사람이 많다. 단순히 친환경 물질의 생산에만 주목할 수 없는 이유가 여기에 있다. 따라서 기아문제의 해결과 친환경 물질 생산에서 균형을 유지할 수 있는 윤리적 척도가 마련되어야 할 것이다.

우리 삶을 윤택하게
하는 화학 2

이 장에서는 화학적으로 우리 삶을 윤택하게 하는 물질들을 다룰 것이다. 앞의 '우리 삶을 윤택하게 하는 화학 1'에서는 플라스틱만 다루었다. 이제 우리는 전문적인 화학보다는 일상생활에 초점을 맞출 것이다.

씻기, 닦기, 청소하기

제목을 보고 놀랐을지도 모르지만 단순히 청소하라는 명령이나 요청은 아니다. 이 세 가지는 목표가 같다. 바로 청결을 유지하는 것이다. 하지만 자세히 살펴보면 차이가 있다. 바닥은 씻는 것이 아니라 닦는 것이다. 요리 재료인 감자

바닥 닦기.

도 씻는 것이지 청소하는 것이 아니다. 값비싼 양복은 씻거나 닦는 것이 아니라 세탁소에 맡긴다. '닦기'는 많은 일을 포함한다. 바닥을 닦을 때는 문지르고 걸레로 밀어 광택을 낸다. 청소는 비교적 우아한 작업을 말하며 화학적인 요소가 내포된다. 이와 달리 '씻기'는 물과 관련이 있다. 여러분이 씻기, 닦기, 청소하기 중에서 어떤 일을 하든지 간에 적어도 약간의 화학이 – 물리학적인 요소도 약간 들어 있지만 – 포함된다.

같은 것은 같은 것을 녹인다

이는 이제부터 우리가 다룰 문제들에 적용된다. 예컨대 자전거 체인을 끼워 넣을 때는 손에 기름이 묻는데, 기름 때는 물만으로는 씻어낼 수 없다.

이런 작업을 할 때는 물만으로는 오물을 없앨 수 없다.

"같은 것은 같은 것을 녹인다."는 말은 용매와 용질을 말하는 것이다. 용질(녹여야 하는 물질)은 용매에 의해 녹거나 분해된다. 녹는 과정은 물리학적인 과정일 뿐 화학적인 반응이 아니다.

용매는 극성 용매(예: 물)와 비극성 용매(예: 벤진)로 나눌 수 있다. 용질이 어떤 성질을 지니고 있는지에 따라, 다시 말해 극성 물질인지 비극성 물질인지에 따라 적합한 용매를 선택해야 한다. 극성 용매는 물과 잘 결합하는 친수성hydrophilic, 親水性을 띠고, 비극성 용매는 물과 잘 결합하지 않는 소수성hydrophobic, 疏水性을 띤다.

손에 묻은 자전거 체인의 기름을 물로 씻어낼 수 없는 것은 극성 용매(물)가 비극성 용질(체인의 기름)과 만났기 때문이다(같은 것은 같지 않은 것을 녹이지 못한다). 이때는 비누나 세척용 벤진(공업용 휘발유의 일종, 벤젠이 아니다옮긴이)을 이용하면 된다. 이 두 물질은 (전체 또는 부분적으로) 비극성 분자를 지니고 있어 비극성 오물을 녹일 수 있다. 벤진은 알칸에 속하지만, 비누는 지방산 분자 또는 지방산 염이다. 지방산 분자와 비누의 만남에 대해서는 앞의 비누화 반응에서 이미 설명했다. 여기서는 간단히 결과만 요약한다. 지방을 수산화소듐이나 수산화포타슘에 끓이면 비누가 생성된다. 즉, 지방산의 소듐염 또는 포타슘염이 생긴다.

기름과 물이 만나면 섞이지 않고 경계면이 형성된다. 물이 든 컵에 샐러드기름을 넣으면 이러한 경계면이 나타난다. 기름과 물은 각각 다른 물질과 구분되는 자신만의 성질을 나타낸다. 화학에서는 이를 '**상**phase'이라고 한다. 어떤 물질의 어느 부분을 취해도 같은 성질을 나타낼 때, 그 물질은 '하나의 상을 이룬다'고 말한다. 두 상은 경계면에서 구조상의 배척력 때문에 장력의 지배를 받는다. 이처럼 서로 섞이지 않는 두 액체에서 생기는 장력을 '**계면장력**'이라고 한다. 한편 '**표면장력**'은 액체(예: 물)가 공기와 경계를 이룰 때의 장력을 의미한다.

성격이 다른 머리와 꼬리를 갖는 분자는 계면장력과 표면장력을 낮출 수 있다. 앞에서 우리는 유리잔에 물을 가득 채우고 사무용 클립을 물 위에 띄우는 실험을 했다. 그러나 유리잔에 비누나 세제를 넣으면 사무용 클립은 가라앉는다. 그 이유는 무엇일까?

그림에서 도식적으로 나타낸 머리와 꼬리를 갖는 분자에서 극성을 띠는 머리는 극성인 물 쪽

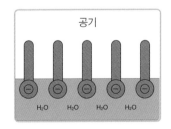

으로, 비극성을 띠는 꼬리는 공기 쪽으로 향하는 것을 알 수 있다. 이렇게 해서 물 표면에 층이 생긴다. 이 층은 물 분자가 표면장력을 유지하기 위한 상호 간의 수소결합을 막는다.

서로 섞이지 않는 (극성과 비극성) 두 액체 사이의 계면장력을 낮출 때도 이와 유사한 현상이 나타난다. 극성을 띠는 분자의 머리는 극성 액체(예: 물)로 향하고, 비극성 꼬리는 비극성 액체(예: 기름)로 향한다. 이 유화액을 흔들면 머리와 꼬리를 갖는 분자가 분산된 혼합물이 유지된다. 이때는 작은 물방울과 기름방울들이 만드는 수많은 계면이 생긴다. 머리와 꼬리를 갖는 분자가 계면에서 매개하는 역할을 하는 것이다. 극성 용매인 물에서 녹는 극성 물질을 '친수성(물과 친한) 물질'이라고 한다. 이 극성 물질은 비극성 지방 또는 기름에서는 녹지 않는다. 이러한 물질을 **소유성**^{oleophobic}(기름에 적대적인) 물질'이라고 한다. 친수성 물질은 소유성이고, **소수성**(물에 적대적인) 물질은 대개 **친유성**(기름과 친한) 물질이다.

서로 섞이지 않아 계면장력이 생긴 두 액체를 매개하는(잘 섞이게 하는) 물질을 '**유화제**'라고 하며 식품이나 화장품에 사용된다. 머리와 꼬리를 갖는 분자의 세탁작용은 이 같은 원칙에 따른다. (일반적으로 극성 부분은 비극성 부분에 비해 작은 편이다. 따라서 극성 부분을 '머리^{head}'라고 하고, 비극성 부분을 '꼬리^{tail}'라고 한다.) 이런 작용을 하는 물질을 '**세제**^{detergent}'라고 한다. 계면장력이 있는 오물과 표면, 오물과 용매(예: 물), 용매와 표면이라는 세 가지 유형이 매개된다. 세제에는 씻고, 닦고, 청소하는 모든 물질이 포함된다.

결론적으로 말해서 유화제와 세제는 계면장력과 표면장력을 약화시키는 역할을 한다. 이러한 물질들을 총칭해서 '**계면활성제**'라고 한다. 계면활성제는 비이온 계면활성제, 음이온 계면활성제, 양이온 계면활성제, 양쪽성(양쪽 이온성) 계면활성제로 구분된다. 이들의 차이점에 대해서는 나중에 다시 설명할 것이다.

모든 계면활성제의 공통점은 극성(친수성/소유성) 물질과 비극성(친유성/소수성) 물질을 매개할 수 있으므로 이 두 가지 성질을 모두 지닌다. 따라서 계면활성제는 친유성을 띠면서도 친수성을 띤다. 이러한 능력을 '**친양쪽성** amphiphilic'('양쪽'을 뜻하는 그리스어 amphi와 '친구'를 뜻하는 philos가 결합한 말이다)이라고 한다. 머리와 꼬리를 갖는 분자의 머리는 극성(친수성)을 띠고, 꼬리는 비극성(친유성)을 띤다. 계면활성제는 이런 성질 때문에 다른 상들을 섞이게 해준다.

계면활성제는 **음이온 계면활성제, 양이온 계면활성제, 양쪽성 계면활성제, 비이온 계면활성제**로 구분되는데, 차이는 머리 부분에 있다. 왜냐하면 모든 계면활성제는 비극성 탄화수소 사슬 형태인 꼬리를 공통으로 갖고 있기 때문이다.

음이온 계면활성제는 (−)전하를 띠는 머리를 갖고 있다. 머리 부분에는 대개 **카복실**(COO^-) 기가 들어 있지만, 술폰산(SO_3^-)기나 황산(SO_4^{2-})기가 들어 있는 경우도 있다. **비누도 카복실기**를 지닌다. 따라서 비누는 가장 오래된 계면활성제라고 할 수 있다. 왜냐하면 동물의 지방에 수산화소듐 또는 수산화포타슘을 넣고 끓인 것이 비누이기 때문이다. 현대식 음이온 계면활성제가 유화제가 아닌 세제로 사용된다면 물속에 포함된 자연적인 석회성분에서 나오는 칼슘 음이온을 지닌 음이온 계면활성제로 석회 비누를 만들 수 있다. 이 물질은 물에 잘 녹지 않기 때문에 세척력이 필요한 계면활성제로는 부적합하다. 따라서 세척작용을 위해 더 많은 계면활성제(다시 말해, 더 많은 세제)를 넣거나 물을 연화시켜야(비누가 잘 풀리는 단물로 만들어야) 한다(이에 대해서는 나중에 다시 다룰 것이다). 이런 단점 때문에 계면활성제 생산자들은 비이온 계면활성제로 눈을 돌리고 있다.

양이온 계면활성제의 머리는 (+)전하를 띤다. 양이온 계면활성제는 암모늄

(NH₄⁺)기로 만든다.

양쪽성 계면활성제는 **카복실**(COO^-) 기와 **암모늄**(NH_4^+)기를 모두 지닌다. 주로 사용되는 것은 베타 계면활성제이다.

비이온 계면활성제는 문자 그대로 이온성 계면활성제가 아니다. 다시 말해, 비이온 계면활성제는 머리 부분에 앞에서 말한 이온들을 지니지 않는다. 비이온 계면활성제는 진짜 전하가 아닌 부분전하를 띤다. 예로 들 수 있는 것은 폴리에틸렌옥사이드(폴리에틸렌글리콜) 공중합체이다.

세제로는 샴푸, 비누, 합성세제, 주방용 세제 등에, 유화제로는 화장품에 사용된다.

완전 세제

어떤 온도에서도 세탁할 수 있는 완전 세제에는 여러 가지 물질이 들어 있다. 이 물질들이 모두 세척작용과 관계가 있는 것은 아니다. 가루나 액체 또는 젤 형태의 세제에는 색을 입히는 색소도 들어 있고, 세척작용과는 관계없이 소비자에게 시각적으로 좋은 이미지를 주기 위한 물질도 들어 있다. 이와 유사한 것으로 **방향제**를 빼놓

을 수 없다. 그런데 아무리 세척력이 뛰어나도 소비자의 구미에 당기지 않으면 구매로 연결되지 않는다. 그래서 이전에는 소비자에게 많은 양을 제공한다는 인상을 주기 위해 세제에 증량제를 넣어 부피를 불리거나 가루 형태의 세제를 선호한다는 이유로 가루 형태를 유지하게 하는 첨가제를 넣기도 했다.

이제 세척작용에 중요한 역할을 하는 내용물을 살펴보기로 하자. 우선 앞에

서 말한 **계면활성제**가 있다. 음이온 계면
활성제는 사용빈도가 점점 떨어지고 있는
데, 이유는 **연수제**가 많이 투입되어야 하
기 때문이다. 연수제를 넣지 않으면 석회
비누가 형성되어 세탁기의 가열 봉에 석
회가 끼거나 옷이 변색한다.

1980년대 이후에는 연수제로서 인산염이 더 이상 사용되지 않고 있다.
인산염은 하수를 통해 강이나 호수 또는 바다로 흘러가 **부영양화**^{富營養化,}
^{eutrophication}(수중생태계의 영양물질이 증가하여 조류가 급
속히 증식하는 현상)를 초래했다. 이 때문에 규산칼슘
이 함유된 **제올라이트**^{Zeolite}를 사용하게 되었다. 제
올라이트는 분자구조 때문에 게의 집게발처럼 마그
네슘이온이나 칼슘이온을 붙잡아 물을 연화시킨다.
EDTA(에틸렌디아민 테트라아세테이트)도 연수제로
사용되는데, 생물학적으로 분해되기 어렵다.

음식물이 튀어 옷에 얼룩이 생기는 일이 있다. 얼룩의 성분은 주로 단백질
이나 녹말인데, 마르면 계면활성제로는 지울 수 없고 효소로 지워야 한다. 이
때문에 세제에 **효소**가 투입된다. 효소의 작용방식에 대해서는 앞에서 설명했

다. 프로테아제는 단백질을 분해하고, 리파아제는
지방을, 아밀라아제는 (녹말의) 아밀로오스를, 셀룰
라아제는 셀룰로오스를 분해한다. 효소가 변성 때
문에 비활성화되는 것을 피하려면 지나치게 뜨거운
물로 세탁해서는 안 되며, 세탁 온도가 60℃를 넘지
않아야 한다. 커피나 차, 적포도주, 케첩, 과일, 시금
치, 풀 등으로 인한 유색 얼룩도 계면활성제만으로

는 지울 수 없다. 이 경우는 **표백제**를 써야 한다. 얼룩은 표백제에 의해 산화되어 사라진다. 이러한 세탁이야말로 진정한 화학 과정이다.

표백제는 원칙적으로 두 가지가 있다. 하나는 염소계 표백제이고, 또 다른 하나는 산소계 표백제이다. 물론 산소계 표백제라 해도 기체 형태의 산소를 투입하는 것은 아니다. 이 때문에 세탁과정에서 산소를 방출하는 고체 화학물질을 찾게 되었다. 그 결과 20세기 초에 **과붕산소듐**^{Natriumperborat}이 개발되었다. '페르실^{Persil}'이라는 제품의 이름은 과붕산소듐의 Per(Perborate)와 규산염^{Silicate}의 Sil을 결합한 것이다. 과붕산소듐은 물속에서 과산화수소(H_2O_2와 붕산수소소듐으로 붕괴한다. 과산화수소는 60℃부터 얼룩을 없애는 산소를 방출하며, 남은 붕산수소소듐은 하수로 버려진다. 이 화합물은 정화시설에서 완전히 제거되지 않기 때문에 결국 생태학적인 위험요소로 남는다. 따라서 그 대안으로 연구된 것이 **과탄산소듐**이다. 과탄산소듐은 기본적으로 과붕산소듐과 유사하게 작용하다. 분해할 때는 과산화수소 이외에 탄산수소소듐이 아니라 환경에 무해한 탄산소듐이 생긴다.

남유럽과 미국에서는 차아염소산소듐(NaOCl)이 사용되는데, 이런 염소화합물은 암을 유발할 수 있다. 그런데 활성제로 **TAED**(테트라아세틸에틸렌디아민)가 투입되면 60℃ 이하에서 표백할 수 있다. TAED는 과산화수소와 반응해 -60℃ 이하에서 -과산화식초산을 만든다. 과산화식초산은 특히 강하게 반응하는 산소를  방출하는데, 이 산소는 '보통' 산소보다 훨씬 더 강력한 표백작용을 한다.

형광 표백제는 흰옷을 더욱 희게 보이게 한다. '**형광염료**'라고 부르는 이 화합물은 옷의 섬유에 착색해 눈에 보이지 않는 자외선을 흡수하고, (400~480 μm의 파장인) 청보라색 가시광선을 복사한다. 생산과정에서부터 섬유에 남게

된 형광 표백제가 유실되면 흰옷은 점점 변색하여 누렇게 되거나 회색으로 변한다. 따라서 세제에 투입된 형광 표백제는 이런 변색을 중화시키거나 덮는 역할을 한다. 이 화합물은 자외선 램프에서 눈으로 직접 볼 수 있다.

그런데 이런 형광 표백제가 사회적으로 논란이 되고 있다. 세탁과정에서 투입된 형광 표백제의 절반만 옷에 남고, 나머지는 생물학적으로 분해되지 않은 채 하수로 흘러가기 때문이다.

완전 세제의 또 다른 성분은 **소포제**이다. 소포제는 거품이 이는 것을 막거나 변색 또는 탈색을 막는다. 세탁과정에서 거품이 이는 것은 원칙적으로 좋은 현상이다. 거품은 계면활성제가 효력을 발휘하고 있다는 것을 나타낸다. 하지만 거품이 너무 많이 생기면 오히려 세탁과정을 방해한다. 이 현상은 특히 **단물**에서 발생하는데, 단물에는 칼슘이온이 부족하기 때문이다. 센물에서는 칼슘이온이 많아 석회 비누를 형성해 계면활성제 일부를 떼어 가기 때문에 거품이 잘 생기지 않는다.

헹군 물에 남은 세제는 거품이 잘 일지 않는다. 이 원리는 변성 소포제에도 적용된다. 변성 소포제는 세척된 후 세척액에 남아 있어야 하는 물질이 이미 세척된 물건이나 섬유에 흡착하는 것을 막는 것으로, 셀룰로오스를 변성시켜 만든다.

세제의 종류는 매우 다양하다. 지금까지 설명한 세제의 성분들은 **완전 세제**의 주성분들이다. 또 다른 세제로는 30~95℃의 온도에서 작용하는 세제들을 들 수 있다. 이 세제들의 차이는 일부 성분이 빠지거나 또 다른 성분들이 부분적으로 추가됨으로써 생긴다. 이 때문에 **컬러세제**나 고급의류 전용세제를 선택할 때는 형광 표백제의 유무도 고려하게 된다. 컬러
세제나 **고급의류 전용세제**에 형광 표백제가 들어 있
지 않은 것은 완전 세제로 빨래를 하다 보면 탈색되
거나 변색하는 경우가 있는데 그런 사고를 막기 위
해서이다. 소포제는 컬러세제와 고급의류 전용세제
에 들어 있어야 의미가 있으며, 표백제가 이 세제에
들어 있다면 엉뚱한 결과가 초래될 수 있다.

지금까지 설명한 세제에는 계면활성제, 연수제, 효
소, 소포제가 들어 있다. 한 가지만 덧붙인다면 컬러세
제는 30~60℃ 사이에서, 고급의류 전용세제는 30℃나 이보다 약간 낮은 온도
에서 효력을 발휘한다.

얼마 전만 해도 손수건을 빨랫줄에서 말
리고 나면 딱딱해지는 일이 있었다. 하지
만 오늘날에는 이런 현상이 거의 나타나
지 않는다. 대부분의 세제에 양이온 계면
활성제가 들어 있기 때문이다.

양이온 계면활성제는 **섬유유연제**의 기능을 한다. 이 성분이 없다면 셀룰로
오스가 건조하여 평행한 구조를 이루고, 엄청난 양의 수소결합을 형성해 딱
딱해진다. 섬유유연제 성분이 첨가되면 셀룰로오스 사슬들 사이에 자리를 잡
게 된다. 그러면 셀룰로오스 사슬들이 수소결합을 작게 형성하게 되어 섬유가
딱딱해지지 않는다. 또 빨래건조기에 손수건을 넣고 말리면 손수건이 부드러
워진다. 이는 손수건이 빨래건조기에서 지속적으로 운동함으로써 셀룰로오스
사슬들이 수소결합을 할 시간이 없기 때문이다. 따라서 섬유유연제를 쓸 필요
가 없다!

이와 유사한 현상은 손수건을 야외에서 말릴 때도 관찰할 수 있다. 바람이

부는 것은 빨래건조기에서 지속적으로 운동하는 것과 유사한 효과가 있다.

얼룩 제거

양탄자에 떨어진 적포도주 자국, 아끼는 셔츠에 묻은 핏자국, 넥타이에 튀긴 케첩 등등을 떠올려 보자. 이 얼마나 낭패인가! 하지만 이런 얼룩들을 없앨 방법이 있다!

섬유 등에 얼룩이 생겼을 때는 침착하게 판단한 다음 재빨리 조처해야 한다. 빠르게 대응할수록 좋다. 섬유에 생긴 얼룩을 마르게 해서는 안 된다. 일단 얼룩이 생기게 한 액체물질을 흡수력 있는 천으로 섬유에서  빨아내야 한다. 얼룩을 문지르면 안 되고 바깥쪽에서 안쪽으로 누르거나 짜내는 것이 좋다. 너무 세게 문지르면 얼룩을 유발한 물질이 섬유 속으로 들어가 버리고 만다. 이는 발생하는 마찰열 때문에 더욱 강화된다. 화학적인 얼룩제거제를 쓸 경우 먼저 옷의 안쪽이나 눈에 보이지 않는 곳에 묻혀보아서 섬유가 이 화학물질에 어떻게 반응하는지를 살펴야 한다.

만약 얼룩이 **특수한 물질** 때문에 생긴 것이라면 그에 상응하는 특수한 방법으로 제거해야 한다. 예를 들어 씹던 껌이 옷에 붙었다면 옷을 봉투에 넣어 몇 시간 동안 냉동시키면 쉽게 제거할 수 있다. 껌의 성분$^{gum base}$은 냉동되면 분자가 얼어붙어 탄성을 잃고 잘 부서지기 때문에 털어내기만 하면 된다. 아이스(쿨)스프레이를 뿌리는 방법도 있는데, 아이스스프레이가 껌 온도를 낮추어 냉동 효과를 거둘 수 있다. 초콜릿 얼룩도 이 같은 방법을 이용하면 쉽게 제거할 수 있다.

혈액이나 그와 유사한 단백질(예: 케첩)로 얼룩이 생긴 옷을 따뜻하거나 심지어 뜨거운 물에 담가서 제거하려는 경우가 있다. 하지만 이렇게 하면 단백질이 변성되어 섬유에 더 강하게 붙는다. 이런 얼룩은 차가운 물로 제거해야 한다.

적포도주 때문에 생긴 얼룩에는 우선 소금을 뿌린다. 소금은 – 얼룩이 마르기 전에 빨리만 사용한다면 – 우선 포도주의 수용성 색소에 반응한다. 포도주의 색소는 수산(OH)기를 지니고 있어서 옷(양모나 셀룰로오스)이나 양탄자의 수산기와 화학적으로 강하게 수소결합을 하여 잘 떨어지지 않는다. 그러나 소금을 뿌리면 소금의 작은 이온들이 섬유와 색소 분자들 사이로 침투해 색소 분자들을 둘러싸서 분리한다. 이때 탄산이 들어 있는 광천수를 첨가하면 더 쉽게 분리된다. 소금을 가루 상태로 유지해주는 물질[예: 탄산칼슘($CaCO_3$)]은 다공성 구조 때문에 적포도주의 색소를 빨아들일 수 있다. 소금에 들어 있는 탄산칼슘의 함량에 따라 탄산이온($CO_3{}^{2-}$)이 적포도주의 수용액에서 분해될 때 물 분자에서 양성자를 얻어 수산화(OH^-)이온을 형성한다. 이런 약알칼리 매질에서 색소는 화학적으로 분해되어 사라진다. 하지만 모든 얼룩을 고급 의류 전용세제로 없앨 수 있는 것은 아니다. 이제 **특수한 얼룩**을 제거하는 비누를 알아보기로 하겠다.

담즙 비누는 얼룩을 없애는 특수 비누이다. 이 비누는 얼룩제거제 중에서는 만능해결사로 통하며, 일반적으로 지방 얼룩(특히 볼펜 자국이나 립스틱 자국)이나 과일 피, 녹말, 차 등으로 인한 얼룩을 제거할 수 있다. 담즙 비누는 액체나 고체 형태로 판매되며 **소의 담즙**이 주성분이다. 담즙은 – 척추동물이나 인간의 담즙 – 지방을 소화하는 데 없어서는 안 되는 액

빨간색으로 표시된 담낭.

체로, 간에서 형성되어 담낭에 축적된다.

담즙은 십이지장으로 분비되어 음식물에 섞인다. 음식물에 포함된 지방은 담즙에 의해 분해된다. 이 과정에서 지방은 유화액으로 변한다. 결과적으로 담즙에 함유된 담즙산염이 특유의 평면구조 때문에 뛰어난 유화제로 작용하고, 음식물이 소장을 통과하는 동안 물에 녹지 않는 음식물 성분이 유화액에 섞인다. 그러면 지방을 소화하는 효소인 리파아제가 이 유화액에 섬세하게 분포된 지방방울을 공격해 지방을 분해한다.

얼룩을 녹이는 물질

특히 제거하기 어려운 것이 바로 **볼펜 얼룩**이다.

볼펜심에는 잉크와 함께 페이스트가 들어 있는데 제조자에 따라 여러 가지를 쓴다. 대개 인체에 해로운 용매(예: 페닐글리콜, 벤질알코올, 부틸글리콜, 프탈레이트)를 포함한 합성수지가 사용된다. 잉크로는 아조색소 등이 사용되며 며칠간 120℃까지 가열하는 공정을 거친다.

이때 암을 유발하는 방향족화합물인 아민과 아닐린, 톨루이딘이 방출된다. 심지어 볼펜으로 글을 쓸 때도 PAH(다환 방향족 탄화수소)나 POP(잔류성 유기오염물질)가 나올 수 있다(252쪽 참조).

칠하기 전에 벽에 붙어 있는 테이프나 볼펜 자국은 제거하는 것이 좋다.

유기용매는 '같은 것은 같은 것을 녹인다'는 원칙에 따라 유기 - 대개 비극성 - 용매를 만나면 녹는다. 이 때문에 담즙 비누는 볼펜 페이스트의 얼룩을 제거할 수 있다. 따라서 지방이 어느 정도 함유된 모든 물질은 페이스트의 용매가 될 수 있다. 심지어 우유도

가능하다. 지방 크림, 우유, 세탁용 벤진, 매니큐어제거제 등이 페이스트를 녹이는 용매로 사용될 수 있다. 헤어스프레이도 추천할 만하다. 헤어스프레이는 용매가 차지하는 비율이 상대적으로 높아 효과가 있다. 이런 것들로도 해결되지 않으면 접착테이프도 도움이 된다. 테이프에 있는 접착물질이 볼펜의 페이스트를 없앨 수 있다.

볼펜 얼룩과 마찬가지로 물품에 부착된 가격표도 골칫덩어리이다. 가격표를 붙인 채로 선물하기는 곤란하고, 그렇다고 떼어내기도 쉽지 않다.

이럴 때는 헤어드라이어의 열이 도움 된다. 가격표를 떼어낸 자리에 남은 찌꺼기는 세탁용

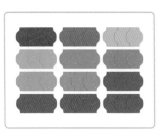

가격표가 항상 다채로운 것은 아니다.

벤진이나 알코올로 제거할 수 있다. 식용유나 마가린 또는 베이비오일도 효과가 있다. '같은 것은 같은 것을 녹인다'는 원칙에 따라 사인펜이나 송진 얼룩도 제거할 수 있다. 즉, 비극성 용매로 알코올이나 테르펜틴을 사용하면 된다.

옷에 묻히지만 않는다면……

옷에 묻은 당근 얼룩도 베이비오일로 제거할 수 있는데, 베타카로틴 색소는 지방에 녹기(친유성이기) 때문이다. 또 세탁한 후에 햇빛에 말리는 것도 도움이 된다. 색소는 강한 태양광선으로 분해(산화)되어 흐려진다.

냄새의 흔적을 찾아서: 사이클로덱스트린

인간의 몸은 후각에 작용하는 수많은 물질의 영향을 끊임없이 받는다. 후각에 작용하는 물질은 냄새의 기초를 이룬다. 후각에 작용하는 개개의 물질은

여러 가지 과정을 거쳐 형성된다.

유기폐기물을 퇴비로 만들 때 부패과정에서 냄새와 관련된 여러 가지 물질이 생긴다. 부패과정의 초기에는 유기 분자가 분해되어 산성 환경이 형성된다.

퇴비 더미는 불쾌한 냄새를 풍길 수 있다.

이때는 주로 알코올과 탄산이 생긴다. 부패과정이 계속 진행되면 단백질(이 단백질에는 아미노산 때문에 시스테인과 황이 함유되어 있다)이 분해되어 황화 유기화합물이 형성된다. 마지막으로는 암모니아가 형성되는 단계이다. 전체적으로 볼 때 후각에 작용하는 물질의 작용은 여러 가지 영향에 좌우되는데, 공기 중의 산소와 반응하거나 빛의 영향으로 물질구조가 변화한다. 온도의 상승도 구조적인 성질(예: 기화 현상)을 변화시킬 수 있다. 이는 냄새의 질에도 영향을 준다. 후각에 작용하는 여러 가지 물질은 서로 혼합될 수 있는데, 이 혼합물의 유기 성분과 무기 성분은 서로 영향을 주어 냄새가 강화되거나 약화한다. 구조적으로 서로 다른 화합물들이 거의 같은 냄새를 낼 수도 있다. 이와는 달리 거울상 이성질체[enantiomer]들은 서로 아주 다른 냄새를 내기도 한다. 그렇지만 후각에 작용하는 물질들의 공통된 특성은 찾을 수 있다. 알코올의 수산(OH)기나 에스터화합물의 에스터(COOR)기는 기분 좋은 냄새를 만들어 내고, 아민의 아미노(NH_2)기는 불쾌한 냄새를 만들어 낸다.

참고 사항: 왜 레몬을 생선에 뿌릴까?

가장 불쾌한 냄새가 나는 아민은 **메틸아민**이다. 메틸아민은 생선 비린내의 주성분이다. 신선한 해산물이나 방금 잡은 물고기는 생선 특유의 냄새가 나지 않는다. 그러나 박테리아가 해산물이나 생선의 단백질과 아미노산에 작용하면 - 오늘날에는 과거에 비해 운송로나 차량이 발달하기는
했지만 그래도 박테리아가 활동할 시간은 충분하다 - 아미
노산인 글리신에서 이산화탄소 분자가 떨어져 나가 메틸아
민으로 전환된다.

$$H - CH - COOH \longrightarrow CH_3 - NH_2 + CO_2$$
$$\underset{NH_2}{|}$$

아민은 양성자주개에 속하며 염기이다. 어떤 물질의 냄새를 맡을 수 있으려
면 그 물질이 휘발성을 띠어야 한다. 즉, 그 물질이 공기를 타고 우리의 코에
전달되어야 한다. 실온에서 기체 상태인 메틸아민은 휘발성이 강하다. 레몬산
이 투입되는 것은 생선 비린내를 없애기 위해서이다. 그러면 메틸아민은 레몬
산으로부터 양성자를 얻어 양이온으로 바뀌어 염이 되기 때문에 더 이상 휘발
성을 띠지 않는다.

냄새는 얼룩과 마찬가지로 흔하게 일어나며 불쾌한 감정을 유발한다. 그래
서 냄새를 '후각적인 얼룩'이라고 부르기도 한다. 씻고 닦고 청소하는 것은 냄
새를 없애는 효과적인 방법이다. 왜냐하면 불쾌한 냄새를 유발하는 것은 우리
가 제대로 신경을 쓰지 않아서 생기는 현상이기 때문이다. 장기간 청소하지
않은 (대개 공공) 화장실에서 나는 냄새는 박테리아가 만든 메틸아민 탓이다.

가정에서 냄새를 막거나 없애기 위해 산을 투입하는 것은 널리 알려진 방법
이다. 생선을 요리한 후에 손에 남은 생선 비린내는 레몬산으로 씻으면 제거
할 수 있다. 또한 곰팡내가 나는 냉장고는 식초로 닦으면 없어진다. 이는 냄새
를 없애는 효과 이외에도 가벼운 살균 효과까지 거둘 수 있는 방법이다. 또 다
른 전략은 좋은 냄새로 불쾌한 냄새를 상쇄하는 것이다. 생선을 요리한 후에
곧바로 빵을 구워보라!

이제 제목에서 예고한 **사이클로덱스트린**에 대해 살펴볼 차례이다. 사이클로덱스트린은 특정한 박테리아의 작용으로 옥수수녹말이 효소에 의하여 분해되면서 생성된다. 이때 투입되는 효소는 사이클로덱스트린글리코실트랜스퍼라아제[CGTasen]이다. 박테리아는 이 효소의 도움으로 아밀로오스에서 잘라낸 6개, 7개 또는 8개의 글루코오스기로 구성된 원형 고리 분자를 만든다. 알파 사이클로덱스트린의 고리는 6개의 글루코오스기로, 베타 사이클로덱스트린의 고리는 7개의 글루코오스기로, 감마 사이클로덱스트린의 고리는 8개의 글루코오스기로 이루어진다. 개개의 글루코오스 분자 구조와 수산기의 위치 때문에 전체적으로 분자들이 모인 원환[圓環]이 이루어지며, 분자 내부는 소수성을 띠고 외부는 친수성을 띤다. 결과적으로 양쪽으로 열린 분자들이 생기는데, 이 분자들은 그 형태와 구성성분이 당이라는 이유 때문에 '**당 분자바구니**'로 불린다.

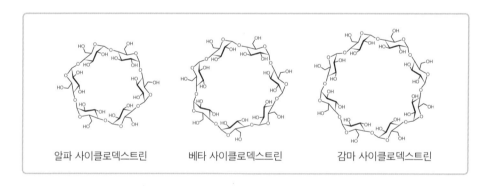

알파 사이클로덱스트린   베타 사이클로덱스트린   감마 사이클로덱스트린

사이클로덱스트린은 속이 비어 있는 내부로 분자들을 끌어들일 수 있다. 이 분자들은 '손님분자'로 불린다. 왜냐하면 이 분자들의 소수성 상호작용 때문에 마치 손님처럼 사이클로덱스트린 분자의 내부로 초대되기 때문이다. 그럼으로써 사이클로덱스트린은 주인분자가 되고 두 성분 간의 관계는 손님과 주인의 관계가 된다. 손님분자가 주인분자와 결합할 때 이 두 분자는 물 분자의

매개로 상호작용한다. 이러한 상호작용으로 인해 사이클로덱스트린은 임의의 방향 물질과 결합해 냄새를 퍼뜨린다.

가장 유명한 예는 **페브리즈**^{Febreze} 제품에 사용되는 사이클로덱스트린이다. 여기서는 사이클로덱스트린의 두 가지 장점이 발휘된다. 첫째, 사이클로덱스트린의 외부는 친수성과 극성을 띠고 있어서, 마찬가지로 친수성과 극성을 띠는 섬유에 수소결합을 통해 장시간 흡착할 수 있다. 이 때문에 페브리즈 제품을 뿌린 섬유는 오랫동안 향을 풍길 수 있다. 또한 손님분자는 사이클로덱스트린 주인분자의 소수성 내부에서 방향제 형태로 사이클로덱스트린이 없는 향보다 더 오래 흡착할 수 있다. 이 역시 페브리즈 제품이 오랫동안 향을 풍길 수 있는 이유이다.

손님분자　　　　사이클로덱스트린 분자　　　　물 분자

사이클로덱스트린을 사용하는 범위는 매우 넓다. 섬유업계는 사이클로덱스트린을 섬유에 고착시킬 방법을 연구하고 있다. 방향 물질이 느린 속도로 방출되는 방법이 개발되면 뿌려야 할 양을 줄일 수 있다. 또한 땀 냄새를 유발하는 박테리아를 흡수하는 방법이 개발되면 땀 냄새를 막을 수 있을 것이다.

마분지상자는 부분적으로 폐지를 이용해 생산하기 때문에 독특한 냄새가 난다. 그래서 마분지상자로 포장한 식품에는 상자 냄새가 스며들 수 있다. 따라서 이런 식품은 사이클로덱스트린이 함유된 녹말 포일로 포장한다. 이렇게 하면 마분지상자에서 나오는 냄새가 없어진다. 또한 박하담배에 들어 있는 박하는 사이클로덱스트린에 붙잡혀 있다가 불에 타면서 방출된다.

일반적으로 사이클로덱스트린은 향료 식품에 널리 사용된다. 방향제는 식품에 사이클로덱스트린이 투입될 때 더 오래 작용할 수 있으며, 개별 식품의 보존기간도 더욱 늘어난다. 냄새뿐만 아니라 쓴맛도 사이클로덱스트린으로 제거하거나 첨가할 수 있다. 미국에서는 쓴맛을 없애기 위해 자몽 주스에 사이클로덱스트린이 투입된다. 이처럼 다용도로 사용되기 때문에 사이클로덱스트린을 '기적의 분자'라고 불러도 손색이 없을 것이다.

XIV

우리 삶을 더욱 멋있게 하는 화학

여성뿐만 아니라 요즘엔 남성들도 치장하거나 화장을 한다. 화장품은 예쁘게 보이게 한다. 물론 이것이 화장품의 유일한 용도는 아니다. **화장품은** 신체관리에도 이바지한다. 따라서 화장품은 크게 두 가지 분야로 나눌 수 있다. 하나는 **색조**^{makeup} **화장품**으로, 대개 색소로 외모를 변화시킨다(예: 립스틱, 머리카락 염색제, 마스카라 등). 또 하나는 **관리용 화장품**이다(예: 로션, 크림, 샴푸, 오일, 치약, 세정용 제품, 목욕용 제품 등).

화장품 중에서 가장 많이 사용되는 것은 두발세척용 제품으로 연간 13만 t 이상 생산되고, 그다음은 연간 10만 t이 생산되는 목욕용 제품이다. 연간 7만 t이 생산되는 치약이 그다음 순서를 차지한다. 관리용 화장품이 1~3위를 휩쓸고 있다. 색조 화장품인 머리카락 염색제는 연간 55,000t이 생산되어 4위를 차지한다. 이 모든 제품이 화학과 밀접한 관계가 있다.

화장품 성분 국제명명법

샴푸 병에 적혀 있는 성분표시를 주의 깊게 읽어 본 적이 있는가? 읽어본 적이 없다면 잠깐 숨을 돌리고 샴푸 병의 뒤쪽을 찬찬히 살펴보라.

성분이 내용물을 가리킨다는 것은 누구나 잘 알고 있다. 성분은 주로 영어로 표시되어 있는데, 아무리 읽어도 이해되지 않을 것이다.

성분표시에 주의할 것.

샴푸 병의 성분표시에서 볼 수 있는 것은 **화장품 성분 국제명명법**[INCI: International Nomenclature of Cosmetic Ingredients]이다. 1997년 말부터 유럽연합의 모든 국가는 화장품의 성분을 통일적으로, 즉 **응축액의 함량 순서에 따라 영어**로 표시하고 있다. 명칭이 전 세계적으로 통일되어 있는 셈이다. 영어가 쓰이는 이유는 화장품 분야에서 성분의 화학명칭이 90% 이상 영어 약자로 되어 있기 때문이다. 하지만 이 약자는 원래의 화학명칭과는 아무런 관련이 없다. 간혹 식물성 성분을 표시하는 **라틴어**가 등장하기도 한다. 라틴어는 스웨덴의 자연연구가 카를 폰 린네[1707~1778]의 분류체계에 따르고 있다. 예를 들어 성분 'CITRUS AURANTIUM DULCIS PEEL EXTRACT'는 '(달콤한) 오렌지'를 뜻하는 라틴어 CITRUS AURANTIUM DULCIS와 '껍질'을 뜻하는 영어[peel] 그리고 '추출물'을 뜻하는 영어[extract]가 결합한 것이다(차라리 '오렌지 껍질 추출물'이라고 표시된다면 얼마나 좋겠는가?). 마찬가지로 유럽의 약품 서지에 따라 일상적인 물질들도 라틴어로 표시된다. 예를 들어 '물'은 AQUA로 표시된다. 향수 오일의 명칭은 PARFUM으로, 방향제의 명칭은 AROMA로 표시된다.

색소는 컬러색인번호로 표시된다(예: CI 14700). 색조 화장품은 흔히 여러 가지 색조로 판매된다. 이 제품들은 상대적으로 크기가 작아 색소를 모두 표시하지는 않는다. 여러 색소를 나열할 때는 꺾쇠 안에 '+/-' 부호를 쓴다(예: +/- CI 14700, CI 47005 등). 제품의 포장 갑에 표시할 자리가 없을 때는 내용설명서에 표시한다.

표시에 대해 지나치게 자세한 내용은 생략하고 각각의 성분 기능에만 한정한다. 현재는 총 8,000가지 이상의 성분이 표시되고, 63가지 기능이 표시되고 있다.

샴푸의 성분

이처럼 화장품 성분 국제명명법(INCI)을 통일하는 이유로 자주 언급되는 것은 알레르기 환자를 위해 정확하고도 상세한 명칭이 필요하다는 점이다. 이 책의 필자인 나도 알레르기 환자여서 오랫동안 사용해온 샴푸의 성분을 INCI와 비교해보았다.

샴푸 병에 표시된 성분은 다음과 같다.

INGREDIENTS:Aqua, Sodium Laureth Sulfate, Cocamidopropyl Betaine, CocoGlucoside, Bishydroxyethyll Dihydroxypropoyl Dtearammonium Chloride, Cocamide Mea, Triticum vulgare, Hydrolyzed Wheat Protein, Polyquaterninum10, Ethylhexyl Methoxycinnamate, Benzophenone4, Malic Acid, Benzyl Alcohol, Disodium EDTA, Sodium Chloride, PPG9, DMDM Hydantoin, Methylparaben, Propy; paraben, Parfum, CI 14700, CI 47005.

신체관리용품의 기능	AQUA	SODIUM LAURETH SULFATE	COCAMIDOPROPYL BETAINE	COCO-GLUCOSIDE	STEARAMMONIUM CHLORIDE"	BISHYDROXYETHYL DIHYDROXYPROPYL	COCAMIDE MEA	TRITICUM VULGA RE BRAN EXTRACT	HYDROLYZED WHEAT PROTEIN	POLYQUATERNIUM-10	ETHYLHEXYL METHOXYCINNAMATE	BENZOPHENONE-4	MALIC ACID	BENZYL ALCOHOL	DISODIUM EDTA	SODIUM CHLORIDE	PPG-9	DMDM HYDANTOIN	METHYLPARABEN/ PROPYLPARABEN	PARFUM
용매(친수성/친유성)는 다른 물질들을 분해하거나 그 물질들을 용액 속에 유지한다.	X													X						
세척 기능: 신체 표면을 깨끗하게 한다.		X	X	X																
유화 기능: 서로 섞이지 않는 액체들의 계면장력을 변화시켜 유화액을 형성한다.		X					X													
거품 형성 기능: 공기나 기체발포를 작은 양의 액체에 넣어 표면장력을 변화시킨다.		X		X																
계면활성제 기능: 화장품의 계면장력을 약화시키고, 사용할 때는 골고루 퍼지게 한다.		X	X	X			X													
정전기 억제 기능: 표면(예: 머리카락)의 전하를 중화시켜 정전기를 줄인다.			X			X			X	X										
거품 강화 기능: 부피를 키우고 내구성을 강화시켜 이미 생긴 거품의 질을 개선한다.			X				X													
머리카락의 조절 기능: 머리카락을 부드럽게 하고 머리카락에 윤기와 볼륨을 준다.			X						X											
점착성 조절 기능: 화장품의 점착성을 높이거나 줄인다.			X				X						X	X	X					
유화액 안정 기능: 유화액 형성을 지원하며, 유화액의 내구성과 지속성을 개선한다.							X													
피부 관리 기능: 피부를 좋은 상태로 유지하게 한다.								X	X					X						

성분 / 신체관리용품의 기능	AQUA	SODIUM LAURETH SULFATE	COCAMIDOPROPYL BETAINE	COCO-GLUCOSIDE	STEARAMMONIUM CHLORIDE"	BISHYDROXYETHYL DIHYDROXYPROPYL	COCAMIDE MEA	TRITICUM VULGA RE BRAN EXTRACT	HYDROLYZED WHEAT PROTEIN	POLYQUATERNIUM-10	ETHYLHEXYL METHOXYCINNAMATE	BENZOPHENONE-4	MALIC ACID	BENZYL ALCOHOL	DISODIUM EDTA	SODIUM CHLORIDE	PPG-9	DMDM HYDANTOIN	METHYLPARABEN/ PROPYLPARABEN	PARFUM
피부 보호 기능: 외부 영향으로 인한 피부 손상을 막는다.								X												
막 형성 기능: 바르면 피부나 머리카락 또는 손톱에 막을 형성한다.										X										
자외선 흡수 기능: 자외선의 영향을 막는다.											X	X								
자외선 필터 기능: 자외선을 걸러내 피부와 머리카락의 손상을 막는다. 표시된 모든 자외선 필터는 유럽연합 화장품 지침의 제7항에 등재된 물질들이다.											X	X								
완충제 기능: 화장품의 pH 값을 안정시킨다.													X							
방부제 기능: 미생물이 화장품에 작용하는 것을 막는다. 표시된 모든 방부제는 유럽연합 화장품 지침의 제6항에 등재된 물질들이다.														X				X	X	
킬레이트 형성 기능: 금속이온 혼합물을 형성해 화장품의 안정성과 외관에 영향을 준다.															X					
부피를 늘리는 기능: 화장품의 밀도를 줄인다.																X				
차단 기능: 제품의 냄새를 줄이거나 막는다.																X				X
탈취 기능: 불쾌한 냄새를 줄이거나 막는다.																				X
방향 기능: 화장품에 향기를 제공한다.														X						X

하지만 이러한 성분표시는 명확하지 않으며, 글자가 작아 잘 보이지도 않는다. 아마도 제품을 살 때마다 성분표시를 철저하게 살펴보는 사람은 많지 않을 것이다. 우리의 관심사는 오직 제품을 사용했을 때 머리카락이 깨끗해지고 좋은 향기가 나는 것이다. 의사가 여러분에게 특정 방부제에 알레르기 증상이 있다고 말했을 때에야 비로소 그 방부제가 어떤 물질인지에 대해 관심을 두게 된다. 그렇더라도 화학명칭만 알면 된다고 생각할 뿐 이렇게 복잡한 INCI까지 신경 쓰는 일은 거의 없다.

샴푸의 경우, 성분표시에서 원칙적으로 다음과 같은 사실을 알게 된다.

- 이 화장품 성분은 20가지 이상의 기능을 한다.
- 성분의 기능과 제품 자체(유화액 또는 방부제) 또한 우리 몸이나 머리카락과 관련된 기능(머리카락을 보호하고 조절하는 기능)을 알 수 있다.
- 재래식 샴푸에 들어 있는 20가지 이상의 성분(성분표시에 명시되지 않은 색소 CI 14700과 CI 47005 포함)을 알 수 있다.
- 여러 가지 성분이 같은 기능을 하기도 한다.
- 같은 성분이 여러 가지 기능을 할 수도 있다.

개의 머리카락도 윤기가 나는가?

지금까지 유화제, 기포제, 계면활성제의 기능에 대해 살펴보았다. 우리는 이 물질들의 작용으로 머리카락을 감을 수 있다. 이 과정에서 머리카락과 두피에서 오물과 지방이 분리된다. 이것이 깨끗하게 감은 머리카락에서 '윤기가 나는' 이유이다.

이러한 점에서 샴푸의 역할은 목욕 세제와 거의 차이가 없다. 이 때문에 피부와 머리카락에 동시에 사용하는 겸용 제품이 존재한다. 특수 샴푸(예: 지방질이 많거나 손상된 머리카락을 위한 샴푸)는 성분의 혼합에 차이가 있을 뿐이며, 각각의 '머리카락 문제'에 맞추어 생산된다.

킬레이트를 형성하는 EDTA(에틸렌디아민 테트라아세테이트) 같은 물질에 대해서는 앞에서 이미 설명했다. EDTA는 생물학적으로 분해되지 않기 때문에 수질을 오염시킨다. EDTA가 환경에 유입되면 강이나 바다의 퇴적물에 들어 있는 중금속을 녹여 다른 생물체에 부정적인 영향을 줄 수 있다.

이 샴푸에서는 점도 조절과 부피를 늘리는 기능을 위해 5가지 성분이 투입된다. 이런 기능 때문에 샴푸 병을 심하게 흔들고 나서 샴푸를 손에 부으면 샴푸 홍수 사태가 발생한다.

'HYDROLYZED WHEAT PROTEIN'이라고 표시된 것은 '가수분해밀단백질'로서 밀기울에서 추출한 물질 Triticum vulgare Bran Extract과 더불어 이 샴푸에 들어 있는 몇 안 되는 두피 보호제이다. 'Malic Acid'는 사과산이고, 'Sodium Chloride'는 소금(염화소듐)을 뜻한다.

이 샴푸에서 단점으로 지적할 수 있는 것은 합성 방부제의 함유이다. 화학 방부제인 파라벤Paraben류는 알레르기를 유발한다는 의심을 받고 있다. 파라벤류는 원래 박테리아를 공격하는 것이지만 이보다 공격범위가 넓다. 즉, 파라벤류가 피부에 흡수되는 'DM DM Hydantoin'은 **포름알데하이드**Formaldehyde의 일종으로 암을 유발한다는 의심을 받고 있다. 소량으로도 피부 점막을 손상해 피부 노화를 가져올 수 있다. 이 'DM DM Hydantoin'은 일본에서는 2001년부터 씻어내는 제품(예: 린스 오프 클렌저Rinse Off Cleanser)에만 사용이 허용되고 있다. 일본에서는 방부제가 함유되어 있을 경우에는 다음과 같은 경고가 붙는다.

"어린이나 포름알데하이드에 민감하게 반응하는 사람은 사용하지 마시오."

색소 CI 14700은 - 이 역시 위험소지가 있다 - 아조azo 색소에 속한다. 이 물질은 유기 색소로서 1개 또는 여러 개의 아조(N=N)기를 지니고 있다. 아조기는 2개의 방향족 치환체(벤젠고리)와 결합한다. 아조 색소는 섬유 색소와 식품 색소 그리고 화장품 색소로 널리 사용된다. 아조 색소는 안정되고 강한 색조를 지니며 상호 혼합이 잘된다. 하지만 암을 유발하며 알레르기를 일으킬 수 있다는 의심을 사고 있다.

지금까지 샴푸 병의 성분표시를 살펴보았는데 소감이 어떤가? 첫째, 화장품 성분 국제명명법INCI은 소비자가 이해하기 쉽지 않다. 소비자가 이 같은 명칭을 보고 제품의 기능을 알기에는 많은 어려움이 따른다. 필자도 오랫동안 사용해온 샴푸의 성분이 지니고 있는 위험성에 놀라 다른 샴푸를 찾아야겠다는 결심을 하게 되었다!

머리카락 염색

이제 머리카락 염색에 대해 알아보자. 무엇보다 색소가 문제이다. 머리카락 염색은 여성들에게는 큰 관심사이다. 여성들은 남성들보다 머리카락 모양에 관심이 많고 여러 가지 색을 즐긴다.

머리카락 색은 유전적으로 결정된다. **멜라닌**('검은색'을 뜻하는 그리스어 melas에서 유래한다)은 생물학적인 색소이며, 멜라닌 세포에서 형성된다. 멜라닌은 두 가지 색소인 유멜라닌eumelanin과 페오멜라닌pheomelanin으로 구성되는데, 이 둘의 혼합비율에 따라 머리카락 색이 결정된다. **흑갈색 머리카락**에는 유멜라닌이 많다. 유멜라닌은 머리카락의 흑갈색 색소이며, 검은색에서 적갈색까지의 어두운 색조를 결정한다. 페오멜라닌은 붉은색 색소로 **금색 머리카락(금발)**, **옅은 금색 머리카락**, **붉은색 머리카락**을 결정한다. 이두 가지 멜라닌 색소가 혼합되는 비율에 따라 갖가지 머리카락 색이 나타난다. 원칙적으로 금발에는 유멜라닌이 적게 함유되어 있고 페오멜라닌이 많이 함유되어 있다. 붉은색 머리카락에는 유멜라닌이 상대적으로 적게 함유되어 있고 페오멜라닌이 훨씬 많이 함유되어 있다. 이와 반대로 검은색 머리카락에는 유멜라닌이 매우 많고 페오멜라닌은 부족하다. 멜라닌 세포가 멜라닌을 형성하기 위해서는 인체에 맞는 아미노산이 필요하다. 유멜라닌의 형성에는 아미노산인 티로신이, 페오멜라닌의 형성에는 시스테인이 필요하다. 머리카락의 색이나 밝기는 멜라닌 색소에 좌우되는 것이 아니라 무색의 모표피세포Cuticula에 좌우된다. 색소는 머리카락의 중간층에 있는 모피질에 분포한다. 모표피에는 작은 각질 판이 기와지붕 모양으로 겹쳐 있는데, 겹친 정도가 약하면 머리카락 색은 흐리고 약하다. 또 겹친 정도가 촘촘하면 머리카락 색은 밝게 빛난다. **백발**은 나이가 들어감에 따라 멜라닌 색소의 생산이 둔화함으로써 생긴다.

머리카락 색을 바꾸고 싶을 때는 어떻게 할까? 바꾼 색이 오래가기를 원할 때가 있고, 그 색을 없애고 다른 색을 원할 때가 있다. 이때는 또 어떻게 할까? 염색과정은 물리학적인 과정일까? 아니면 화학적인 과정일까? 이 차이를 모른다면 염색을 하고 싶어도 올바른 결정을 하기가 어렵다. 이제 이러한 의문을 풀어볼 차례이다.

머리카락 색의 지속성

만약 화학반응이 일어나지 않는다면 새롭게 염색한 머리카락은 지속성을 띠지 않는다. 머리카락 색소가 빠르게 없어지는 이유는 머리카락에서 생기는 약한(정전기적이기 때문에 물리학적인) 결합 때문이다. 여기에서 중요한 차이가 드러난다. 즉, 물리학적인 머리카락 염색이란 '약하고 단기적인' 염색을 의미한다. 이는 자연 색소를 얻어 머리카락 색을 약간만 변화시킨다. 반면에 화학적인 머리카락 염색은 '강하고 지속적인' 염색을 의미한다. 이는 자연 색소를 파괴하면서 머리카락 색을 극단적으로 변화시킨다.

단기적이고 물리학적인 머리카락 염색의 장점은 머리카락을 보호할 수 있고 알레르기 반응 위험이 훨씬 작다는 것이다. 이런 염색으로는 자연적인 식물 색소(예: 헤나, 강황 색소, 자작나무 색소)를 이용한 염색을 들 수 있다. 이 염색은 합성색소가 대세를 이루면서 거의 사용되지 않다가 근래에 다시 르네상스를 맞고 있다. 단점은 염색이 오래가지 않는다는 것이다. 또한 색의 선택이 상대적으로 제한되며 강한 색소가 없다(특히 검은색의 다양성이 부족하다. 단지 검은색을 묽게 한 조색 색조가 있을 뿐이다). 하지만 색을 자주 바꿀 수 있다는 장점이 있다. 이러한 식물 색소들은 이온 상호작용과 반데르발스힘으로 모표피세포에서 흡착한다. 이때는 흐리고 여린 머리카락 색을 가질 수 있는 장점이 있다. 왜냐하면 이 식물 색소들은 모표피에 잘 흡착하기 때문이다. 이 색소들은 머리를 감을 때마다 약해진다.

지속적이고 화학적인 머리카락 염색의 장점은 - 지속성 이외에도 - 선택할

색이 많고 색을 '완전히' 바꿀 수 있다는 것이다. 단점은 알레르기 반응을 일으킬 수 있다. 이는 특히 화학반응에서 생기는 중간물질(또는 부적절한 사용) 때문에 유발된다. 이와 더불어 머리카락 구조에 손상이 초래될 수 있고 심한 경우에는 탈모 현상이 나타난다. 부적절하게 사용할 때나 원치 않는 색이 나올 때는 지속성이 오히려 단점이 된다. 이미 염색한 머리카락을 또다시 염색하는 경우에는 원하는 것과 전혀 다른 결과가 초래될 수도 있다. 이는 여러 색소가 섞이면서 발생한다.

지속적이고 화학적인 머리카락 염색에서는 염색을 원하는 곳, 즉 머리카락에서 색소를 얻기 위해서는 우선 머리카락을 부풀려야 한다. 이때는 모표피세포가 곧게 뻗어서 모표피의 기와지붕 구조에 틈이 생겨야 한다. 이때 머리카락을 부풀리기 위해 투입되는 것이 암모니아(NH_3)이다. 하지만 암모니아는 악취가 나기 때문에 향수를 첨가한다. 머리카락이 지속적으로 염색되는 것은 **산화염색**으로 이루어진다. 머리카락에 투

입되는 산화제(예: 과산화수소)는 모표피에 생긴 틈을 통해 머리카락으로 파고들어 자연적인 머리카락 색소를 파괴한다. 이는 모피질에서 산소가 방출되는 산화작용으로 일어난다. **금발**로 염색하는 것은 기존의 자연 색소를 탈색하는 것을 의미하기 때문에 합성색소가 투입되지 않는다. 금발의 색 강도는 작용시간과 과산화수소 농축액의 농도 차이에 따라 달라진다.

하지만 머리카락 색이 금발로 변하지 않고 다른 색이 되면 염색제에 원하는 색소와 과산화수소를 일정한 비율로 투입한다. 염색제에는 전 단계 색소만 들어 있다. 이 전 단계 색소는 머리카락 속으로 쉽게 침투할 수 있도록 매우 작은 분자로 구성되며, 머리카락 속으로 들어간 후에는 과산화수소와 과산화수

소에 의해 방출된 산소와 반응한다. 산소 방출은 머리카락에서만 가능하다. 왜냐하면 머리카락에는 앞에서 말했듯이 암모니아로 사전 처리된 알칼리용매가 들어 있기 때문이다. 알칼리용매는 염색제 속에 있는 과산화수소의 화학적 안정성을 무너뜨린다. 산소와의 반응으로 색소 분자가 크게 확대되고, 분자 크기 때문에 모피질의 모섬유 사이에 꽉 끼게 된다. 색소 분자는 너무 커서 머리를 감아도 더 이상 떨어지지 않는다. 이렇게 해서 색소는 머리카락에 지속적으로 붙어 있게 된다.

염색제가 머리카락에 고루 잘 분산되면 균일한 염색이 이루어진다. 이런 목적으로 염색제에는 계면활성제가 투입된다. 계면활성제는 거품을 형성하는데, 거품은 색소가 머리카락에 골고루 분산되도록 한다.

모표피세포에 생긴 틈은 염색과정이 끝나면 모발관리제의 작용으로 다시 닫힌다. 하지만 틈이 완전하게 닫히는 것은 아니다. 왜냐하면 이러한 염색은 염색된 머리카락을 손상할 뿐만 아니라 부분적으로 모표피층을 지속해서 손상하기 때문이다. 모표피세포는 다시 완전하게 회복될 수 없다. 따라서 염색된 머리카락은 더 이상 자연적인 광택을 지니지 못하고 거칠어진 머리카락 구조 때문에 빗질도 어려워진다. 이 때문에 염색한 머리카락은 특별한 관리가 필요하다. 하지만 염색한 후에 자라나는 머리카락은 다시 자연 광택을 지닐 수 있다.

최근에 연구자들은 머리카락이 은발로 변하는 것은 과산화수소 때문에 일어나는 현상이라는 것을 밝혀냈다. 과산화수소는 신진대사 과정에서 나오는 물질에서 생기며, 나이가 들어감에 따라 점점 더 심한 손상을 초래한다. 자연적인 머리카락 색소는 산화제에 의해 직접 파괴되는 것이 아니라 멜라닌 형성을 담당하는 효소가 과산화수소의 공격을 받아 기능에 손상을 입는 것이다. 따라서 자연 색소가 추가로 공급될 가능성이 막히게 된다. 현재 머리카락이 세는 현상을 막는 치료제와 치료법이 개발되고 있다.

피부관리

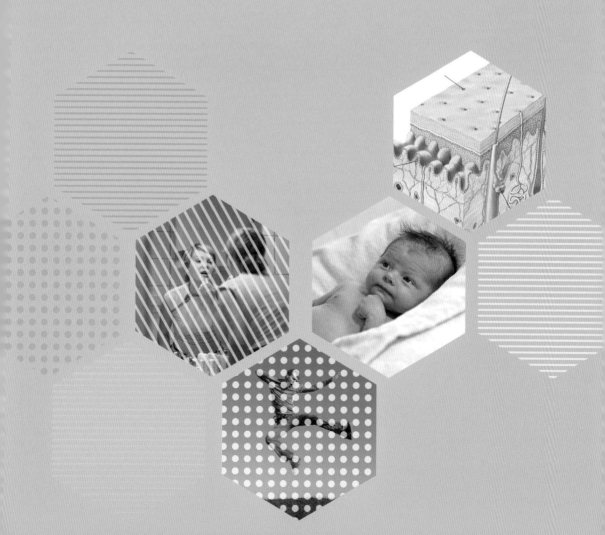

피부는 가장 큰 신체기관으로, 약 $2m^2$의 넓이를 지니고 있다. 따라서 기본적으로 관리할 가치가 충분하다. 또한 피부는 가장 큰 감각기관이기도 하다. 수백만 개에 달하는 피부의 수용체들은 냉기와 열, 아픔, 기쁨까지도 감지한다. 피부는 체온조절에도 관여하고, 상처나 환경의 영향 그리고 병원균에 대한 보호막으로 작용한다.

피부 노화는 태어나면서부터 시작된다. 정상적인 피부 노화는 25세부터(이미 그 이전부터?) 첫 흔적을 남긴다. 노화과정의 흔적은 대부분 콜라겐섬유만으로 이루어진 진피의 결체조직 변화 때문에 생긴다. 청소년의 경우 피부의 콜라겐섬

태어나자마자 피부 노화가 시작된다.

유들은 여전히 유연하고 상호 이완작용을 한다. 콜라겐섬유들은 팽창될 수 있어 많은 수분을 축적할 수 있다. 이 때문에 콜라겐섬유들은 피부에 탄력과 수축력을 부여한다. 나이가 들면서 개개의 콜라겐섬유들은 경직되고 딱딱해져

피부탄력이 줄어들고 표피에 수분을 흡수하는 능력도 약해진다. 따라서 노년의 피부는 주름이 잡히고 건조해지며 색소 이동으로 점 등이 생기게 된다.

사실은 이 정도에 그치지 않는다. 햇빛, 공기 오염, 자외선, 추위나 난방시설로 인한 건조한 공기, 영양부족, 부실한 관리, 스트레스, 운동 부족 등으로 피부 노화과정이 심해지고 가속된다. 이제 이러한 영향들로부터 피부를 어떻게 보호할지에 대해 알아보겠다.

건강한 피부

먼저 피부의 구조를 살펴보자. 그런 다음 피부관리와 피부관리 제품의 성분과 효과에 대해서도 살펴볼 것이다.

피부는 **표피**, **진피**, **피하조직**이라는 서로 연결된 3개의 층으로 구성되어 있다.

표피는 가장 바깥층으로 신체의 보호막이다. 표피는 인간과 주변 환경을 매개하며 서로 결합한 여러 개의 층으로 구성되어 있다. 가장 바깥층인 **각질층**은 15~20개의 서로 다른 층으로 구성되며 끊임없이 새롭게 돋아난다. 각질층은 기와지붕 모양으로 겹겹이 쌓인 피부세포로 구성되어 있다. 이 피부

세포는 '케라틴 세포(케라티노사이트)'라고 부르며 각질을 이루는데, 표피의 맨 아래층(기저층 또는 배아층)에서 형성되어 표층으로 이동해 각질층에 도달한다. 기저층의 세포들은 평생 새로운 세포를 형성하는 능력을 지니고 있다. 표층 전체가 새로운 세포로 덮이는 데는 대략 28일이 걸린다. 이러한 세포 재생과정은 나이가 들어감에 따라 느려진다. 기저층에는 케라틴 세포 이외에도 머리카락처럼 색소를 생산하는 멜라닌 세포가 있다. 이곳에서 멜라닌 세포는 피부를 갈색으로 만들어 태양광선으로부터 피부를 보호한다.

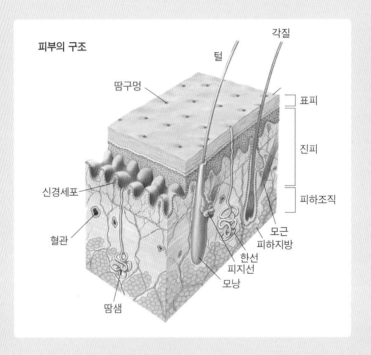

가장 단단한 피부층은 중간에 있는 **진피**이다. 진피는 결체조직으로 이루어지며, 혈액이 흐르고 림프관과 신경이 결집해 있어 표피에 영양소와 산소를 공급한다. 결체조직은 주로 콜라겐섬유로 이루어지며 피부에 지지력과 탄력을 부여한다. 진피에는 피지선이 여러 가지 형태로 분포되어 있고, 피하조직으로 통하는 통로의 아래쪽에는 모근과 땀샘이 있다.

피하조직은 팽창력이 있는 결체조직층이다. 피하조직에는 피하지방조직이 있는데, 이는 피부에 가해지는 역학적인 부담이나 추위 등으로부터 피부를 보호하며 영양저장소의 역할도 한다. 피하조직에는 많은 혈관, 림프관 그리고 가지를 친 신경세포관이 있다. 이 신경세포들이 모든 피부층을 관통하며 감각을 느끼게 한다.

피부는 머리카락과 더불어 자신을 알리는 일종의 명함 같은 역할을 한다. 이 때문에 독일인들은 신체관리용품 구입비로 연간 120억 유로를 지출하고 있다. 이 중에서 피부관리용품이 차지하는 비율은 30억 유로로 약 25%나 된다. 독일인의 93%는 매일 일상적으로 신체관리를 하고 있으며, 아침에는 평균 25분 동안 욕실에서 시간을 보낸다.

크림과 로션

피부관리의 목표는 결국 두 가지로 정리할 수 있다. 첫째, 외부 각질층에 수분을 공급해 피부를 보호하는 것이다. 둘째, 피부의 자연적인 재생능력을 지원해 피부가 몸의 보호막 기능을 담당할 수 있도록 하는 것이다. 이제 피부가 어떻게 이러한 목표들을 달성하는지를 살펴볼 차례이다. 이러한 목표달성은 건강한 피부의 자연적인 보호 시스템에서 비롯된다. 우선 피지선과 땀샘이 지방질과 무기질 분비물을 만든다. 이 물질들에는 아미노산이나 젖산 같은 피부

보습기능 요소들도 포함된다. 이 모두가 합쳐져 피부의 **산성 막**을 이룬다. 이 보호막은 매우 얇고 눈에 보이지 않는 표피 막이다. 피부의 pH 값은 올바른 피부관리에 중요한 역할을 한다. 피부의 pH 값은 보통 약산성을 띠며, 5~6.5 이다. 이러한 pH 값을 지니는 피부관리용품들은 '피부에 중성을 띠는 제품' 또는 '피부에 좋은 제품'으로 통한다. 이는 비누뿐만 아니라 모든 피부관리용품에 적용된다. 산성 막은 피지선과 땀샘의 활동에 영향을 받는다(이들의 활동은 일반적으로 심리적인 안정감과 영양 상태에 좌우된다. 하지만 원칙적으로 우리의 몸이나 피부는 '외부로부터' 영양을 공급받을 수 없다). 피부는 산성이 심해지면 건조해지고 활동성이 떨어진다. 또한 피부에 염기성이 우세하면 기름기가 흐르고 박테리아의 공격에 심하게 노출된다. 따라서 피부관리는 피부에 적합한 pH 값에 맞추어야 하며 산성과 염기성 사이에서 자연적인 균형을 이루어야 한다.

피부관리용품은 원칙적으로 구성성분에 따라 구분된다. 피부관리용품은 대부분 유화액이며, 물과 수용성 물질 또는 지방과 오일 그리고 지용성 물질로 구성된다. 지용성 물질은 흔히 지방산에스테르, 지방알코올, 바셀린, 미네랄 오일, 왁스, 실리콘 오일 등으로 구성된다. 수용성 물질은 물 이외에 특히 습도를 조절하거나 유지하는 물질들을 포함한다. 이 물질들은 각질의 자연적인 습도조절요소의 구조를 모방한 것이다. 이러한 물질로는 아미노산, 히알루론산, 젖산 등이 있다. 수용성 물질들이나 지용성 물질들은 용해도에 따라 또 다른 성분을 포함할 수 있다[예: 방부제, 산화방지제, 향수 오일, 색소 그리고 보습제(모이스처라이저)인 글리세롤과 응고제인 다당류 등]. 수용성 물질과 지용성 물질은 서로 섞이지 않으므로 피부관리용품에는 유화제가 포함된다. 함유된 성분 중에서 물의 비중이 크면 '오일－인(in)－물 유화액'이라고 하고, 오일의 비중이 크면 '물－인(in)－오일 유화액'이라고 한다.

크림은 주로 물로 구성되며, 전형적인 오일－인(in)－물 유화액이다. **보디밀크**와 **로션**은 오일－인(in)－물 유화액인데, 특히 크림은 물－인(in)－오일 유화액의 특징인 바르기 쉬운 성질도 갖고 있다. 이 세 가지 제품이 가장 중요한 피부관리용품 유형이다. 오늘날에는 피부관리용 **젤**도 널리 애호된다. 젤에는 다당류도 사용된다. **오일**은 고대부터 피부관리에 사용되었다. 식물 오일(예: 만델오일), 비타민을 함유한 오일(예: 아보카도오일), 오일 성분을 지닌 식물 추출물(예: 물레나물, 카밀레) 등이 피부관리에 사용되고 있다. 사용범위를 넓히기 위해 파라핀오일과 지방산에스터가 첨가되기도 한다.

노화방지제

피부관리용품은 노화를 억제하거나 막을 수는 없지만, 어느 정도 지연시킬 수는 있다. 따라서 피부관리용품을 '노화방지^anti-aging'라고 선전하는 것은 마케팅전략으로 볼 수 있다. 화장품에서 사용되는 노화방지 개념은 식품의 '바이오'처럼 법적인 구속력을 지니지 못한다. '명함'과도 같은 역할을 하는 피부를 보면 나이가 명확하게 드러난다. 이 때문에 피부노화를 막거나 피부를 좋은 상태로 되돌리고 싶은 마음은 누구나 갖기 마련이다. 노화방지용 피부관리용품에 투입되는 성분 중 일부는 오늘날까지 피부노화를 막는 능력이 과학적으로 입증되지 않았다. 값비싼 노화방지 제품이 그보다 값싼 보습용 크림보다 더 나은 효력을 보이지 않는 이유는 무엇일까? 그 이유는 모든 성분이 원칙적으로 같은 문제를 지니고 있기 때문이다. 이 성분들은 하부 피부층까지 침투하지 못하며, 설령 도달한다고 해도 노화방지를 억제할 수 없다. 만약 이런 작용을 한다면 이 성분들은 약제로 등록되어야 할 것이다.

한 가지 예를 들어보겠다. 한때 큰 관심을 끌었던 'Q10'을 보자. 이 물질은 신진대사 과정에서 나타나며 모든 세포에 들어 있다. 이 물질은 **보조효소**로서 우리 몸의 에너지공급원인 **ATP** 형성에 관여한다. Q10은 우리 몸 안에서 만들어지지만, 음식물을 통해서도 흡수된다. 하지만 Q10이 우리 몸에서 실제로 어떤 역할을 하는지는 과학적으로 입증되지 않았다.

물론 이와는 대조적으로 피부관리에 도움이 되는 것으로 효과가 입증된 화합물도 있다. 이러한 화합물에 속하는 물질은 세라미드(또는 리놀레산), 히알루론산, 비타민 A(레티놀), 알파하이드록시산^{AHA} 등이다.

리놀레산(INCI에서는 Linoleic Acid로 표시된다)은 필수지방산인 오메가 6 지방산이다. 리놀레산은 **세라미드**의 주성분이다. 세라미드는 표피의 각질층을 구성하며 각질 세포 사이의 지질을 채우고 있다. 리놀레산은 필수지방산에 속하기 때문에 리놀레산이 부족하면 피부가 건조해져 갈라진다. 그렇게 되면 피부는 보호막 기능을 하지 못하게 된다. 리놀레산은 외용제로 쓰이면 피부염증을 완화하고, 노화 현상으로 생기는 점을 줄일 수 있으며, 햇빛으로 인한 손상을 치료할 수 있다.

앞에서 눈의 수정체와 관절 활액에 대해 설명했다. 이들이 지닌 성질은 히알루론산 때문에 생긴다. **히알루론산**은 관절 활액의 주성분으로서 하이드로콜로이드 같은 작용을 한다. 관절에 (점프한 후 지면에 닿을 때와 같은) 충격이 가해지면 점착성이 달라져 도약하는 데 제약이 생긴다.

무릎관절.

달릴 때나 걸을 때는 관절이 운동한다. 이 경우 점탄성이 변화하면서 관절은 마치 액체 막과 같이 미끄러지듯이 움직인다. 관절

활액에 들어 있는 히알루론산도 이와 유사한 작용을 한다. 따라서 히알루론산이 INCI에 '수분을 유지하고 보습효과를 발휘하며 피부관리용으로 적합한 물질'로 표시되는 것은 놀라운 일이 아니다.

비타민 A(INCI에서는 '레티놀'로 표시된다)가 들

점프한 후에 지면에 닿을 때 무릎에 이상이 생길 수 있다.

어 있는 피부크림이 많다. 비타민 A는 콜라겐 생산을 촉진하고 세포 형성과 피부의 혈액순환을 돕는다. 따라서 비타민 A는 노화방지보다는 주름방지에 탁월한 효과를 발휘한다. 물론 비타민 A의 효과는 제품 속에 함유된 농축도에 따라 다르다. 피부는 비타민 A의 작용으로 빛에 더욱 민감해진다. 따라서 비타민 A가 들어 있는 피부관리용품을 사용할 때는 자외선 보호에 신경 써야 한다.

알파하이드록시산^{AHA}에 대해서는 앞에서 이미 설명했다. 화장품용으로는 **젖산**^{INCI: Lactic Acid}, **사과산**^{INCI: Malic Acid}, **글리콜산**^{INCI: Glycolic Acid} 등이 사용된다. AHA의 정확한 작용방식은 아직 명확하게 밝혀지지 않았다. 하지만 원칙적으로 산성이 강해질수록, 즉 농도가 높아질수록 효과가 커진다는 점만 밝힐 수 있다. 시중에 나와 있는 과일산 함유 제품들은 pH 값이 피부에 맞춰져 있고, 농도는 최대 5%이다. 과일산은 표피의 각질을 제거하는 **박피술**^{peeling}에 사용된다.

피부노화를 방지하는 가장 좋은 방법은 건강에 유의하는 생활방식이다. 잠을 충분히 자고 물을 충분히 마시는 것도 도움이 된다(물은 하루에 적어도 2L를 마셔야 한다). 비타민과 미네랄 그리고 영양소가 골고루 들어 있는 식사를 하고 규칙적으로 운동해야 한다. 또한 냉방장치나 보온장치 때문에 너무 건조한 실내공간은 피하는 것이 좋다. 흡연을 삼가고 일광욕을 자주 하는 것도 좋다!

과거	현재(GHS: 화학물질 분류 및 표시에 관한 세계 화학물질분류체계)			
위험 명칭/ **위험 부호**	옛 위험 표시	GHS에 따른 새 위험 표시	표제어	위험 등급
폭발 위험 E				위험불안정한 폭발물 폭발물이 들어 있는 혼합물 자가붕괴물질과 혼합물 유기 과산화물(부분적으로 위험한 물질: 위험 정도가 낮은 경우는 '주의'로 표시)
고인화성 F			위험	인화성 자기가열성 자기붕괴 및 발화성 유기 과산화물(부분적으로 위험한 물질: 위험 정도가 낮은 경우는 '주의'로 표시)
약인화성 F				
발화선 O			위험	인화성(산화성) (부분적으로 위험한 물질: 위험 정도가 낮은 경우는 '주의'로 표시)
옛 위험 표시에서는 상응하는 내용이 없음			위험	압력 가스 농축 · 기화 · 냉동 · 용해된 가스
부식성 C			주의	금속 부식성(상징: '주의') 피부 부식성, 심한 눈 손상(+'느낌표'와 표제어 '위험')
강한 독성 T			위험/ 주의	심각한 유독성
독성 T				
건강 유해성 Xn		새 위험 상징에서는 상응하는 내용이 없음		
자극성 Xi				
옛 위험 표시에서는 상응하는 내용이 없음			위험	각종 건강 위험(부분적으로 위험한 물질: 위험 정도가 낮은 경우는 '주의'로 표시)
옛 위험 표시에서는 상응하는 내용이 없음				'건강 유해성', 표시에는 '느낌표'(표제어는 연관관계에 따라 표시)
환경 유해성 N			주의/ 위험	하수나 호수 및 바다에 위협이 됨(표제어는 '주의' 표시) 오존층 손상(표제어는 '위험' 표시)

찾아보기

이미지 저작권

r: 오른쪽 / l: 왼쪽 / o: 위 / u: 아래 / m: 중간